觀光餐旅概論

Introduction to Tourism and Hospitality

蘇芳基 著

序

觀光產業為當今全球熱門新興時尚明星產業，也是我國當前政府經濟發展的重點政策。在「二十一世紀台灣發展觀光新戰略」的觀光政策下，積極推動「觀光大國行動方案」，將台灣打造成亞太旅遊重鎮的觀光島。

觀光餐旅業為觀光產業極重要的一環，不僅是一國或地區觀光產業的推動者，更扮演著觀光形象工程師之角色。唯觀光餐旅業是一種服務性勞力密集的綜合產業，舉凡為觀光旅客在旅遊、食宿、休閒或娛樂等各方面，提供服務與便利之相關產業均屬之。因此須仰賴大量觀光餐旅優質的專業人力，始能為旅客提供美好溫馨的服務。為配合政府當前觀光政策培育觀光餐旅人才，國內大專院校陸續成立觀光餐旅管理類科系所，使得觀光餐旅管理學，逐漸成為觀光學術研究之重要領域。

今為配合當前觀光餐旅技職教育專業科目教學綱要的修訂，復鑑於目前國內觀光餐旅叢書仍嫌不足，大部分係採用外文或譯本，因此往往有國情、文化及認知與價值觀之差異，乃利用教學之餘著手編寫此書，將本身從事觀光餐旅教育工作數十年的素材，及所著《觀光學概要》與《餐旅概論》予以重新大幅修訂，予以編輯成書。期盼藉由本書之付梓，能為觀光餐旅人力資源之培育略盡棉薄之力，進而協助學生順利步入此觀光餐旅殿堂研究之門。

本書得以順利出版，首先要感謝揚智文化事業股份有限公司總經理葉忠賢先生的支持、總編輯閻富萍小姐的辛苦付出，以及全體工作伙伴的協助，特此申謝。

本書雖經嚴謹校正，若有疏漏欠妥之處，尚祈先進賢達不吝賜正，俾利再版修正之參考。

蘇芳基 謹識

2018年6月

目　錄

觀光餐旅概論
Introduction to Tourism and Hospitality

Part 3 旅宿業 207

PART 1 緒論

單元學習目標

- 瞭解觀光餐旅業的定義與範圍
- 瞭解觀光餐旅業的特性
- 瞭解觀光餐旅業發展的概況
- 瞭解觀光餐旅業發展的效益與衝擊
- 瞭解我國觀光組織的架構
- 瞭解國際觀光組織之概況
- 瞭解觀光餐旅從業人員應備的條件
- 培養良好的觀光餐旅職業道德及生涯規劃的能力

Chapter 1 觀光餐旅業的基本概念

第一節　觀光餐旅業的定義

第二節　觀光餐旅業的範圍

第三節　觀光餐旅業的特性

隨著人類科技文明及生活水準的提升，觀光餐旅產業之發展已成為二十一世紀的時代潮流，它是一種超政治、超國界、以顧客為導向的綜合性服務產業，也是為觀光旅客旅遊、食宿提供服務與便利之事業，不僅是觀光產業的中樞、推動者，也是觀光系統三大構成要素之最。

第一節　觀光餐旅業的定義

觀光餐旅業由於它具有美化人生、提升生活品質、創造就業機會、加速社會經濟繁榮等多目標之功能，因此隨著時代的改變，觀光餐旅業更備受人們重視。因此身為觀光餐旅從業人員，必須對此產業有正確之基本認識，才能勝任未來職場工作之需。

一、觀光的基本概念

觀光是一種休閒遊憩活動，也是一種旅行活動，但並非所有的休閒遊憩或旅行活動均可視為觀光。茲將觀光的定義、構成要件及種類分述如下：

(一)觀光的定義

「觀光」一詞英文稱為Tour或Tourism，其語源來自拉丁文Tornus，係指「轆轤」，它是一種畫圓圈的工具，為雕塑陶土底部的轉盤，後來引申為前往各地旅遊及旅行之意。事實上，觀光是利用休閒時間所從事的休閒旅遊活動（**圖1-1**），唯須離開其日常生活環境所居住的地方前往異地，停留時間在二十四小時以上，一年以內，且須返回原居住地，其目的為從事非報酬性的活動，其旅遊活動與賺錢無關，如觀光客即屬於此類。

(二)觀光的要素

觀光現象的形成須備三要素，即人、空間與時間，此三者缺一不可，摘述如下：

圖1-1 觀光是一種休閒旅遊活動

◆人（Man）

是指觀光客（Tourist）或遊覽者（Visitor）。人為觀光活動的主體，捨人即無觀光可言。若在訪問國或地區停留二十四小時一夜以上者，稱為觀光客；若停留時間未滿二十四小時者，則稱為訪客或「遊覽者」。

◆空間（Space）

指觀光活動的主體——觀光客，在其旅遊活動所到之處，如觀光景點、旅館、交通路線或休憩地區等。

◆時間（Time）

指觀光旅遊活動或停留所需耗費的時間。

(三)觀光的種類

觀光的動機與目的很多，因而衍生各種不同種類的觀光，分述如下：

◆娛樂觀光（Amusements Tourism）

是以休閒娛樂為主要目的，希望藉風光明媚的渡假地區（**圖1-2**）或主題樂園來調劑身心，因此又稱為休閒觀光（Leisure Tourism / Recreation Tourism）。例如：新加坡環球影城、東京迪士尼樂園之旅等均是。

圖1-2　風光明媚的渡假區可調劑身心

◆ 文化觀光（Culture Tourism）

是以參觀一國之歷史文物、名勝古蹟、世界文化遺產及風土民情為主，而以娛樂為輔，其目的乃在增進對他國歷史文化、民情風俗之瞭解以增廣知識領域，如參觀各項民俗節慶、文化活動均屬之。例如：參觀鹽水蜂炮、內門宋江鎮、原民觀光或客庄觀光，以及義大利比薩斜塔或印度泰姬瑪哈陵（**圖1-3**）等。

圖1-3　泰姬瑪哈陵為印度珍貴的世界文化遺產據點

◆醫療觀光（Medical Tourism）

以醫療護理、美容整型、康復與休養為主題的旅遊服務，另稱「醫療旅遊」。此類觀光是以醫療或健康為主要目的，然後在當地復原並順道觀光旅遊，如今醫療觀光已成為全球新興的熱門產業。例如：我國目前正積極推動的來台健康檢查、洗腎及微整型美容，並順便安排旅遊的醫療保健觀光。

◆產業觀光（Industrial Tourism）

以參觀一國或一地經濟成長及產業發展概況為主要目的之觀光，如產業與觀光結合的活動。例如：參觀埔里酒廠、三義木雕、鶯歌陶瓷、休閒農場及觀光果園。

◆會議展覽暨獎勵旅遊觀光（MICE Tourism）

此類型觀光是藉舉辦國際性展覽活動，邀請各國旅客來台參加會議展覽，而順道觀光遊覽。藉延攬國際性會議來台召開，以發展一般會議（Meeting）、獎勵旅遊（Incentive）、會議觀光（Convention Tourism）及展覽產業觀光（Exhibition Tourism），此類會議展覽產業英文稱之為MICE Industry。例如：旅客來台參觀國際電腦展、美食展，以及日本或大陸直銷業者獎勵菁英員工的旅遊均屬之。

◆生態觀光（Eco Tourism）

另稱綠色觀光（Green Tourism）、環境觀光（Environmental Tourism）及永續觀光（Sustainable Tourism）。此觀光係一種以環境生態保育為工具，並兼具社會責任的觀光旅遊活動。其目的是為確保有限觀光資源得以永續經營，此為近年來環保團體極力推動的一種兼具自然保育與遊憩活動的知性之旅。例如：澎湖綠蠵龜生態之旅、龜山島賞鯨豚之旅及淡水紅樹林生態之旅（**圖1-4**）等均是。

◆宗教觀光（Religious Tourism）

以參觀教堂、寺廟或宗教朝聖為主要目的之觀光活動。例如：麥加朝聖之旅、西藏布達拉宮之旅，以及大甲鎮瀾宮媽祖繞境或台灣各地進香團之旅。

◆運動觀光（Sport Tourism）

其目的乃在滿足人們的運動需求與嗜好，如參觀各項球賽（**圖1-5**）、運動會、滑雪、打高爾夫球、浮潛、狩獵、衝浪及泛舟等。

圖1-4　紅樹林生態之旅

圖1-5　參觀棒球比賽屬於運動觀光

◆農村觀光（Rural Tourism）

另稱「鄉野觀光」，是以體驗農村生活及鄉野景觀為主要目的之觀光活動。農委會鑑於台灣農村景色秀麗，且具有濃厚人情味及在地食材，乃積極推展農村觀光以吸引國內外旅客（**圖1-6**）。例如：花蓮富里鄉農會所規劃的樂活逍遙遊之農村深度旅遊，讓觀光客親自體驗插秧、收割、碾米等活動即屬於此類觀光。

圖1-6　農委會結合旅展推展農村觀光

◆社會觀光（Social Tourism）

係以協助社會上一些低收入戶、老年人、單親家庭或身心障礙之弱勢族群，使其有機會實現觀光旅遊活動的願望。通常由政府負責規劃，透過民間企業及公益團體之贊助，提供上述無能力從事旅遊者也享有觀光旅遊之權利。例如：台北市政府招待台灣各地弱勢族群參觀台北花博、101等均是。

◆替選性觀光（Alternative Tourism）

針對特殊族群所設計安排的主題旅遊活動，屬於一種體驗性的深度知性之旅，又稱「另類觀光」。例如：觀光客前往極地欣賞極光之旅即屬之。

二、觀光餐旅業的語源及定義

觀光餐旅業的語源及定義，摘述如後：

(一)觀光餐旅業的語源

觀光餐旅業（Tourism & Hospitality Industry）一詞，其中的Hospitality係源自古拉丁文Hospitale衍生而來，該字的原意為親切殷勤地待客態度與行為。

Hospitality的精神，源自中古歐洲專門提供旅客、朝聖者住宿的教堂、修道院或場所（Hospice），期使經歷長途跋涉之苦的旅客，能得到膳宿接待與心靈的慰藉，進而恢復元氣與體力，享有賓至如歸之感。此精神不僅成為全球旅宿業經營的基本理念，更成為今日觀光餐旅服務產業的品牌形象表徵。

(二)觀光餐旅業的定義

觀光餐旅業的定義由於時代的背景與演變而有所差異，說明如下：

◆就觀光餐旅業語源而言

根據《牛津辭典》（*Oxford Advanced Learn's Dictionary*）對Hospitality的註解為「對客人殷勤款待、好客」之意。由是觀之，觀光餐旅業的本質係屬於一種殷勤款待的服務產業，後來衍生為專為遠離家門的人如觀光客等，在旅遊途中，所提供膳宿接待服務之相關產業均稱之為觀光餐旅業。

◆就字面上的字義而言

通常係指餐飲業（Food Service Industry）與旅宿業（Lodging Industry）等而言。舉凡從事提供旅客短期或臨時住宿服務及餐飲接待服務等行業，如旅館、民宿、餐廳或飲料店等均是。

◆就觀光系統而言

美國克雷爾．甘恩博士（Clare A. Gunn, 1979）在其觀光系統概念中，將滿足遊客休閒遊憩體驗的相關接待服務或支援服務設施，如餐飲業、旅宿業（**圖1-7**）、

圖1-7　夏威夷威基基海灘一帶旅宿業林立

旅行業、航空業、休閒遊憩業以及博奕娛樂業等，均予以廣泛納入此範疇，並將上述觀光餐旅服務支援產業另稱之為「觀光媒體」。

綜上所述，所謂「觀光餐旅業」，就字面上來說，是指凡與觀光活動有關的餐旅產業均屬之。質言之，凡能在旅客觀光旅遊活動中，提供其所需的膳宿接待服務或支援服務設施，以滿足其休閒遊憩體驗的各相關觀光產業，如餐飲業、旅宿業、旅行業、交通運輸業、休閒遊憩業、會展產業及博奕娛樂業等均屬之。

第二節　觀光餐旅業的範圍

觀光旅遊業為當今世界最大且成長最為迅速的服務產業。為使旅客在觀光旅遊活動的過程中，享有完善親切的接待服務，並在其心中留下永生難忘的體驗，務必仰賴全體觀光餐旅團體及其相關支援產業，始能竟功。

一、觀光餐旅業的範圍

(一)狹義方面

觀光餐旅業主要是指為旅客提供膳宿及有關服務的下列兩大產業：

1.餐飲業：泛指提供旅客膳食、飲料之餐館及餐飲服務業（**圖1-8**）。

圖1-8　提供旅客膳食的餐飲業

2.旅宿業：泛指提供旅客短期住宿及有關服務的各類旅館、民宿、青年旅店或汽車旅館等。

(二)廣義方面

觀光餐旅業除了包括前述餐飲業、旅宿業之外，尚包括旅行業及其產品服務有關之支援產業，如交通運輸業、休閒娛樂業、會議展覽產業及博奕娛樂等產業，期使旅客在旅遊活動中，能得到完善的接待服務。摘述如下：

1.旅行業：是一種旅遊仲介服務業，它為旅客設計安排遊程（**圖1-9**）、食宿、領隊導遊人員、代售代購交通客票及代辦出國簽證手續等有關旅遊接待服務而收取報酬之營利事業。

2.交通運輸業：交通運輸業為「觀光產業之母」，是指為旅客旅遊所提供的陸、海、空交通運輸工具之相關產業，如飛機、郵輪、火車、巴士及汽車等。

3.休閒娛樂業：是指休閒娛樂、遊憩活動及其支援服務設施等行業，如主題遊樂園及水上觀光活動或機械性休閒活動等均屬之。

4.會議展覽業：是指藉舉辦國際性會議展覽活動來邀請各國旅客與會，並順道觀光遊覽的新興觀光產業。

圖1-9　為旅客設計安排遊程為旅行業的業務之一

5.博奕娛樂業：是一種以博奕或博彩為經營主軸的綜合性觀光餐旅服務產業，如賭場、麻將館、樂透彩等均是。

二、觀光餐旅業的精神

觀光餐旅業的精神無他，主要就是服務、服務再服務。以最親切熱忱的態度，適時適切主動提供客人所需的產品服務或協助，使其倍感溫馨，進而享有超越預期價值之美好觀光餐旅體驗，此乃服務的真諦，也就是現代觀光餐旅業的精神（**圖1-10**）。

圖1-10　觀光餐旅服務人員須提供親切熱忱的服務，始能彰顯觀光餐旅業服務的精神

三、觀光餐旅業的產品

觀光餐旅業的產品為套裝服務的組合式產品，可分為下列兩大類：

(一)有形的產品（Tangible Products）

又稱外顯服務（Explicit Service），係指觀光餐旅業所提供給旅客消費使用的環境、設施、設備及其他視覺所及的相關產品均屬之。例如旅館裝潢、客房設施、美食佳餚、餐桌擺設，以及精緻的遊程等。

(二)無形的產品（Intangible Products）

又稱內隱服務（Implicit Service），係指觀光餐旅業所提供給旅客溫馨貼切、以客為尊的人性化優質接待服務及休憩體驗。例如觀光餐旅企業文化、觀光餐旅服務精神及觀光餐旅服務體驗等均屬之。

觀光餐旅業所提供的產品，表面上雖然可分兩大類，但事實上均以「服務」為依歸。有形產品若不經由溫馨親切之「服務」來傳送給客人，則難以確保服務品質不受影響。事實上，無形的產品遠比有形產品還重要。尤其是當觀光餐旅從業人員與顧客接觸或互動之過程，特別是關鍵時刻，如果無法帶給顧客溫馨親切之舒適感受，將會影響觀光餐旅產品之品質。

第三節　觀光餐旅業的特性

觀光餐旅業是以人為主，高勞力密集的綜合性服務產業，其主要商品為有形與無形混合的組合式套裝產品服務。因此除了擁有一般服務業之特質外，尚包括產品及觀光餐旅業經營方面之特性。茲分別介紹如後：

一、觀光餐旅業在服務業方面的特性

(一)服務性（Service）

觀光餐旅業係一種服務性產業，其產品係觀光餐旅業與顧客交易互動過程中所傳遞的各種有形物與無形物的服務。它係將其有形產品如環境、設施、美食及遊程等，透過服務人員專業純熟之接待服務來滿足旅客之需求。如果服務人員素質不佳或硬體設備不足，則會影響顧客滿意度，且易引起客人抱怨。

因應策略

由於此無形產品之品質不易掌控，且會因人而異，因此觀光餐旅人力之培訓相當重要，須建立標準化作業程序（Standard Operating Procedure, SOP），加強從業人員的專業知能、服務態度與敬業精神，培養正確職業道德，並落實服務管理制度。除了提升觀光餐旅軟體服務品質外，更要加強設施、設備之維護與管理，藉以提供客人安全、舒適與便利之硬體服務。

(二)無歇性（Restless）

觀光餐旅業之服務是全天候的，全年無休且工作上班時間較一般行業長。為提供旅客安全、舒適、便利之以客為尊服務，觀光餐旅業相當重視輪班制度（Shift Work），通常為早、晚班之兩班制，以及早、中、晚班之三班制。

圖1-11　旅宿業為全天候二十四小時營業

例如旅宿業為全年無休且全天候二十四小時營業（**圖1-11**），以隨時提供客人適切的服務，因此使得從業人員工作量加重，從而影響到其生活正常作息。

因應策略

觀光餐旅業要加強落實輪班制度，要合理排班，避免固定輪值大夜班（Graveyard Shift）。此外，要給予員工合理的休假、勞保、福利及退撫金，以穩定其工作情緒，使其生活有基本保障，善待員工並將員工視為公司的重要資產。

(三)合作性（Cooperation）

觀光餐旅業係結合旅館業、旅行業、餐飲業及其他相關行業而成，除了須仰賴各行業之相互配合外，更須藉各行業內外部門人力協調支援，始能提供優質的服務給旅客，絕非某個人或某行業之能力即可獨立完成。

例如旅行業之遊程產品若無旅宿客房住宿及餐廳餐飲服務之相互配合，則無法提供客人滿意之遊憩體驗，任何相關部門或行業之疏失，將會影響整個服務品質的好壞，其影響之鉅由此可見一斑。

因應策略

觀光餐旅業應加強業界間的合作，如同業結盟、異業結盟。此外，尚須加強觀光餐旅企業內部溝通協調，統一指揮，使各部門間能相互合作配合，發揮團隊合作精神。

(四)季節性（Seasonality）

觀光餐旅業之營運，季節變化甚大，因為旅客之旅遊動機與習慣深受天候季節所影響，因此淡旺季相當明顯，如山區、海濱的渡假旅館冬天與夏天的氣候變化甚大，相對的，其所在地附近的自然景觀也會因季節變化而不同。

例如墾丁風景區之濱海渡假旅館，每逢夏季人潮蜂擁而至，但是到了冬季，則因氣候變冷，風勢又大，以致遊客稀少，住房率大幅下跌（**圖1-12**）；北部溫泉區旅館冬季時常會湧入大量的旅客，夏季則較乏人問津。有些旅宿業因而在淡季時大量裁員，甚至因而歇業。

圖1-12　山區濱海的渡假旅館受季節性的影響最大

因應策略

觀光餐旅業為減少淡季之損失，經常利用淡季來加強產品的促銷，或辦理各項活動，如旅館推出優惠專案活動、溫泉區舉辦「溫泉美食文化」等優惠專案活動來吸引顧客創造商機等即是；在旺季時，可聘用兼職人員或採工作輪調方式來解決人力不足問題。

二、觀光餐旅業在產品方面的特性

(一)易逝性、時效性、不可儲存性（Perishability）

觀光餐旅產品，必須旅客親自參與體驗，僅能當時享用，具有時效性，無法保存。此外，如果產品當天沒有銷售出去，也無法儲存下來次日再賣，如旅宿業之空房、餐廳座位或班機之空餘機位等。觀光餐旅產品由於具有此不可儲存之易逝性，使得產品的生產量、供給量不易控管，因而營運風險及營運成本也相對地提高。

因應策略

觀光餐旅業者必須加強市場調查及產品的市場行銷，運用各種促銷方式來確保營收及市場占有率，例如：市面上常見的下午茶或歡樂時光等，即為運用不同時段採優惠價格之促銷手法。此外，還要加強從業人員的教育與訓練，以強化企業本身的行銷能力、服務效率與服務管理能力，以落實最大產能之收益管理（Yield Management）。

(二)僵固性（Rigidity）

觀光餐旅產品如席次、機位、床位等，如果客滿或全數銷售完畢，即使尚有旅客提出增購要求，觀光餐旅業也無法臨時加班增加產量。此特性又稱「商品短期供給無彈性」。

因應策略

為謀解決觀光餐旅產品僵固性之缺失，此時觀光餐旅業者必須設法增加有限產品的附加價值服務項目，來提高平均客單價，以爭取更大經濟範圍收益。此外，還要加強市場調查，做好營運評估預測，以落實營運績效管理。例如：餐廳可提供年菜外燴、外帶或外送服務來增加營收；旅宿業可提供更多元的住宿服務或活動項目來吸引消費者。

(三)異質性（Heterogeneity）

觀光餐旅產品不像一般實體產品，很難有一致性規格化品質產出，因為餐旅服務產品係透過服務人員來執行產品之生產與銷售，由於涉及「人」的複雜情緒及心理作用，使得服務品質難以標準化。此外，觀光餐旅產品之品質常因時空、情境與服務人員之不同而有差異，即使同一位服務人員在不同的時空、情境與顧客下，其所提供的服務產品也難以確保品質完全一樣。易言之，觀光餐旅服務過程中摻雜著很多難以預先掌握之內外變數，使得餐旅產品之品質難以完全掌控。例如：《法國米其林指南》（*Le Guide Michelin*）為瞭解餐廳服務品質是否具一致性，通常會用「神秘客」的方式來針對此異質性進行評鑑。

因應策略

為有效解決此問題，觀光餐旅企業除了加強人力資源之培育與員工教育訓練外，更應建立一套標準化作業程序（SOP）以及品質控管制度，如標準食譜、情緒管理等，期以達到全面品質控制（Total Quality Control, TQC）之目標。

(四)無形性（Intangibility）

無形性另稱「不可觸摸性」，觀光餐旅業與其他行業最基本的差異，乃在生產無形性產品──「顧客滿意度」，此產品往往生產與銷售同時進行，顧客無法事先感知或試用，同時買回去之商品又是無形的體驗，如搭飛機、住旅館、參加套裝旅遊等均是例（**圖1-13**）。

由於觀光餐旅產品此種無形的特性，使得此類產品較不易量化，無法事先體

圖1-13　套裝旅遊品質的好壞，須旅客親自參與，無法事先感知

驗，且其品質不像製造業產品那樣容易控管，致使觀光餐旅業營運較之其他產業更加困難。此外，顧客購買產品的風險也大，因而徒增產品銷售之難度。

因應策略

為消除顧客購買產品之風險認知（Perceived Risk），觀光餐旅業者務必加強服務品質，講究服務證據，建立產品標準化作業，加強產品的包裝，建立產品品牌形象之市場知名度，並透過國際品質認證（ISO）來提升企業品牌形象，使無形產品有形化、形象化，建立顧客對品牌的忠誠度，並運用口碑行銷，強化市場的競爭力。

(五)不可分割性（Inseparability）

觀光餐旅產品為一種套裝服務產品，在服務傳遞過程中，需要內外場服務人員合作外，更需要顧客親自參與此生產與銷售之活動，由於顧客的介入程度甚高，生產與銷售服務有時難以分割。例如：客人在餐廳點餐、用餐，均須顧客親自參與，產生服務行為後，始能體驗出其價值。

因應策略

觀光餐旅業因應之道除了加強從業人員的應變能力外，更要加強其專精的工作能力與服務意識，期使每位員工均具有一致性的服務水準。至於觀光餐旅業者也應建立正確的經營理念，視員工為公司的一種產品，也是一項重要資產，所以應善待員工，培養員工的榮譽感與責任感。

(六)公共性（Public）

觀光餐旅產品服務的場所，如餐廳、宴會廳、旅館大廳、游泳池、休閒娛樂場及遊憩景點等活動場所，大部分屬於公共空間，因此觀光餐旅業者須善盡保護顧客公共安全的責任（圖1-14）。

因應策略

觀光餐旅業須提供旅客安全無虞的產品服務及良好的餐旅設施環境，以維護旅客生命財產之安全、生活隱私及身心健康。例如：餐飲業者須注意食品安全衛生、旅宿業者須確保房客生活隱私及生命財產的安全等。

圖1-14　旅館游泳池為公共空間，因此業者須善盡保護旅客公共安全責任

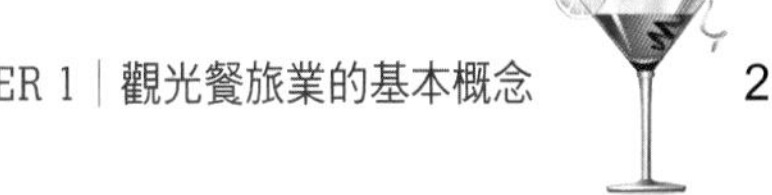

三、觀光餐旅業在經營方面的特性

(一)變化性、敏感性、易變性（Sensibility）

觀光餐旅活動本身容易受外部環境之影響，如社會、經濟、國際情勢之影響。此外，任何天災、疫情也會影響觀光餐旅業之營運，甚至影響服務品質。例如印尼、日本及泰國之觀光餐旅業曾經由於海嘯或政局不穩暴動之衝擊，使得當地觀光餐旅業生意一落千丈，很多餐廳、旅館也因而停業；國際金融風暴所引發的經濟不景氣或國民所得銳減等因素，也會影響消費者消費意願與消費次數。

因應策略

為確保觀光餐旅業之永續經營，務必要加強本身企業形象，建立品牌忠誠度。此外，觀光餐旅企業更要加強市場調查、資訊蒐集，確實做好市場機會分析及風險控管，以防患未然減少外部環境衝擊之損失。

(二)競爭性（Competition）

觀光餐旅業本身係一種勞力密集的產業，其所需人力甚多，相互挖角的事件層出不窮，同業之間的競爭性由此可見一斑。此外，觀光餐旅產品同質性高，容易受到同業模仿抄襲，使得產品在有限消費市場上的競爭益加劇烈（圖1-15）。例如

圖1-15　旅遊產品同質性高，容易被模仿抄襲，具競爭性

旅遊新產品研發上市不久，即很快受到同業群起仿襲，無法受到如同專利品般的保障。此現象在目前旅行業相當普遍，至於餐飲業或旅宿業也大同小異。

因應策略

觀光餐旅業為求永續經營，面對此極具競爭性的經營環境，其因應之道，務必創新、研發差異化之產品，建立國際品牌特色，同時加強全面品質管理（Total Quality Management, TQM），提升服務品質；此外，要加強人力培訓與市場行銷，藉以提高企業在市場的競爭力與市場占有率。

(三)立地性（Location）

觀光餐旅業是以生產符合顧客需求的產品服務為導向，因此其店址的選定為開店最重要的第一件事，店址所在地點之立地條件需為目標市場所在地，交通方便，始足以吸引顧客前往。

因應策略

觀光餐旅業者在規劃之初，即須對店址立地位置先加以市場評估，其要件為：商圈人潮、交通便利性、消費水準及生活習性等，期以符合觀光餐旅業者本身營運定位及需求。

Chapter

2 觀光餐旅業的發展過程與影響

第一節　我國觀光餐旅業的發展

第二節　國外觀光餐旅業的發展

第三節　觀光餐旅業發展的影響

近數十年來，全球政治局勢穩定，社會經濟繁榮，重視生活品質及休閒享受，使得觀光餐旅業如雨後春筍般在全球各地不斷蓬勃發展著。人們外出旅遊之風氣，也逐漸成為一種時代潮流，觀光餐旅服務業乃應運而生，強調以客為尊的人性化服務，以及多元化的休閒遊憩與膳宿體驗。

第一節　我國觀光餐旅業的發展

自古以來，人們早有觀光餐旅活動之實，唯無今日餐旅之名而已。隨著時代的變遷、社會經濟的繁榮、人類科技的發明，使得觀光餐旅產業不斷蓬勃發展，如今已成為二十一世紀的明星產業。茲將我國觀光餐旅業的發展，摘述如後：

一、古代時期的觀光餐旅業

古代觀光餐旅活動的發展，根據歷代典籍的文獻記載可知其一斑，如《左傳》：「禹會諸侯於塗山」、《易經》：「觀國之光，利用賓於王」即是例。此時期我國已有完善的觀光餐旅制度及旅館出現，如館舍、客舍均為當時旅館之名稱。此階段的旅行交通工具有牛車、馬車、橇及船，唯一般百姓仍以徒步為主，旅遊之風尚未盛行，觀光餐旅業之發展僅具雛形而已，如**表2-1**所示。

二、我國近代時期的觀光餐旅業

清末民初，由於開放通商口岸，各國輪船公司才正式組團來華訪問，那時導遊人員稱為「露天通事」。當時旅行業僅兩家，分別是英國「通濟隆」與美國「運通公司」，兼辦國內旅遊事業。

民國16年，中國旅行社在上海成立，為我國第一家民營旅行社。台灣光復後接收「東亞交通公社台灣支社」並加改組為「台灣旅行社」，由當時鐵路局接管，直到民國36年改隸於省政府交通處，此為我國第一家「國營旅行社」。不過當時旅遊風氣未開，人們生活節儉，外出旅行大部分均寄宿於寺廟、民宅、客棧或招待所。

此時期我國觀光餐旅業之發展，相較於清代「鎖國觀光」算是稍有進展，但仍欠缺動力，可謂我國觀光餐旅業之黎明時期（**表2-2**）。

表2-1　我國古代時期的觀光餐旅業

時期	重要紀實	影響
夏商周	1.《左傳》：「禹會諸侯於塗山，執玉帛者萬國」。 2.周代大營城郭，美化市容，整建林園、靈台、靈囿之美景。 3.周代《易經》：「觀國之光，利用賓於王」。	1.中國最早、最龐大的國際性會議。 2.中國古代最早的國家公園。 3.中國歷代典籍始有觀光記載。
春秋戰國	1.旅館業發達，旅遊之風盛行，公家招待所「館舍」，私人興建之旅館「客舍」出現。 2.《周禮》：「凡國野之道，十里有廬，廬有飲食；三十里有宿，宿有路室」。	1.公營招待所「館舍」、民營「客舍」旅館出現。 2.我國古代即有完備觀光餐旅制度存在。
漢唐	1.漢成帝時代建築「宵遊宮」夜夜歌舞。 2.唐代設置「波斯邸」供外賓使用，內有膳宿、酒吧、舞池設施，為私人所興建；國家招待所設有「禮賓院」。	1.中國有史以來第一個夜總會。 2.中國最早類似今日國際觀光旅館出現，同時也有完善的國家招待所。
宋元明	1.北宋「清明上河圖」描繪當時觀光旅遊盛況。 2.元代國際間往來頻繁，旅館事業完備，如會同館、禮賓館舍；另有《馬可波羅遊記》問世。 3.明太祖朱元璋定都南京，加強觀光市容建設，提供外賓及百姓休憩使用。	1.促進大眾化旅遊之風。 2.《馬可波羅遊記》為古代最早的中國觀光指南。 3.我國歷代帝王第一位提倡觀光建設供百姓使用。

表2-2　我國近代時期的觀光餐旅業

時期	重要紀實	影響
清末民初	開放通商口岸，西方文化進入中國，旅遊之風漸開；旅行業有英國「通濟隆」與美國「運通」兩家。	我國第一家西餐廳在上海出現，出國留學之風興起。
民國16年	中國旅行社在上海成立，其前身為上海商業銀行旅行部。	我國第一家民營旅行社出現。
民國23年	波麗路（Bolero）西餐廳在台成立。（圖2-1）	台灣第一家西餐廳。
民國34年	台灣光復政府遷台，當時民間旅館稱之為「販仔間」，設備簡陋，供商旅住宿使用。	販仔間為清末民初及台灣光復前後之最早旅館別名。
民國36年	台灣旅行社成立，隸屬於省政府交通處，其前身為「東亞交通公社台灣支社」。	我國第一家國營旅行社成立。

圖2-1　波麗路為台灣第一家西餐廳

三、我國現代時期的觀光餐旅業

我國現代觀光餐旅業之發展始於民國45年，全國第一個觀光行政機構「台灣省觀光事業委員會」成立。同年，我國民間最早的全國性觀光組織「台灣觀光協會」也相繼設立。由於政府與民間的共同努力，我國現代觀光餐旅業得以迅速蓬勃發展，茲摘述如下：

(一)啟蒙初創期（民國36～45年）

此一時期由於我國觀光餐旅業欠缺明確的觀光餐旅政策及目標，再加上剛起步，觀光餐旅業組織也不太健全，因此觀光餐旅業設施及服務設備均甚簡陋。觀光餐旅服務人員的素質也良莠不齊，欠缺良好的教育與訓練。唯此時期我國最早旅行業法規「旅行業管理規則」也在民國42年頒布，同時我國民間最高的全國性觀光組織台灣觀光協會（Taiwan Visitors Association, TVA）也於民國45年成立，係屬於半官方觀光組織。此外，我國最早的官方觀光組織「台灣省觀光事業委員會」也在同年問世。

當時台灣的旅行社僅四家，即中國旅行社、台灣旅行社、歐亞旅行社及遠東旅行社，至於可供接待外賓及觀光客之觀光旅館也僅有少數幾間，設備簡陋，談不

上具現代觀光設施，其客房總數不到三百間，如鐵路飯店、中國之友社、圓山招待所與自由之家等。

餐飲業方面，由於社會經濟產業結構仍處於農業社會轉型階段，外食人口不多，再加上消費能力不高，使得此時期國內餐飲業仍停滯於小吃店、小型餐館之營運階段。

(二)萌芽奠基期（民國46～55年）

此時期我國觀光餐旅業發展目標為積極爭取國際觀光旅客來台，擴大觀光宣傳、簡化入出境手續及試辦來台七十二小時的免簽證，藉以加強國際觀光餐旅宣傳，吸引大量國際旅客前來，以加速國內觀光餐旅業之發展。

為積極推展我國觀光餐旅業，政府於民國47年加入太平洋區旅行協會，今改為亞太旅行協會（Pacific Asia Travel Association, PATA）；同年又正式加入國際官方觀光組織聯合會（IUOTO），今聯合國世界觀光組織（World Tourism Organization, UNWTO）的前身，此時我國觀光餐旅業始正式邁向國際化。民國49年我國最早的中央級觀光組織「交通部觀光事業小組」正式成立，後來改為交通部觀光事業委員會。

民國45年紐約飯店開幕，為台灣第一家客房內備有衛浴設備的旅館，此時期國內觀光旅館也陸續問世，如台北國賓飯店（**圖2-2**）、統一飯店（已停業）及中

圖2-2　台北國賓大飯店

泰賓館（原址今改建為文華東方酒店）；旅行業也增為五十七家之多。當時台灣的餐飲業，其菜系是以原住民、客家菜、福州菜以及日本料理為主。

此階段由於全國朝野上下共同努力，使我國觀光餐旅業奠定了未來發展的成功基石。不過當時的觀光餐旅業仍屬於傳統家族式之經營管理，其規模以中小型為主。此外，值得一提的是在民國54年圓山飯店創辦「圓山空中廚房」，為我國空廚之肇始，使我國觀光餐旅業邁向新的里程碑。

(三)成長發展期（民國56～65年）

為發展全國觀光餐旅產業，強化政府觀光餐旅組織的功能、統一事權，政府乃於民國60年6月將交通部觀光事業委員會正式加以改組為交通部觀光事業局，後來在民國62年3月正式更名為今日的「交通部觀光局」，積極鼓勵民間發展觀光餐旅業，使國內觀光餐旅業不斷蓬勃發展。唯民國63～65年因國內進行十大建設而頒布旅館禁建令，使得本階段觀光旅館的成長趨緩。

民國56年，台灣省觀光事業管理局頒布國際觀光旅館認證標章，並將該標章授予符合標準的觀光旅館業者，以資識別。民國58年花蓮亞士都大飯店開幕，為東台灣第一家國際觀光旅館。民國62年台北希爾頓飯店成立（今台北凱撒飯店，**圖2-3**），為我國首家參加國際性連鎖經營的旅館。

圖2-3　座落於台北車站前的凱撒飯店，其前身為希爾頓飯店

此時期為我國觀光餐旅業之黃金時代。民國65年來台灣觀光旅客首度突破百萬大關，當時觀光旅館供不應求，為我國旅館業之全盛時期。此時國內旅館已步入國際化連鎖經營時代，旅館客房數平均為三百多間，為中型觀光旅館之規模，但已逐漸由傳統家族式經營進入重視專業人力之企業經營，並開

始引入電腦作業系統。

此時期台灣的觀光餐飲業正式步入國際連鎖經營方式，咖啡廳林立，虹吸式咖啡（Syphon）出現，民國61年上島咖啡在台北創店，台灣本土第一家炸雞店頂呱呱炸雞也在民國63年開業。

旅行業方面，此時期由原來的五十七家增至三百五十三家之多，其增長之速度令人歎為觀止，年平均成長率高達35%，為國內旅行業的黃金時期。綜觀此成長發展期，我國觀光餐旅業在量方面的成長大幅增加，質方面則嫌不足，但也開始正視人才培育之觀光餐旅教育，而國內觀光餐旅業已逐漸步入現代觀光餐旅企業的經營管理模式。

(四)蛻變轉型期（民國66年～75年）

此時期由於人們生活品質提升，環境保育觀念漸受國人重視，環保旅館之理念正式萌芽。因此我國觀光餐旅發展政策，除了持續加強觀光餐旅市場之國際行銷與推廣工作外，並加強觀光餐旅資源之保育、獎勵投資觀光旅館、提升餐旅軟硬體服務品質。

旅館的經營理念，在硬體建築造型設計上，如台北財神酒店首創中庭設計、環亞飯店首重商圈規劃，以及亞都飯店的辦公桌式的櫃檯設計等均十分新穎；在軟體服務則大量引進國外旅館專家，採現代大型旅館企業管理的模式，重視以客為尊的專注服務。為提升觀光旅館服務品質，政府也於民國72年首度頒布「國際觀光旅館評鑑制度」，分別授予4～5朵梅花作為國際觀光旅館的標幟。

此時期由於政府獎勵民間投資觀光旅館，許多現代化大型旅館不斷問世，如亞都飯店、環亞飯店（今王朝酒店）、福華飯店及來來飯店（今喜來登飯店）等著名國際觀光旅館，均於此時期先後投入我國觀光餐旅產業之營運行列，我國觀光餐旅服務業可謂正式進入現代化、國際化、連鎖化的時代。

由於旅行業擴展太快，衍生不少旅遊糾紛。為避免旅行業過度擴張而產生惡性競爭甚至影響服務品質，政府乃於民國67年暫時終止旅行業之申請設立，為我國旅行業首度呈現負成長，不過許多「靠行」（Broker）旅行社也應運而生。民國68年開放國人出國觀光，使我國觀光餐旅業正式由「單向觀光」邁向「雙向觀光」之新紀元，使我國旅行業之經營型態，由昔日重視接待來台觀光旅客業務轉而為強調國人海外觀光業務，即所謂的Inbound業務（**圖2-4**）與Outbound業務。

圖2-4　香港為國人海外觀光的重要景點

此階段台灣本土化飲料泡沫紅茶於民國72年正式在台中陽羨茶行（今正名為春水堂）推出，同年三商巧福也創設中式速食連鎖簡餐餐廳。此外，台灣知名餐飲品牌「鼎泰豐」也在民國69年由原來的油行轉為經營小籠包小吃店。

國際餐飲連鎖品牌——麥當勞於民國73年正式來台設立第一家店，之後其他國際知名餐飲連鎖企業，如肯德基、必勝客、漢堡王等均陸續登陸，投入我國餐飲產業行列，並將餐飲連鎖經營管理之理念正式引入國內，使我國本土飲料及連鎖餐廳崛起，並正視餐飲服務品質的提升。此時，國內餐飲業的發展已逐漸脫離傳統家族式經營，並步入企業化、連鎖化及國際化的現代餐飲經營管理時代。

(五)成熟發展期（民國76年～85年）

此時期由於政府積極發展觀光餐旅業，乃於民國76年11月正式開放國人赴大陸探親旅遊，並開放許多山區、海域供觀光餐旅業營運使用，使得我國觀光餐旅市場更加蓬勃發展起來。

為因應國人出國觀光旅遊之需，政府於民國77年重新開放旅行業之申請設立（民國67年停止甲種旅行業申請），並將我國旅行業由原來的甲、乙兩種旅行業，增列「綜合旅行業」，使我國旅行業正式分為三大類，在營運管理上也更健全，並於民國84年推旅行責任保險，規定旅行業必須為旅客投保「履約保險」及「責任保險」，重視品牌形象之建立。民國78年中華民國旅行業品質保障協會（Travel Quality Assurance Association, TQAA）成立，為旅客的權益及旅遊產品服

圖2-5　台北君悅大飯店

務提供更完善的保障。

至於國內旅館業的發展，已走向精緻化、國際化的營運管理發展策略，如晶華、西華及君悅（**圖2-5**）等飯店，無論是軟硬體設施或服務品質均甚講究，且不斷拓展其品牌形象。

此階段的台灣餐飲業不斷致力產品創新、品質提升。此外，異國風味餐廳、特色美食餐廳及本土化咖啡連鎖店也應運而生。例如：泰式料理在民國79年正式由瓦城餐廳引進台灣、羅多倫平價咖啡出現，同年台灣本土連鎖餐飲品牌「王品牛排」也問世。此外，在民國82年，85度C咖啡也創設第一家店，如今皆成為台灣餐飲品牌典範。

綜觀本階段我國觀光餐旅業之發展特色為重視以顧客為導向的人性化服務、講究精緻化的產品服務、追求觀光餐旅企業品牌形象之建立，如「企業識別系統」（Corporate Identity System, CIS）的形象標幟，終使國內觀光餐旅業開始重視品牌形象的經營。

(六)再造發展期（民國86年～95年）

此時期我國觀光餐旅產業已成為國家策略性重點產業，政府除了遵循「二十一世紀台灣發展觀光新戰略」的政策，極力推動「觀光客倍增計畫」外，更重視觀光餐旅產業在國際行銷，為求觀光永續發展也正視生態保育及環保課題，期以營造美好旅遊環境來吸引全球觀光旅客。

此時期的旅館除了強化基本住宿、膳食功能外，更重視會議及休閒的功能，如日月潭涵碧樓飯店、花蓮理想大地，以及台北君悅等旅館即為代表。政府為提升旅館的服務品質並與國際接軌，特於民國92年頒布「星級旅館評鑑標準制度」，以星級取代昔日的梅花級。

旅行業在此時期的發展，除了爭取國際品質標準化組織認證，如ISO9001、ISO9002等來建立品牌形象及重視服務證據外，在營運策略上則採直營連鎖、加盟連鎖或策略聯盟方式，期以強化其市場競爭力。為擴大觀光旅遊市場，政府在民國91年有條件開放大陸人士來台，使國內旅行業掀起一股迎接大陸團之熱潮，並積極配合成立於民國95年的「台灣海峽兩岸觀光旅遊協會」（台旅會）的運作，爭取大陸人士來台觀光旅遊的業務。

此時期的餐飲業除了力求發展、差異化美食特色外，各類餐廳及地方小吃店林立，國人自創品牌咖啡連鎖專賣店興起，如創立於民國86年的西雅圖極品咖啡，以及各式平價咖啡飲料店等。至於餐飲業的營運規模也逐漸朝向極大化與極小化發展，並開始拓展海外營運據點，如大陸、新加坡及歐美各國。

(七)資訊e時代（民國96年迄今）

現階段我國觀光餐旅業發展政策「Tourism 2020台灣永續觀光發展策略」，乃配合「二十一世紀台灣發展觀光新戰略」，以「開拓多元市場、推動國民旅遊、輔導產業轉型、發展智慧觀光、推廣體驗觀光」五大策略，積極打造台灣觀光品牌，形塑台灣成為「友善、智慧、體驗」之亞洲重要旅遊目的地。

此階段我國觀光餐旅產業之發展已走向國際化、品牌化及連鎖化的科學管理，重視品牌管理、專業認證及國際標準組織（International Organization for Standardization, ISO）的認證；在營運規模上朝向極大化與極小化發展；在產品價格上也趨向兩極化，如平價旅館或平價餐廳、豪華旅館或美食主題餐廳等，以滿足M型社會多元化之需求。茲將資訊e時代國內觀光餐旅產業的發展特色，摘述如下：

◆餐飲業

1. 此階段的餐飲業百家爭鳴，地方風味特色小吃崛起，夜市餐飲文化逐漸受到重視。國內本土化餐飲連鎖企業如王品、鼎泰豐及85度C咖啡等不斷拓展海

外營運據點，發展台式美食品牌。此外，由於社會環保意識高漲，環保餐廳將成為主流。

2.重視健康、養生、天然有機的菜單研發及在地當季食材的綠色採購、產地履歷認證，減少碳足跡（**圖2-6**）。

圖2-6　綠色採購可減少碳足跡

3.網路餐廳及網路美食團購興起，改變餐飲經營方式。

4.民國102年頒發餐旅業「清真餐飲認證」（**圖2-7**）標章及「穆斯林友善餐廳餐飲認證」，大幅提升台灣餐飲良好品牌形象。

5.《2018台北米其林指南》之評鑑，不僅可提升國內餐飲水準及國際知名度，更是對國內餐飲業者之肯定與尊重。

圖2-7　清真餐飲認證

◆旅宿業

1.為提升我國旅館在國際上的競爭力，政府於民國98年正式推動「星級旅館評鑑」以及「民宿認證」，同時不斷引進國際知名連鎖旅館品牌進駐台灣。例如：文華東方酒店、W旅館、寒舍艾美酒店及加賀屋溫泉旅館等均是。

2.旅宿業的營運已步入國際連鎖經營的時代，本土化連鎖旅館興起，並自行設計、建造且擁有自創品牌。例如：雲朗旅館集團所屬的君品、雲品、翰品酒店；晶華酒店集團Silk品牌下的頂級Grand Silk（晶華）、平價的Just Sleep（捷絲旅），以及渡假休閒的Silk Place（晶英）等三種不同目標市場定位的旅館品牌。

觀光視窗

《2018台北米其林指南》共有20家餐廳摘星，雲朗觀光集團旗下的台北君品酒店頤宮中餐廳，以粵菜料理奪下全台首座的三星殊榮。

◆旅行業

1.客源市場方面，民國104年來台旅客首次突破1,000萬人次。目前除了積極爭取民國97年開放大陸人士來台觀光及民國100年開放陸客來台自由行的觀光業務外，另以日韓為主、大陸為守、南進布局、歐美深化，以及爭取郵輪市場之國際客源市場來台。

2.在遊程產品規劃上，逐漸重視銀髮族無障礙的旅遊及郵輪觀光，期以營造優質、安心、友善的台灣旅遊觀光品牌。此外，尚須強化在地、生態、綠色及部落觀光旅遊。

3.在產品服務及市場行銷方面，更紛紛運用電腦資訊科技來建構完善旅遊資訊服務網，強化網路訂位及行銷，使旅遊產品交易更便捷、更透明化。例如：電子機票網路訂位參團、網路結帳以及發展線上旅行社（Online Travel Agent, OTA）等均是。

4.旅行業的組織規模將朝向「極大」和「極小」等兩極化發展，網站旅行社是另一主流，無論旅行業組織規模如何，今後均會非常重視品牌形象的建立，並講究服務證據，以創造獨特企業文化特色。

5.遊程產品偏向區域、定點旅遊，低成本廉價航空（Low-Cost Carrier, LCC）崛起，提供年輕人更多的旅遊機會選擇，旅遊產品更多元化。

(八)近代觀光大事紀（民國101～107年）

表2-3　近代觀光大事紀

時間	重要紀實	影響
民國101年	•持續推動「觀光拔尖領航方案」，並以「Taiwan the Heart of Asia」（亞洲精華·心動台灣）及「Time for Taiwan」（旅行台灣·就是現在）為宣傳主軸，逐步打造台灣成為「亞洲觀光之心（星）」。該年來台灣觀光旅客突破700萬人次。	•對內可增進經濟與觀光的均衡發展；對外可強化台灣觀光及餐旅產業品牌國際意象。
	•觀光局舉辦「台灣十大觀光小城」遴選，計有大甲、大溪、北投、安平、金城、美濃、鹿港、集集、瑞芳及礁溪等十個小城。	•建構台灣處處可觀光的旅遊環境，吸引國內外遊客，促進地方觀光餐旅業之成長。
	•5月頒發「好客民宿標章」，並將結合星級旅館製作專屬網站「旅宿網」。	•打造台灣優質旅宿品牌，宣揚「乾淨、衛生、安全、親切」的好客民宿精神。
	•我國「自動通關查驗系統」（e-Gate）於1月正式啟用，同年11月美國將台灣納入免簽證國。	•加速旅客入出境證照查驗通關之效率；國人赴美旅遊享免簽證待遇。
民國102年	•持續推動「觀光拔尖領航方案」，並整合各具特色觀光活動，打造「台灣觀光年曆」行銷國內外。	•吸引國內外遊客參與特色觀光活動，以擴大觀光及相關產業的經濟效益。
	•建置無障礙旅遊環境，提供旅客無縫、友善的旅遊服務環境。	•優化國民生活與旅遊環境品質，提升台灣觀光品質國際形象。
	•3月頒發餐旅業「清真餐飲認證」標章及「Muslim Friendly Restaurant餐飲認證」標章。	•讓穆斯林旅客享有溫馨、友善的餐飲保證。
	•8月觀光局舉辦「2013年台灣美食展」以「食來運轉遊台灣」為主題，其系列活動有「十大夜市美食PK讚」、「台灣美食經典展」、「台灣美食擂台賽」及「台灣團餐大車拼」等輪番登場。	•發展台灣地方美食文化特色，將台灣美食推向國際，創造台式品牌。
民國103年	•觀光局推動「反日租——全民出擊大行動」	•維護旅客住宿安全及有效打擊日租套房，並將其納入旅宿業管理。
	•舉辦台灣穆斯林餐旅授證，累計已有50家餐廳或旅館取得中國回教協會頒發的清真標章。	•大幅提升台灣接待國際穆斯林旅客之能量與良好品牌形象。

（續）表2-3　近代觀光大事紀

時間	重要紀實	影響
民國104年	•推動「觀光大國行動方案（104～107年）」，深化「Time for Taiwan旅行台灣．就是現在」的行銷主軸，以「優質、特色、智慧、永續」為執行策略。 •來台觀光課首次突破1,000萬人次。	•逐步打造台灣成為質量優化、創意加值，處處皆可觀光的觀光大國。
	•開拓高潛力客源市場，如中國大陸、穆斯林、東南亞五國新富階級，以及亞洲地區歐美白領高消費端族群等新興客源；加強推廣國際郵輪市場、會展及獎勵旅遊潛力市場。	•爭取多元化高潛力的客源市場。
	•強化「台灣好行」與「台灣觀巴」之品質與營運服務、建置「借問站」及擴大i-旅遊服務體系密度，提供行動諮詢服務。	•提升觀光營運服務品質。
	•推廣關懷旅遊，持續推廣無障礙與銀髮族旅遊路線。	•拓展銀髮族旅遊市場。
民國107年	•研訂「Tourism 2020——台灣永續觀光發展策略」，以「創新永續　打造在地幸福產業」、「多元開拓　創造觀光附加價值」為目標，透過「開拓多元市場、推動國民旅遊、輔導產業轉型、發展智慧觀光及推廣體驗觀光」等五大發展策略，落實相關執行計畫。	•整合觀光資源，發揮台灣獨有的在地產業優勢，讓觀光旅遊不只帶來產值，也能發揮社會力、就業力及國際競爭力。

第二節　國外觀光餐旅業的發展

歐美地區為當今國際旅遊市場之重鎮，不僅是國際觀光主要觀光目的地，其觀光餐旅業也在全球居領導地位。歐美觀光餐旅業之源起可追溯到希臘羅馬時代、中古歐洲、近代與現代歐美觀光餐旅業之發展。

一、古代西方觀光餐旅業的發展

西元前三千年，歐洲地區的腓尼基人即在地中海與愛琴海進行通商貿易旅行。唯其動機主要是通商貿易，至於古代掀起西方旅遊活動之先河則首推古羅馬帝國。茲分別就古希臘羅馬時代及中古歐洲觀光餐旅業的發展概況摘述如下：

(一)古希臘羅馬時代的觀光餐旅業

古代羅馬人喜歡旅遊，其旅遊的動機主要有：宗教（**圖2-8**）、療養、藝術、酒食、運動等。當時羅馬對外之交通四通八達，曾建五大幹線，長達8萬公里的公路網，有所謂「條條道路通羅馬」之喻。由於特權階級為求外出旅遊的安全，聘僱身強力壯且具外語能力的護衛（Courier）隨行，首開上古歐洲導遊、領隊之先河，可見古羅馬時代交通運輸系統及其觀光餐旅業已相當發達，足以提供旅遊者膳宿之需。

羅馬時代由於朝聖與商旅活動熱絡，外食人口不斷增加，提供旅行者需求餐食之小客棧應運而生。羅馬時代旅館事業尚稱完備，官宦往來由公家館舍接待，至於私人則多以民房或小客棧為棲身之地。到了第五世紀以後，羅馬帝國崩潰，使得歐洲觀光餐旅業之盛景宛如曇花一現，陷入觀光餐旅業的黑暗時代。

圖2-8　羅馬宗教觀光

(二)中古歐洲的觀光餐旅業

由於十字軍東征（西元1096～1291年），使得中古歐洲之觀光餐旅業隨著宗教觀光之興起而逐漸發展，唯當時治安欠佳，人們自由旅行之風氣並不盛行，因此當時歐洲的觀光餐旅業盛景仍不如古羅馬時代。

十六世紀以後，由於文藝復興運動興起，人文主義意識抬頭，自由旅行追求知識之風盛行，尤其是當時義、法兩國貴族均派遣其子弟到歐陸吸收新知，此舉激起了歐洲各國「認識旅行」（Comprehensive Tour）的急速發展，此習慣一直保留到今日。認識旅行另稱「修業旅行」或「大旅遊」（Grand Tour），是以教育為主的旅遊，亦即今日所謂的「遊學觀光」、「知性之旅」（**圖2-9**）。

當時歐洲如英國倫敦、法國巴黎之街坊出現許多路邊咖啡屋，作為供應這些訪客及王公貴族子弟茶敘聚餐之場所，其中最早設立的首推在1645年於義大利威尼斯的「咖啡屋」最有名，可謂「現代餐飲業鼻祖」。由於旅遊之風興起，間接也促進歐洲各國觀光餐旅業之發展。

圖2-9　認識旅行是以教育為主的知性之旅

二、近代西方觀光餐旅業的發展

(一)近代歐洲的觀光餐旅業

十八世紀末歐洲產業革命發生，由於蒸汽機之發明，火車之旅已成為當時旅遊之風尚，間接促進各地觀光餐旅業之成長，在各都會區之交通要道、觀光景點有許多新穎的餐廳、酒吧及旅館陸續出現，各大都會如倫敦、巴黎均有可供旅客及馬

車休息的驛站旅館，另有許多咖啡屋可供遊客休憩小聚，類似今日的餐廳。

當時歐洲各國人民自由旅行之風盛行，英國傳教士湯瑪斯．庫克（Thomas Cook）於1841年在英國萊斯特（Leicester）與羅浮堡（Loughborough）間利用列車載運五百七十位旅客首途，並於當日折返萊斯特，每位旅客收一先令。一般均認為這是英國第一次公開招攬之遊覽列車。由於此趟旅程深受好評，紛紛要求續辦，因此庫克在西元1845年創辦通濟隆公司（Thomas Cook & Son Co.）。通濟隆公司最早以國內旅遊為主，並與鐵路公司承攬代售客票業務，以廉價大眾旅遊方式，事先印製行程，公開招攬旅客，類似目前的包辦旅遊及旅遊指南。

西元1855年庫克組團前往法國參加世界博覽會，其後再將其旅遊行程擴展至歐洲大陸各地，如瑞士、義大利等觀光勝地。同時庫克也進一步與歐洲各大鐵路公司、旅館等旅遊產業簽訂協定，公開發售周遊車票、庫克住宿券、周遊券、旅行支票、旅遊手冊等系列的全備旅遊（Package Tour）專業接待旅遊服務，對當今全世界旅行業之影響相當深遠，為紀念此位觀光旅遊業之先知，有人尊稱湯瑪斯．庫克為「現代觀光之父」及「旅行業鼻祖」。

湯瑪斯．庫克對當今旅行業的貢獻，摘介如下：

1.創辦全球第一家旅行社「通濟隆公司」。

2.完成全球第一次火車之旅的全備旅遊，建立領隊導遊隨團服務制度。

3.最早發行下列各種旅遊服務憑證及旅遊手冊：

(1)周遊車票（Circular Ticket），即今日來回車票。

(2)周遊券（Circular Note），類似今日旅行支票或匯票，唯僅限於合約旅館，得憑券兌換現金。

(3)庫克住宿券（Cook Coupon），即旅館住宿服務憑證。

(4)旅遊手冊、交通時刻表。

至於旅宿業方面的發展，此時期不僅「量」增，「質」也蛻變，1850年，在法國巴黎建立的格蘭旅館（Grand Hotel），其設備十分完善，建築雄偉，富麗堂皇，擁有最現代的旅館客房設施，係全世界最早創立的現代化旅館。一直到1889年，瑞士著名旅館專家凱撒．里茲（César Ritz）在英國開設倫敦麗池飯店，後來又在法國巴黎、美國紐約等各大都會成立麗池飯店。台北亞都麗緻大飯店也深受其影響，迄今，Ritz已成為全球知名連鎖旅館之品牌，代表著「高級豪華」之形象表徵。

麗池飯店的經營哲學

麗池飯店集團係由凱撒．里茲（César Ritz）創設，他曾在法國知名餐廳Voisin當服務員，後來曾在歐洲幾家餐廳和飯店工作。由於其經驗豐富，他在二十七歲時，即應聘擔任瑞士最大且豪華的旅館總經理。里茲的經營哲學主要是：創造顧客的滿意度，不考慮成本、價格，盡可能依顧客需求，使顧客滿意。此外，里茲認為「好人才是無價之寶」（A good man is beyond price），由此可見他非常重視人才，善於發掘和提拔人才。

麗池飯店（圖2-10）的經營哲學介紹如下：

一、座右銘（The Motto）

我們是為淑女與紳士服務的淑女與紳士（We are ladies and gentlemen serving ladies and gentlemen）。

二、服務三步驟（The Three Steps of Service）

1.盡可能以顧客的姓名，真誠、溫馨地問候。
2.預知並遵從顧客的需要。
3.盡可能以顧客的姓名，給予溫馨、愉悅的道別。

三、信條（Credo）

1.為我們的顧客提供一個真誠關心與舒適的地方是我們旅館的使命。
2.我們保證提供我們的顧客最細膩溫馨的個人服務與設施，使他們在精緻的環境氣氛下，擁有一種愉悅、滿足的幸福感。

圖2-10　位於柏林的麗池飯店

觀光視窗

近代法國餐飲達人

◎安東尼・卡雷姆（Marie Antoine Carême, 1784～1833年）

建立西餐上菜順序、簡單優雅的盤飾及餐桌擺設，被尊為「廚師之王」、古典烹飪創始者，對當時西餐服務水準之提升，貢獻卓越。

◎艾斯可菲（George Auguste Escoffier, 1846～1935年）

出版一本《法國菜的烹調》，並確立西餐廚房組織編制，以及今日西餐依序上菜的服務方式，對當時餐飲業貢獻甚鉅，因而享有「近代廚師之父」、「西餐之父」的美譽。

◎費南德・波伊特（Fernand Point, 1897～1955年）

研發現代餐盤式服務及新廚藝推動者，強調每道菜須有主要材料、主題及獨特口味，重視淡雅、自然、簡單的新式廚藝烹調術。

(二)近代美國的觀光餐旅業

1829年美國波士頓崔蒙旅館（Tremont House）係當時最豪華現代化的旅館，此旅館之最大特色乃開啟現代旅館經營管理之門扉，為全球第一家提供住宿旅客房內抽水馬桶（Indoor Plumbing）、免費肥皂及門房加鎖。此類周邊設施與服務在當時可謂創舉，對於日後旅館之經營影響深遠，因此享有「當代旅館產業之始祖」美譽。

二十世紀初，美國經濟快速成長，商務旅客激增，商務旅館興起，美國旅館業鉅子史大特拉在美國水牛城（Buffalo）開設史大特拉飯店（Statler Hotel）並提出連鎖旅館的概念，影響後世甚深，因而享有「美國旅館業大王」、「現代商務旅館之父」及「連鎖商務旅館鼻祖」等美譽。

西方旅館的黃金時代是在第一次世界大戰後於美國興起，在西元1920年代美國境內即擁有一千間以上客房的巨型旅館數十家，其高度高達三十樓以上。西元1930年代全世界經濟大恐慌，導致許多旅館因而宣告破產或重整合併，此時期為美國旅宿業的黑暗時代。由於全球經濟不景氣，汽車旅行逐漸取代昔日鐵路、輪船之旅，在美國公路兩旁，因而有汽車旅館的出現。鑑於消費市場需求的轉變，西元1950年代美國假日旅館在公路兩旁陸續開設汽車旅館，開啟公路汽車旅館的新紀元，使「假日旅館」（Holiday Inn）品牌成為「汽車旅館」（Motel）的同義詞。

美國旅行業之發展首推「美國運通公司」，雖然起步較英國通濟隆公司晚，但其成就卻在1930年代之後取代英國在全球旅行業之龍頭地位。

「美國運通公司」源始於西元1850年，由美國旅運業者亨利．威爾斯（Henry Wells）合併其他旅運公司而設立，此旅行社前身為經營運輸業務之旅運公司，專營波士頓與紐約兩大都市之間的旅運業務。其業務性質除了貨運服務、郵件傳遞外，並兼辦金融匯兌等類似銀行業務，此乃早期美國旅行業發展的特色之一。

美國運通公司早期僅負責美國東西岸之間的運輸業務，後來才兼辦旅客旅行服務及發行旅行支票（Travel Check）、信用卡（Credit Card）。美國運通公司之營運項目雖然迅速擴張，不過仍以國際旅行業務和旅客旅行服務為主要業務，如今美國運通公司（American Express Company）旅行部門，已躍居世界旅行業之首，也是當今全球最大的一家民營旅行業。

至於美國餐飲業的發展，首推西元1634年，由山姆爾．科爾斯（Samuel Coles）在波士頓所成立的「酒館」，這是美國第一家餐廳。到了1784年，湯瑪斯．傑佛森（Thomas Jefferson）在法國擔任外交官，結識不少法國宮廷廚師，後來當他選上美國總統後，即將法國廚師帶進白宮，從此之後，美國餐館的烹飪技藝也愈來愈精湛。西元1827年第一家專業的法式餐廳——戴蒙尼克（Delmonico）正式在紐約成立，開張以來即聲名大噪，歷經四代遠近馳名。

西元1876年美國人亨利．哈威（Frederic Henry Harvey）在堪薩斯州（Kansas）開設多家名為「哈威屋」（Harvey House）的餐廳，而成為餐飲連鎖的始祖。西元1902年投幣式販賣機餐廳（Vending Machine）也在紐約正式問世。

1930年代全世界經濟不景氣，旅行方式也逐漸演變為汽車旅遊，同時帶動美國觀光餐旅業及速食餐廳之成長。1940年速食業巨人麥當勞創立，1955年由科羅克（Ray Kroc）協助成立麥當勞連鎖公司（**圖2-11**）並迅速成長，使得美國觀光餐飲業在全球的地位取代了英國。

今日美國餐廳之類型很多，不下二、三十種，但其特色仍十分偏重內部豪華、舒適之設備，並加強服務品質之提升與企業化經營管理，所提供之產品除了深具特色之美酒佳餚外，尚有各式宴會場所、休閒娛樂設施及文化展覽中心。此外，美國更以連鎖經營方式來發展其跨國企業，如麥當勞、漢堡王、龐德羅莎及星期五餐廳（T.G.I. Friday's）等國際性連鎖餐飲企業均遍布全世界各地，瓜分全球大半餐飲消費市場，不僅超越英、法等歐洲觀光先進大國，更躍居全球餐飲連鎖企業盟主之寶座。

圖2-11　速食業巨人麥當勞企業的形象標識

三、現代歐美觀光餐旅業的發展

二次世界大戰之後，噴射客機問世成為全球觀光旅遊的主要交通工具。此時歐美旅遊活動已步入大眾化、平民化，且將旅遊與生活相結合，中產階級成為主流市場，使得大眾化國際旅遊（International Tour）之風逐漸盛行，因而促使觀光餐旅業步入國際化、連鎖化及大型化，如喜來登（Sheraton）（**圖2-12**）、希爾頓

圖2-12　喜來登連鎖旅館

（Hilton）、凱悅（Hyatt）等連鎖旅館，以及餐飲連鎖餐廳，如麥當勞、星巴克等均遍布世界各地。

大型、高級、豪華旅館陸續問世，講究服務品質，並以品牌形象創新及市場定位為訴求，如超大型主題旅館（Mega-hotels）等。餐飲業之營運逐漸重視主題、特色、風味的餐廳文化與產品服務，至於速食文化也是今後歐美餐飲文化的主流；旅行業的產品服務也逐漸朝向定點、深度之旅，如郵輪觀光、生態旅遊、文化觀光等，並重視環保議題之低碳觀光，以滿足客源市場需求。此外，環保旅館、環保餐廳及連鎖經營已成為未來觀光餐旅營運的發展趨勢。

美國連鎖旅館創始者——史大特拉

史大特拉（Ellsworth Milton Statler）1863年生於美國賓州，他是最早將豪華貴族旅館經營型態導入現代商業型旅館的鼻祖，因而享有「旅館業大王」之美譽。史大特拉的經營理念乃源自誠摯貼心的服務哲學，其格言「顧客永遠是對的」（The Guest is Always Right）；「人生就是服務」：一位能成就事業的人，就是那些能給同事、他人，多一點好一點服務的人（The one who progresses is the one who gives his fellow human beings a little more, a little better service）。史大特拉的格言，迄今仍深受現代旅館業推崇並奉為座右銘。

史大特拉所建造經營的第一家旅館為舉世聞名的水牛城史大特拉飯店（Buffalo Statler Hotel），它擁有三百間客房，尤其是推出每間客房均配備浴室的創舉。此外，史大特拉更喊出誘人的推銷口號「客房附浴室，只要一塊半」（A Room and a Bath for a Dollar and a Half）。該飯店開業第一年即獲利三萬美元，雖然價格低廉但卻能獲利，因而促使他的競爭對手不得不改弦易轍來仿效其經營手法，以保住自己的市場占有率。史大特拉的經營理念為：在一般民眾經濟能力負擔得起的價格內，提供必要的舒適、服務與清潔。此理念在當代可謂「創新」。他認為最好的服務是「方便、舒適、價格合理的服務」。史大特拉為實踐低價格的營運理念，他在不影響基本服務品質及工作效率的前提下，不斷在成本控制及經營管理制度創新改良，力求簡單化（單純化）、標準化（規格化）和科技化（科學化）的數據管理。他的營運理念是在提升服務的質量下，能合理控管成本支出。因此，迄今史大特拉飯店的設施、設備和服務，仍是美國旅館界的典範。例如：客房的門鎖與門把一體成型，鑰匙設在門把手中間；免費送報紙至各房間；客房電話及冰水專用龍頭等現代旅館服務措施均係來自史大特拉的創新思維。

此外，史大特拉的經營理念非常重視旅館的立地位置（Location）。他認為若想成功經營一家旅館，其先決條件是須先尋找適當的地點，且認為地點的選擇不僅要看現在，更要考慮到未來的發展。例如：商務旅館須設計在未來繁華的街市。

史大特拉在1928年去逝前，已成為擁有7,250間客房的史大特拉飯店集團的總裁，然後由其遺孀繼任營運到1954年，始將旅館轉售給希爾頓集團，並為史大特拉飯店畫上休止符。

1.你認為史大特拉的旅館經營理念，對現代旅館業之營運有何影響？

2.請列舉史大特拉飯店成功的要素三者，並摘述自己的想法。

第三節　觀光餐旅業發展的影響

觀光餐旅業的發展可以活絡整體產業經濟，增加國民所得及國家稅收，進而提升國人生活品質。唯任何產業之發展，若欠缺事前之周詳規劃及完善的經營管理，勢必會造成一些負面的影響。茲將觀光餐旅產業發展的影響，分別就正面效益及可能的負面衝擊，分述如下：

一、觀光餐旅產業發展的正面效益

(一)經濟方面

◆增加就業機會，提高國民所得

觀光餐旅產業係一種勞力密集的綜合性服務產業，其發展可促進整體經濟產業之成長，可提供人們更多的就業工作機會，進而提高人們之國民所得，改善生活品質。根據世界觀光旅遊委員會指出，觀光餐旅產業造就了全球兩億的就業人口，約占全球就業人口的十分之一。

◆增加外匯收入，平衡國際收支

觀光餐旅產業為經濟發展之動力，觀光客在整個旅遊活動之過程中，如交通、住宿、膳食、娛樂及旅途所享用之服務與設施均是一種消費，此等消費無論是直接效益或間接的在整個消費活動中所產生的經濟上價值即所謂的「乘數效果」（Multiplier Effect），能為國家帶來大筆外匯收入及政府國際收支之平衡（圖2-13），對新興或開發中國家之貢獻則更大。

◆促進產業發展，增加政府稅收

由於觀光餐旅產業之成長，將熱絡整體經濟相關產業之發展，不論在直接或間接稅收方面均會大幅度增加，因此一國觀光餐旅業愈發達，該國政府之稅收也會相對增加。

◆加速經濟建設，促進國際貿易

一個國家要發展該國觀光餐旅產業，勢必得先加強觀光餐旅資源開發與建設，改善其公共設施及交通網，這些建設不但為觀光餐旅業所需，也是其他產業成長之基石，如高速公路、捷運系統、機場設施等。這些公共工程之建設可促進國家經濟建設之快速成長，更可促進國際貿易之成長。

圖2-13　觀光消費能為當地帶來大筆外匯收入

(二)社會方面

◆減少失業人口，穩定社會功能

觀光餐旅服務業係一種勞力密集的綜合產業，如餐飲業、旅館業、交通運輸業、娛樂業等相關行業均屬之。因此能提供很多工作機會，減少社會失業人口，也能減少因失業所造成的治安問題，如遊民、竊盜，具有穩定社會、安定人民生活的功能。

◆促進社會變遷，均衡地方發展

觀光餐旅活動可加強人際互動與文化交流，提升國人之生活品質與素養，擴展國際視野，對於其將來社經地位之提升將有裨益。此外，也會使整個社會結構產生丕變，對於地方鄉土特色之建立、地方產業之發展均有莫大助益。

◆倡導正當休閒，提高生活品質

觀光餐旅產業可提供許多有益身心之休憩活動，例如：生態之旅、文化之旅等，不僅可調劑身心，更具教育功能，有助於國人生活品質之提升，並可培養正確健康的育樂生活（**圖2-14**）。

◆縮短貧富差距，均衡資源分配

觀光餐旅產業提供各行各業很多工作機會，促進社會產業結構改變，使許多

圖2-14　野柳地質景觀可調劑身心，且具教育功能

夕陽傳統產業得以因而復甦，展現繁榮景象，對於社會財富資源有一種重新分配之功能，也能縮短社會貧富差距。

(三)文化方面

◆宣揚文化

觀光餐旅產業近年來深受各國政府之重視，且不惜鉅資積極從事名勝古蹟、歷史文物之維護與管理，其主要目的乃希望將其悠久歷史文物與名勝古蹟等文化藝術寶藏予以美化，並展示於世人面前。此外，更不斷透過觀光景點及各類活動，展示各地文化特色及美食文化，具有宣揚文化之功。

◆欣賞文化

旅遊活動可培養人們對文化之欣賞力與鑑賞力。遊客在整個旅遊活動之歷程中，由於不斷接觸各種不同環境之文化與藝術品，無形中增進其對文化藝術之欣賞力與鑑別力。

◆保存文化

為發展觀光餐旅業，各國莫不設法積極維護其本國之稀有文化財產，設立各種博物館、民俗文物館、美術館或藝術館等陳列館，將古董古物詳加蒐集保存，使得許多珍貴歷史文物得以保存下來。

◆創造文化

為加強一國或一地區特殊觀光餐旅業吸引力，藉以爭取大量客源，各國或各地觀光餐旅產業主管機構，莫不積極拓展其文化活動，例如配合節慶之各種祭典、餐旅文化展或迎神賽會，許多新文化與新藝術陸續問世，此乃觀光餐旅業創造文化之例證。

◆文化交流

觀光餐旅產業最大的文化價值在於促進文化交流。由於雙向往來之關係，遊客在國際間往來頻繁，對於兩國或兩地之觀光餐旅文化交流扮演極重要的角色。

(四)環境方面

◆美化綠化環境，改善都市景觀

觀光餐旅活動，它可帶動一個地區或國家社會的繁榮、改善都市環境品質、

增加都市觀光景觀、改善當地教育文化設施以及各項公共設施，更可凸顯都市景觀特色，進而提升該地區整個實質環境品質（**圖2-15**）。

◆保育生態環境，立法保護野生動植物

目前世界各國政府為發展其觀光餐旅產業，對於野生動植物及其棲息地，均十分重視保育工作，並透過各項立法來加以保護（**圖2-16**）。

圖2-15　美化綠化環境，改善都市景觀

圖2-16　野生動植物應立法加以保護

◆重視環保與能源管理，改善社區環境品質

現代觀光餐旅業為求產業資源之永續經營，除了加強能源管理，減少不必要的水電資源浪費外，更重視固態廢棄物之管理，如盡可能使用環保器皿、餐具，或使用再生紙，避免使用過度包裝之物品。此外，對於汙水之排放、有害氣體及噪音均十分重視，並嚴加控管，具有維護及改善社區環境之功。

二、觀光餐旅產業發展的負面衝擊

當觀光餐旅產業之發展若缺乏完善事前規劃或人為的管理疏忽，也會造成不少負面的影響與衝擊，茲分述如下：

(一)經濟方面（經濟成本）

◆增加外部成本與政府財政支出

為促進觀光餐旅業的發展，政府必須先投入相當資金於公共設施開發維護及宣傳，以營造良好觀光餐旅環境來吸引遊客，並刺激企業投資，凡此措施均需增加政府財政支出。此外，對於觀光餐旅業發展所帶來的問題，如外來移入人口的教育、工作、就業、醫療、疾病及犯罪等之社會治安與福利問題，均會增加外部成本與政府財政支出。

◆物價上漲，通貨膨脹

觀光餐旅業發展會提升當地人國民所得及生活水準，相對的也會因遊客的高消費能力與財團競炒地皮，導致觀光區土地價格節節上升，物價持續高漲，徒增當地居民生活開支，間接造成通貨膨脹，結果影響到當地居民生活的品質。

◆影響當地產業結構

觀光旅遊景點會引入大量觀光餐旅產業，並造成當地原有農業及其他產業之萎縮，使得觀光區當地經濟結構，逐漸改變為以觀光餐旅為主的產業（**圖2-17**），這並非一個良好的社會產業經濟結構應有的現象。因為觀光餐旅產業極具敏感性與多變性，極易受到季節及政治、經濟、社會等因素所左右，相當不穩定。如果一國或一地區產業過於仰賴觀光餐旅產業，則將會對其經濟與社會之穩定，帶來相當大的負面影響。

圖2-17　夏威夷因觀光餐旅業發展而影響當地產業結構

◆土地機會成本的損失

觀光遊憩活動所需的自然或人文資源，一旦開發作為觀光餐旅資源，則很難再供作其他用途。如果這些資源不用於觀光餐旅產業之遊憩活動，而作為其他產業經濟活動，其所獲取之經濟利益，即為發展觀光餐旅活動所需付出的機會成本。如果土地機會成本小於觀光餐旅經濟效益，那麼對整個國家經濟發展而言，其損失尚輕微；反之，在規劃開發前則有待商榷。

(二)社會方面

◆勞力與工作型態改變

觀光地區居民的勞動人口，由原來工作轉投入觀光餐旅行業，對當地夕陽產業而言，由於勞力移置轉行，對這些人較有利，不過有時會造成當地農、漁業所需人力之不足。此外，由於觀光地區居民因不滿觀光餐旅發展所帶來的負面影響而遷移他地，造成本地人口減少，但亦因而吸引大量外來謀職人口的增加，導致社會犯罪人口增加，治安也備受考驗。

此外，由於觀光餐旅活動深受季節影響而有淡旺季之分，因此有些離開原工作崗位而投入觀光餐旅工作者，若遭受到淡季裁員影響，可能會面臨失業而造成社會問題。

◆生活品質與土地價值所有權改變

觀光餐旅設施之增設與發展，提升觀光地區當地居民生活水準；觀光地區土地價值也因餐旅發展而不斷增值。但是當地居民生活，卻因觀光區物價上漲與觀光餐旅發展所帶來的噪音、交通阻塞與汙染等問題之影響（**圖2-18**），而使生活品質大為降低，因而變賣家產外移。

觀光餐旅發展所造成的土地增值，也易引起當地居民抱怨。房地產買賣及稅金花費增加，以及不滿觀光區土地所有權轉移到有錢有勢的外地人手中，進而迫使當地居民遷移他鄉。

◆觀光區政經系統改變

觀光餐旅業發展往往導致觀光地區產生新的政治利益及地方勢力結構的改變。當政治權勢與經濟利益產生變化而移轉時，往往會受到原既得利益者的抗爭，其結果會造成該地區之衝突與社會的不安定。

◆不良活動的成長

觀光餐旅活動在觀光區衍生許多妨害當地善良風俗及社會治安的行為，如

圖2-18　觀光餐旅業發展為九份帶來不少噪音與交通阻塞

色情、賭博、竊盜、搶劫、吸毒及犯罪組織等問題，因而導致部分當地居民的反感，此為不良活動的影響。

(三)文化方面

◆社會雙重性問題（Social Dualism）

旅遊活動使得外來文化與本地文化相互交流。這些外來文化的價值觀與生活習性，逐漸影響旅遊地區居民生活方式與行為，造成當地社會民俗、風俗習尚的變遷，使得原本單純的地方文化摻雜著外來文化，甚而造成當地原來善良純樸文化的質變，一部分仍維持舊傳統，但另一部分則是外來文化。尚有部分當地居民因應外來文化，而造成適應不良之身心障礙。

◆觀光客外顯行為示範的影響（Demonstration Effect）

觀光客的儀態穿著、言行舉止及消費型態，對於旅遊地區居民，尤其是年輕人有一種潛移默化的影響力，具示範效果、展示效應，這種現象會造成當地文化及人們生活習慣的質變。此外，觀光客高消費型態的行為或財大氣粗的態度，也會使當地居民有一種挫折及自卑感，進而對觀光客產生一種嫉妒、悲恨和不滿的情緒，如香港居民對大陸客之排斥即是例。

◆傳統文化商品化（Culture as a Commercial Commodity）

地方傳統的文化藝術、手工藝品、宗教習俗及各項建築，往往為因應觀光客的需求而大量製造（**圖2-19**），或加以某種程度的改變，使得當地固有文化不但無法保存原貌，甚而遭到變賣、掠奪或破壞，此乃所謂文化退化。

(四)環境方面

◆環境汙染問題

旅遊地區由於遊客大量湧進，超出其承載量；交通擁擠、機汽車廢氣排放、噪音均影響到環境品質，另有部分缺乏公德心之遊客，隨地吐痰、亂丟紙屑果皮，或野營炊事留置大量垃圾，製造髒亂，凡此均深深影響到風景地區之環境品質與衛生。

◆環境破壞問題

旅遊區攤販雲集，商家林立，建築物造型及招牌尺寸大小不一，嚴重影響周遭景觀之美感。另有少數商家及遊客在風景區濫砍伐樹木，或任意變更地形、地

圖2-19　傳統文化商品化

貌，違建房舍，不但破壞自然景觀之生態環境，更影響到景觀區寧靜幽雅的視覺美感。

◆ 生態破壞問題

觀光餐旅產業開發由於欠缺事前之完善規劃與環境影響評估，致使部分地區因為大量遊客的湧入踐踏，超過當地本身最高遊憩承載量（Carrying Capacity），致使土壤密度變大、濕度減少、熱度增加，導致土質變得貧瘠且易沖蝕，因而破壞許多珍貴野生動植物之棲地。

三、觀光餐旅產業發展的負面衝擊及其因應之道

觀光餐旅業發展能活絡整個社會經濟之成長，提升國民生活品質，但若欠缺有效的維護管理，勢必會造成一定程度的負面衝擊。茲就其因應之道，列表說明如**表2-4**。

表2-4　觀光餐旅產業發展的負面衝擊及其因應之道

	負面衝擊	實例	因應之道
經濟方面	增加外部成本與政府財政支出	1.如政府推動「台灣EASY GO」，執行景點接駁旅遊服務計畫，均需增加政府財政支出。 2.外來人口的教育、工作、醫療、治安之問題。	1.政府須訂有完善的資源開發計畫及預算編列。 2.配合都市計畫與區域計畫來開發旅遊景點。
	物價上漲，通貨膨脹	1.遊樂區、風景區商家林立，如九份風景區當地物價較之其他鄰近鄉鎮均偏高。 2.陽明山國家公園附近土地及物價也較之台北周邊地區為高。	1.政府須立法加強管理當地商家要合理統一標價，並隨時稽查，以防拉抬售價。 2.落實風景區經營管理法規之執行與控管，以防財團炒作地皮。
	影響當地產業結構	1.花蓮、宜蘭及南投許多原以務農之農舍，也漸漸改建為民宿及休閒農場，發展觀光餐旅業。 2.美國夏威夷、印尼峇里島幾乎仰賴觀光餐旅產業，其他產業則漸漸萎縮。	1.政府對於產業之發展要詳加全盤規劃，事先評估其利弊，並立法加以輔導管制，以利社會產業的均衡發展。 2.對於某些傳統夕陽產業應給予協助輔導，而非全轉為觀光餐旅業。
	土地機會成本的損失	1.有些土地本來可供插種稻米，卻加以廢耕，改建休閒民宿。 2.市區土地建築大型旅館不能再作為其他用途。	須有完善觀光餐旅資源開發計畫，做好機會分析、評估利弊得失，再擬訂土地使用計畫，配合政府各項資源開發計畫作整體考量。
社會方面	勞力與工作型態改變	觀光餐旅服務業係勞力密集產業，所需人力多，待遇好，吸引許多其他行業人才進入此產業，如墾丁、恆春地區的工廠，其人力轉移到餐廳、旅館，致使其面臨歇業之宿命。	1.須加強人力培訓，培養第二專長。 2.健全各地就業輔導機構之功能。
	生活品質與土地價值所有權改變	如淡水老街、漁人碼頭附近住家生活水準因觀光餐旅業發展而提升，相對的土地增值，稅金負擔也增加，進而將土地高價售出作為餐旅業使用。	各地政府須依相關土地法令，如都市計畫法、區域計畫等法令來加以執行。
	觀光區政經系統改變	如觀光餐旅業者為求永續經營而參與地方公職選舉，或參與地方政商聯誼，而擁有地方行政參與機會。	須以各項觀光餐旅經營管理法規來加以有效規範管理，如旅館管理辦法、旅行業管理辦法。
	不良活動的成長	澳門因發展博奕產業造成洗錢犯罪及青少年吸毒事件增加，帶給當地居民不少困擾。	1.加強觀光餐旅業者之輔導，如訂定自律公約、擬訂管理辦法。 2.加強取締、嚴格稽查。

（續）表2-4　觀光餐旅產業發展的負面衝擊及其因應之道

	負面衝擊	實例	因應之道
文化方面	社會雙重性問題	1.現在流行的中餐西吃，如中餐附送西點、咖啡飲料。 2.中餐廳之裝潢走向西式餐廳之格局布置。	1.加強餐旅文化之教育，培養正確的價值觀。 2.建立本土化餐旅文化地方特色，避免盲目追隨，有所為，有所不為。
	觀光客外顯行為示範的影響	在蘭嶼，由於觀光客之穿著、服飾、言行舉止甚至消費型態，或媒體報導等因素，造成當地年輕的達悟族人對現代文明過度偏好，逐漸厭棄傳統禮俗與器物。	1.加強觀光客之輔導與規範。 2.加強學校、家庭之教育，並透過公共報導來導正人們正確的生活價值觀。
	傳統文化商品化	觀光餐旅產品如花蓮阿美族的豐年祭，為迎合觀光客需求將儀式及服飾加以修改包裝，因而與原來慶典意義相去甚遠。	1.建立產品差異化之觀念。 2.發展地方文化特色，將之融入觀光餐旅產品，唯應避免大量機械製造，過度商品化，而捨去其內涵與文化價值，同時應以「文化資產保護法」予以規範。
環境方面	環境汙染問題	觀光餐旅業吸引大量遊客，帶來相當多的外地旅客，少數旅客缺乏公德心，亂丟垃圾，造成當地環境汙染。	1.加強國民生活教育，落實民主法治觀念，培養人文素養。 2.加強環保教育之宣導，並加強環境維護管理。 3.加派人力定點宣導及取締，以確保環境之整潔。
	環境破壞問題	1.觀光區如陽明山國家公園部分保護區遭濫建為山產店、啤酒屋、茶藝館。 2.烏來風景區餐旅業林立，招牌尺寸不一，影響觀瞻。 3.台灣知名溫泉鄉如台東知本溫泉、南投廬山溫泉等均因山坡地過度濫墾，因而在颱風來襲均會造成土石流，造成當地極大的人員傷亡、財產損失等環境破壞。	1.加強環境影響評估。 2.加強風景遊樂區的管理，並增加人員編制，如環境警察、環保志工，以解決人力不足的困擾。 3.加強環保教育與環境維護管理；落實「都市計畫法」，並儘速完成「國土計畫法」立法程序。
	生態破壞問題	1.武陵農場觀光區因遊客在櫻花季大量湧入，使得國寶魚櫻花鉤吻鮭的主要棲息地七家灣溪曾受到嚴重破壞。 2.墾丁海域的珍貴珊瑚生態因部分遊客缺乏公德心捕撈或垃圾汙染而遭受嚴重破壞。	1.加強風景遊樂區承載量之管理，如武陵農場在櫻花季期間，每日僅限遊客6,000人。 2.落實政府公部門的執法，加強景觀之維護管理與環境影響評估工作，以防患未然。

Chapter

3 觀光組織

第一節　我國觀光組織

第二節　國際觀光組織

任何國家為有效推動執行該國觀光政策，均設有專責機構之觀光組織，有些屬於官方、半官方，也有部分是屬於民間觀光組織，儘管各國觀光組織型態互異，性質不一，但其功能卻是一樣的，都是為增進一國或地區經濟的成長，減少現代旅遊的障礙。

第一節　我國觀光組織

我國觀光組織可分為觀光行政組織與民間觀光組織兩種，摘介如後：

一、我國觀光行政組織

我國觀光行政組織依照行政體系的層級，可概分為中央觀光行政組織與地方觀光行政組織兩大部分（**圖3-1**），分別負責全國及地方觀光事業之建設、維護及發展。

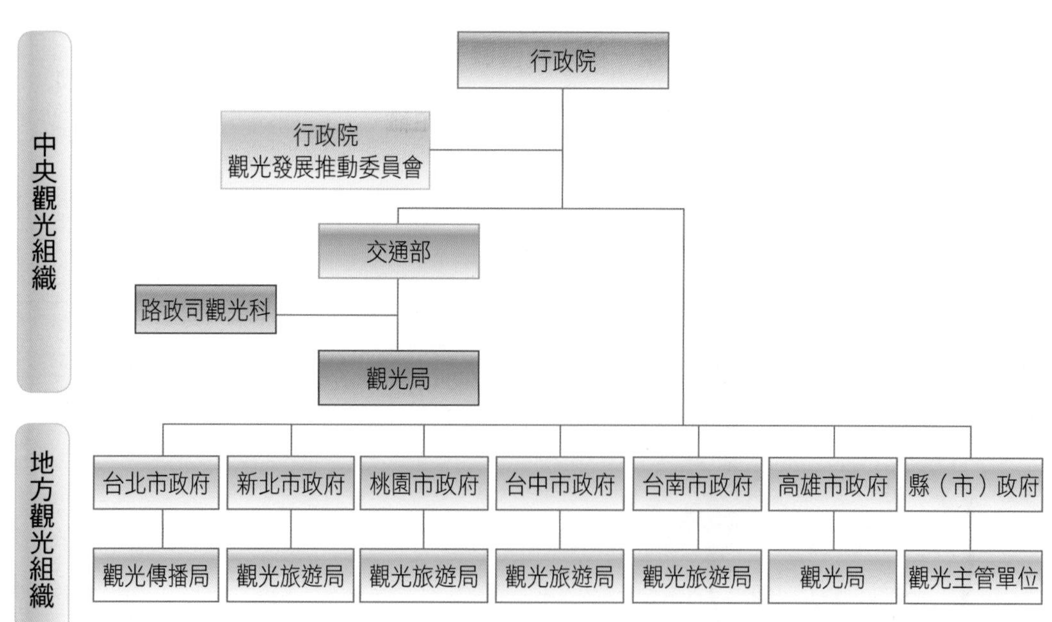

圖3-1　我國觀光行政組織體系圖

資料來源：交通部觀光局行政資訊網。

(一)中央觀光行政組織

我國觀光事業管理之行政體系，是在中央交通部下設置路政司觀光科及觀光局，為我國觀光產業中央主管機關。此外，為有效整合全國觀光遊憩管理體系，以利觀光推展，乃在行政院另外成立跨部會的「觀光發展推動委員會」，以有效整合推動全國觀光產業。

◆行政院觀光發展推動委員會

鑑於國內主要觀光遊憩資源分屬於不同行政單位管轄，如國家公園為內政部所轄，森林遊樂區屬於農委會所管，溫泉及水庫、休閒遊憩資源為經濟部負責管理等均是。

為有效整合觀光資源，解決政府部會間關於觀光遊憩設施投資環境等問題的協調合作，行政院乃於民國91年7月提升跨部會的「行政院觀光發展推動小組」為「觀光發展推動委員會」。本委員會是由政務委員擔任召集人，交通部觀光局局長為執行長，觀光局負責幕僚作業，各部會副首長及業者、學者為委員，針對觀光發展與推動所面臨須協調的問題逐加解決，以達統一事權、溝通協調之效。

◆交通部路政司觀光科

交通部路政司觀光科成立於民國60年，負責督導全國觀光政策、業務及計畫。

◆交通部觀光局

為配合政府推動觀光政策，謀求全國觀光產業之整體發展，政府乃於民國60年6月將交通部觀光事業委員會與台灣省觀光事業管理局裁併，改組為交通部觀光事業局，次年再公布「交通部觀光局組織條例」，並依開條例規定，在民國62年3月正式更名為「交通部觀光局」，綜理規劃、執行並管理全國觀光產業。

1.交通部觀光局工作職掌

(1)觀光產業之規劃、輔導及推動事項。

(2)國民及外國旅客在國內旅遊活動之輔導事項。

(3)民間投資觀光產業之輔導及獎勵事項。

(4)觀光旅館、旅行業及導遊人員證照之核發與管理事項。

(5)觀光從業人員培育、訓練、督導及考核事項。

圖3-2 觀光資源規劃為交通部觀光局職掌之一

(6)天然及文化觀光資源之調查與規劃事項（**圖3-2**）。

(7)觀光地區名勝古蹟之維護及風景特定區之開發管理事項。

(8)觀光旅館設備之審核事項。

(9)地方觀光產業及觀光社團之輔導與觀光環境之督促改進事項。

(10)國際觀光組織及國際觀光合作計畫之聯繫與推動事項。

(11)觀光市場之調查及研究事項。

(12)國內外觀光宣傳事項。

(13)其他有關觀光事項。

2.交通部觀光局組織編制

主要可分為六組、六室、駐外辦事處、機場旅客服務中心、旅遊服務中心及國家風景區管理處（**圖3-3**）。

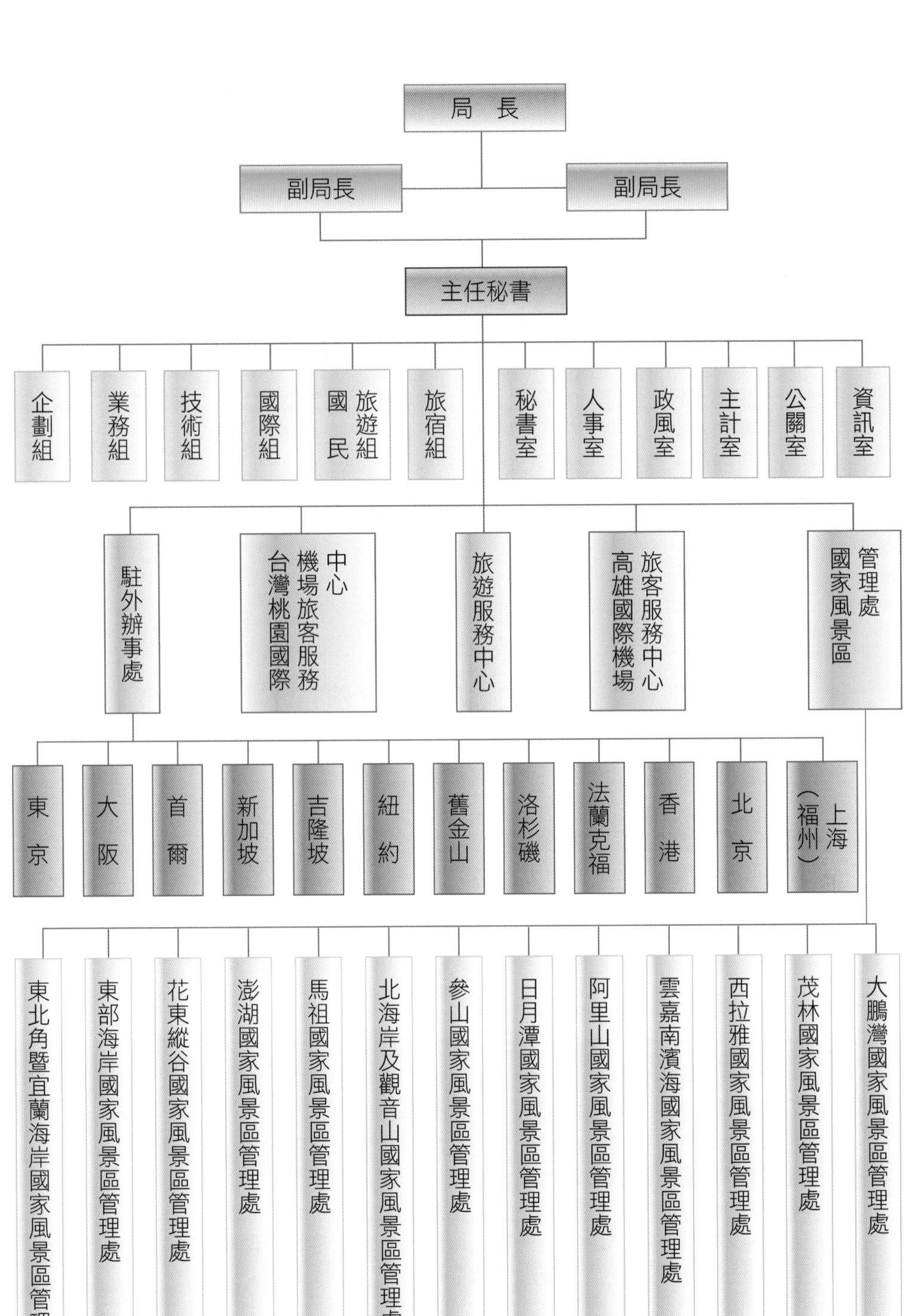

圖3-3　交通部觀光局組織圖

資料來源：交通部觀光局行政資訊網。

3.交通部觀光局業務單位工作職掌

交通部觀光局業務單位主要有下列六組，其職掌為：

企劃組

- 各項觀光計畫之研擬、執行之管考事項及研究發展與管制考核工作之推動。
- 年度施政計畫之釐訂、整理、編纂、檢討改進及報告事項。
- 觀光事業法規之審訂、整理、編纂事項。
- 觀光市場之調查分析及研究事項。
- 觀光旅客資料之蒐集、統計、分析、編纂及資料出版事項。
- 觀光書刊及資訊之蒐集、訂購、編譯、出版、交換、典藏事項。
- 其他有關觀光產業之企劃事項。

業務組

- 觀光旅館業、旅行業、導遊人員及領隊人員之管理輔導事項。
- 觀光旅館業、旅行業、導遊人員及領隊人員證照之核發事項。
- 國際觀光旅館及一般觀光旅館之建築與設備標準之審核事項。
- 觀光從業人員培育、甄選、訓練事項。
- 觀光從業人員訓練叢書之編印事項。
- 旅行業聘僱外國專門性、技術性工作人員之審核事項。
- 旅行業資料之調查蒐集分析事項。
- 觀光法人團體之輔導及推動事項。
- 其他有關事項。

技術組

- 觀光資源之調查及規劃事項。
- 觀光地區名勝古蹟協調維護事項（**圖3-4**）。
- 風景特定區設立之評鑑、審核及觀光地區之指定事項。
- 風景特定區之規劃、建設經營、管理之督導事項。
- 觀光地區規劃、建設、經營、管理之輔導及公共設施興建之配合事項。
- 地方風景區公共設施興建之配合事項。
- 國家級風景特定區獎勵民間投資之協調推動事項。
- 自然人文生態景觀區之劃定與專業導覽人員之資格及管理辦法擬訂事項。
- 稀有野生物資源調查及保育之協調事項。
- 其他有關觀光產業技術事項。

國際組

- 國際觀光組織、會議及展覽之參加與聯繫事項。
- 國際會議及展覽之推廣及協調事項。
- 國際觀光機構人士、旅遊記者作家及旅遊業者之邀訪接待事項。
- 本局駐外機構及業務之聯繫協調事項。
- 國際觀光宣傳推廣之策劃執行事項。
- 民間團體或營利事業辦理國際觀光宣傳及推廣事務之輔導聯繫事項。
- 國際觀光宣傳推廣資料之設計及印製與分發事項。
- 其他國際觀光相關事項。

國民旅遊組

- 觀光遊樂設施興辦事業計畫之審核及證照核發事項。
- 海水浴場申請設立之審核事項。
- 觀光遊樂業經營管理及輔導事項。
- 海水浴場經營管理及輔導事項。
- 觀光地區交通服務改善協調事項。
- 國民旅遊活動企劃、協調、行銷及獎勵事項。
- 地方辦理觀光民俗節慶活動輔導事項。
- 國民旅遊資訊服務及宣傳推廣相關事項。
- 其他有關國民旅遊業務事項。

旅宿組

- 國際觀光旅館、一般觀光旅館之建築與設備標準之審核、營業執照之核發及換發（**圖3-5**）。
- 觀光旅館之管理輔導、定期與不定期檢查及年度督導考核地方政府辦理旅宿業管理與輔導績效事項。
- 觀光旅館業定型化契約及消費者申訴案之處理及旅館業、民宿定型化契約之修訂事項。
- 觀光旅館業、旅館業、民宿專案研究、資料蒐集、調查分析及法規之訂修及釋義。
- 觀光旅館用地變更與依促進民間參與公共建設法投資案興辦事業計畫之審查。
- 觀光旅館業、旅館業及民宿行銷推廣之協助，提升觀光旅館業、旅館業品質之輔導及獎補助事項。
- 觀光旅館業、旅館業及民宿相關社團之輔導與其優良從業人員或經營者之選拔及表揚。
- 觀光旅館業從業人員之教育訓練及協助、輔導地方政府辦理旅館業從業人員及民宿經營者之教育訓練。
- 旅館等級評鑑及輔導。
- 其他有關觀光旅館業、旅館業及民宿業務事項。

圖3-4　技術組負責名勝古蹟的維護

圖3-5　旅宿組負責觀光旅館建築與設備的審核

(二)地方觀光行政組織

一國觀光產業的健全發展，有賴全國朝野中央與地方上下共同的努力。為確保觀光發展能造福地方，形塑地方形象與特色，並減少或避免不良的衝擊，各級地方政府無論是在六都或各縣（市）政府編制中，均設有專責主管單位來推動當地觀光產業之發展，例如：「六都」的院轄市均有正式觀光主管單位，如台北市政府觀光傳播局、高雄市政府觀光局，以及新北市、台中市、台南市與桃園市政府的觀光旅遊局。

(三)我國觀光遊憩區管理體系

國內主要觀光遊憩資源，除觀光行政體系所屬及督導的風景特定區、民營遊樂區外，尚有內政部營建署所轄的國家公園、經濟部所管轄的溫泉、水庫及國營事業附屬觀光遊憩地區等。唯因上述各類觀光遊憩資源設置目標、管理機關及其管理法令等均不盡相同，故在整體經營管理上難以統一事權。當務之急，除委請行政院觀光發展推動委員會加強溝通協調及整合外，尚有待朝野共同努力。謹將我國觀光遊憩資源的主管機關摘介如下（**表3-1**）：

表3-1　我國觀光休閒遊憩資源主管機關

主管機關	類別	實例
交通部觀光局	國家風景區	東北角暨宜蘭海岸、東部海岸、澎湖、大鵬灣、花東縱谷、馬祖、日月潭、參山、阿里山、茂林、北海岸及觀音山、雲嘉南濱海、西拉雅
內政部營建署	國家公園	墾丁、玉山、陽明山、太魯閣、雪霸、金門、東沙環礁、台江、澎湖南方四島
農委會林務局	森林遊樂區	太平山、大雪山、阿里山、墾丁、東眼山、滿月圓、內洞、合歡山、武陵、八仙山、奧萬大（**圖3-6**）、雙流、藤枝、知本、富源、向陽、觀霧及池南等森林遊樂區
	國家自然步道系統	國家公園、國家風景區及國家森林遊樂區之步道
退輔會	國家農（林）場	・國家農場——武陵、清境（**圖3-7**）、福壽山、嘉義、高雄及東河等農場 ・國家林場——棲蘭及明池森林遊樂區
教育部	實驗林	・台大實驗林——溪頭森林遊樂區 ・中興大學——惠蓀林場
	博物館	國立海洋生物博物館、國立自然科學博物館、國立歷史博物館
教育部體育署	全國自行車道系統	台北都會區、宜蘭縣及台東關山環鎮等自行車道系統
	高爾夫球場	大屯、大溪、林口、大岡山等
經濟部水利署	水庫	石門、翡翠、德基、烏山頭等水庫
	溫泉	北投、礁溪、谷關、關子嶺、寶來及知本等溫泉
直轄市政府	直轄市風景區	木柵動物園、旗津海岸公園等
縣（市）政府	縣（市）風景區	霧社、冬山河等風景區

圖3-6　奧萬大風景遊樂區

圖3-7　具有北歐農牧景觀的清境農場

二、我國民間觀光組織

觀光產業涉及的範圍甚廣，除了需仰賴政府觀光行政組織的統籌規劃經營外，尚有賴民間觀光組織之努力，始能竟功。

(一)我國民間觀光組織的類別

我國民間觀光組織依其性質來分，可分為兩大類，即社會團體與職業團體等兩種。茲列表說明如下（**表3-2**）：

表3-2　我國民間觀光組織

類別＼項別	組織特性	主管機關
社會團體觀光組織	此類觀光組織以推展觀光學術、文化、教育及聯誼等社會服務之公益單位組織	在中央為內政部；在直轄市政府為社會處（局）；在縣（市）為縣（市）政府社會局，但也受觀光產業主管機關的督導，如台灣觀光協會即是例。
職業團體觀光組織	此類觀光組織是由同一行業或職業之團體所組成，其目的乃在協助政府推展觀光政策及社會經濟建設，以增進同業權益與福利之法人組織。	在中央為勞動部；在直轄市為市政府社會處（局）；在縣（市）為縣（市）政府社會局，但也受觀光產業主管機關的督導，如中華民國旅行業品質保障協會即是例。

(二)我國主要的民間觀光組織

◆ 台灣觀光協會

台灣觀光協會（Taiwan Visitors Association, TVA）成立於民國45年11月，也是國內最早成立的民間觀光組織，為公益性財團法人組織，成員包括台灣各觀光社團、基金會、航空交通業、旅行業、觀光旅館業、文化休閒與遊樂區業、食品及餐廳業、會議與展覽服務業、手工藝品業等觀光相關產業單位人士。

該協會以「凝聚台灣觀光資源、促進無環境汙染之觀光產業蓬勃發展，以繁榮經濟，造福人民」為宗旨，並加入多種重要的海外民間觀光組織，如太平洋亞洲旅遊協會（PATA）、美洲旅遊協會（ASTA）及韓國一般旅行業協會（KATA）等。此外，每年結合觀光產業界人士組團前往海外參加各項重要旅展，推展來台旅客之Inbound觀光市場，招徠旅客。其主要任務為：

1.辦理觀光推廣宣傳活動，加強國際青年交流，促進整體經濟發展。
2.主辦台北國際旅展、海峽兩岸台北旅展，提升觀光服務與台灣美食品質（圖3-8）。
3.研擬可行觀光推廣方案，提供相關單位決策參採。
4.接受政府委託設置我國海外各地辦事處，如東京、大阪、首爾、紐約、法蘭克福及香港等地，加強觀光客招攬與國際相關組織交流。
5.接受國內外旅客申訴、協尋遺失物，以及旅客權益受損投訴之協助。
6.協助地方觀光社團發展觀光產業，以及提供獎學金培育觀光人才與師資。

圖3-8　台灣觀光協會主辦的台北國際旅展

◆縣（市）觀光協會

為了配合各縣（市）政府觀光政策之推動，協助各該縣（市）觀光旅遊業之發展，各地方的觀光協會紛紛成立，該協會宗旨與台灣觀光協會類似，且均具成效。如高雄市觀光協會、台南市觀光協會、基隆市觀光協會、屏東縣觀光協會、花蓮縣觀光協會等均是。

◆中華民國旅行業品質保障協會

中華民國旅行業品質保障協會（Travel Quality Assurance Association, R.O.C.）

圖3-9　品保協會在旅展設攤服務

簡稱品保協會（TQAA）（圖3-9），成立於民國78年，總會設於台北，是由旅行業組織成立來保障旅遊消費者的社團公益法人。其成立宗旨為「提高旅遊品質及保障旅遊消費之權益」，因此若有會員旅行社違反旅遊契約，致旅遊消費者權益受損時，得向品保協會提出申訴，經旅遊糾紛調處委員會調處後，若承辦旅行社確有疏失，由品保協會在旅遊品質保證金項下先予代償，再向該承辦旅行社追償。若會員旅行社財務困難無法繼續營業，則由品保調處委員會依規定代償。

◆中華民國旅行業經理人協會

中華民國旅行業經理人協會（Certified Travel Councilor Association, R.O.C.），簡稱CTCA，成立於民國81年1月，是由具備旅行業經理人資格的人員籌組而成。該協會以「樹立旅行業經理人權威，互助創業、服務社會，並協調旅行同業關係與旅行業經理人業務交流，提升旅遊品質，增進社會共同利益」為宗旨。

◆中華民國觀光領隊協會

中華民國觀光領隊協會（Association of Tour Managers, R.O.C.），簡稱ATM，成立於民國75年，凡具領隊資格者，皆可申請入會。其成立宗旨為「促進旅行業觀光領隊之合作聯繫，砥礪品德與增進專業知識，提升旅遊服務品質，並配合國家政策，發展觀光產業及促進國際交流」。

◆中華民國觀光導遊協會

中華民國觀光導遊協會（Tourist Guides Association, R.O.C.），簡稱TGA，成立於民國59年，凡經觀光主管機構許可之觀光導遊人員均可申請入會。其成立宗旨為「促進同業合作，砥礪同業品德，增進知識技術，提高服務品質，謀求同業福利，以配合國家政策發展觀光產業」。

◆中華民國旅館商業同業公會全國聯合會

中華民國旅館商業同業公會全國聯合會（The Hotel Association, R.O.C），簡稱全聯會。成立於民國87年2月，其成立宗旨為「推廣國內外旅遊觀光，促進經濟發展，協調同業關係，增進共同利益，協助政府推行政策」。該協會的主要任務計有：國內外旅館商業之調查、統計及研究發展事項、國際觀光交流之聯繫及推廣、協助政府推廣經濟政策與相關法令，並負責同業糾紛的調解、會員業務的宣傳與展覽，以及舉辦員工業務講習與技能訓練等事項。

◆中華民國觀光旅館商業同業公會

中華民國觀光旅館商業同業公會（Taiwan Tourist Hotel Association, R.O.C.）成立於民國96年1月，是由國內涵碧樓、喜來登、福華、六福客棧、知本老爺等89家觀光旅館所組成，並以「發展觀光產業，促進國家經濟發展，增進共同利益，協助政府推行政令」為宗旨。該會的主要任務計有：國內外觀光旅客業務的調查與研究、觀光政策與商業法令的推行與研究、會員業務之廣告宣傳、舉辦員工的技能訓練與講習，以及會員合法權益之維護等事項。

該會希望全體會員同業建立「永續經營」的理念，創造「商品附加價值」（**圖3-10**），以「價值」替代「價格」競爭為目標，共同為觀光產業貢獻一份心力。

◆台灣海峽兩岸觀光旅遊協會

財團法人台灣海峽兩岸觀光旅遊協會（Taiwan Strait Tourism Association），簡稱TSTA，成立於民國95年8月，簡稱為「台旅會」。為協助大陸民眾來台觀光，乃由交通部觀光局、台灣觀光協會、旅行商業同業公會全國聯合會、旅行業品質保障協會、台北市觀光旅館商業同業公會及台北市航空運輸商業同業公會共同發起成立，其成立宗旨為：

1.促進兩岸觀光旅遊業務技術性及事務性問題之聯繫與溝通。
2.兩岸觀光旅遊之推廣交流與合作事宜（**圖3-11**）。

圖3-10　創造商品附加價值為全聯會的理念

圖3-11　兩岸觀光旅遊業務的推廣交流與合作為台旅會的職責

3.有關兩岸觀光旅遊業務洽詢服務。

4.其他與台旅會有關的事宜。

◆其他民間觀光組織

除了上述幾個單位外，尚有中華民國旅行業商業同業公會全國聯合會、台北市旅行商業同業公會、中華民國旅遊資訊協會、台北市旅館商業同業公會、高雄市旅館商業同業公會及中華國際觀光教育學會等。

第二節　國際觀光組織

國際觀光組織全球多達170個以上，有些是官方性質，有些是半官方色彩的世界性觀光組織，由於我國已退出聯合國，因此僅能則其要參加部分世界性或區域性的國際觀光組織。

一、世界主要觀光組織

(一)世界觀光組織

聯合國世界觀光組織（United Nations World Tourism Organization, UNWTO），成立於西元1974年11月1日，總部設在西班牙首都馬德里。該組織是由國際官方觀光組織聯合會（IUOTO）蛻變而成，隸屬於聯合國，在組織上與經濟社會理事會、教科文組織（UNESCO）、世界衛生組織、國際勞工組織等均為聯合國之下的平行組織，它為全世界最高觀光行政機構，主管全球觀光產業。

該組織成立之宗旨為「發展國際觀光產業，促進世界各國經濟之繁榮，增進國際間之瞭解與友誼，促進國際間文化交流，謀求人類福祉、世界和平為其終極目標」。該組織訂定每年9月27日為「世界旅遊日」。

該組織之會員可分為三種，即正會員（參加該組織之各主權國）、副會員（參加該組織之各地區）以及贊助會員（為參加該組織之政府間及民間國際組織、商業團體與協會）。世界觀光組織之內部組織系統分為全體大會、委員會、秘書處等三大部門。

(二)亞太旅行協會

亞太旅行協會（Pacific Asia Travel Association, PATA），於1951年1月成立於夏威夷，總部設在美國舊金山，這是個不以營利為目的之國際區域性觀光組織。

此觀光組織係由夏威夷名報人羅琳．賽司頓（Lorrin P. Thurston）在1951年所發起創立，其目的乃為了發展亞太地區各國家及地區之觀光產業，希望能結合亞太地區之政府機構、航空公司、輪船公司、旅行社及旅館等等有關觀光機構之力量，擴大觀光吸引力（圖3-12），將全世界觀光旅客自大西洋兩岸吸引前來亞洲及太平洋地區，其成立初期以推廣北美洲觀光市場為主要目的，嗣後漸次擴展至歐洲觀光市場。

該協會每年舉行一次年會，每年均易地舉行。目前我國加入該協會之觀光企業，除交通部觀光局外，尚有華航、長榮、華信及台北市旅行商業同業公會等觀光業者。

圖3-12　亞太旅行協會結合亞太地區觀光業者推展觀光旅遊

(三)亞洲旅遊行銷協會

亞洲旅遊行銷協會（Asia Travel Marketing Association, ATMA），原名東亞觀光協會（East Asia Travel Association, EATA），於1966年3月成立於日本東京，1999年更名。該會之創立宗旨為：

1.促進會員國家及地區觀光產業之發展。

2.從事招徠世界上其他地區之觀光旅客至東亞區域觀光。

3.聯合全體會員，協力合作，以發展東亞區域之觀光產業。

該協會之創始會員有中華民國觀光協會，目前我國交通部觀光局、華航及台北市旅行商業同業公會均為其會員。

(四)美洲旅遊協會

美洲旅遊協會（American Society of Travel Agents, ASTA），成立於1931年2月，總部設在華盛頓。該組織成立宗旨為：

1.促進旅行業團結合作，保護會員之共同利益。

2.增進旅行業、旅館業、交通運輸業與旅客間相互關係。

3.提高業者間之商業倫理道德，避免惡性競爭。

該協會羅致全世界各主要旅行業者與觀光交通運輸有關業者共同組織而成，目前有二萬三千多名會員，分別來自全世界一百多個國家。該協會於1975年在台成立中華民國分會。我國交通部觀光局於1980年加入該組織成為贊助會員，目前台灣觀光協會、華航及四十多個旅遊業者均為其會員。

(五)國際會議協會

國際會議協會（International Congress and Convention Association, ICCA）於1962年創立，總部設於阿姆斯特丹。其成立宗旨乃在推廣國際性會議與展覽會，並提供有關會議及展覽之資訊與技術，藉以增進會員間之友誼與福祉。

該協會之會員分別來自世界七十多個國家觀光相關企業，如旅行社、旅館業、航空公司、運輸業、會議及展覽

中心、相關服務業等。目前我國加入該協會之觀光企業，除交通部觀光局外，尚有台北國際會議中心等觀光業者。

(六)國際會議與觀光局協會

國際會議與觀光局協會（International Association of Convention and Visitor Bureaus, IACVB），於1914年在美國伊利諾州成立，其原名為國際會議局協會。該組織成立的宗旨，是在透過各類集會與會員間心得交換，以提升會議事業之專業水準。該組織於理事會下設有國際辦事處，以及會議資訊網路、執行、展覽、教育等委員會。目前我國交通部觀光局也是該組織會員之一。

(七)拉丁美洲觀光組織聯盟

拉丁美洲觀光組織聯盟（Confederación de Organizaciones Turisticas de la. América Latina, COTAL），1957年成立於墨西哥，總部設於阿根廷首都布宜諾斯艾利斯。該組織成立的宗旨，乃為促進拉丁美洲各國觀光發展及增進彼此間相互合作為目的。

成員包括拉丁美洲各國的旅行業、航空公司、旅館業以及政府機構。我國於1979年加入該組織成為贊助會員，並於1993年台北市成立中華民國分會，目前國內已有許多旅遊業者如華航、台灣觀光協會均為其會員。

(八)國際航空運輸協會

國際航空運輸協會（International Air Transport Association, IATA），於1945年4月在古巴哈瓦那成立，總部設在加拿大蒙特婁，為設有定期航線之航空公司的半官方國際組織，世界各大航空公司均加入此國際組織，形成一個世界性強大運輸網。目前國際航空運輸協會擁有全世界一百多國家航空公司為會員，我國華航、長榮等航空公司及IATA票務代理之各大旅行社均為其會員。該協會設置之宗旨為：

1.讓全世界人民在安全、有規律且經濟化的航空運輸中受益，並增進航空貿易之發展，以及研究其相關問題。

2.提供各項服務及協助給直接或間接從事國際航空運輸業務的航空公司。

3.與國際民航組織（ICAO）及其他國際組織加強合作。

國際航空運輸協會的主要任務為：

1.協議及決定航空票價、運輸條件，以防止會員之間惡性競爭。

2.制定跨國性電腦網路系統，增進空運效率。

3.航空公司間之運費結算。

4.協商航運、訂定航空時刻表及有關商業倫理之問題。

此外，IATA為統一管理，便於制定及計算票價，以解決區域性航空市場各項問題，將全球分成三大飛航交通區，即美洲區（TC-1）、歐非區（TC-2）及亞澳紐區（TC-3）。

(九)國際民航組織

國際民航組織（International Civil Aviation Organization, ICAO）1944年12月7日成立於美國芝加哥，它是根據國際民航條約而成立的官方國際組織，其總部設在加拿大蒙特婁，該組織訂有航空法、航線、航權、機場設施及入出境手續之國際標準，並建議各國會員普遍採用。該組織設立之宗旨為：

1.謀求國際民間航空之安全與秩序。

2.謀求國際航空運輸在機會均等之原則下，能保持健全的發展與經濟的營運。

3.鼓勵開闢航線，興建及改善機場與航空保安設施。

4.釐訂各種原則及規定，維護世界和平。

國際民航組織在1944年芝加哥會議及1946年百慕達會議，研商開放安全自由的空中旅行及航權問題，最後根據百慕達協定，將世界領空航權分為過境協定（二種）與空中運輸協定（七種）等兩類，共計九種航權。

(十)國際餐旅協會

國際餐旅協會（International Hotel & Restaurant Association, IH&RA）於1946年

3月成立，總部設在法國巴黎，直到西元2008年，協會改名並將總部遷到瑞士日內瓦。該組織成立之宗旨為：

1.改善餐旅業之經營，提高餐旅設施及服務品質。
2.加強與國際旅行組織聯繫與合作。
3.釐訂有關佣金、預約及消約之條件與辦法。

(十一)世界旅行業協會

世界旅行業協會其正名為World Association of Travel Agents（WATA），於1948年成立，總部設在瑞士日內瓦。

其設置之宗旨為「訂定旅行安排條件及保護旅行業會員，進而促進全世界的觀光往來」。

(十二)國際天然資源保護聯合會

國際天然資源保護聯合會（International Union for Conservation of Nature and Natural Resources, IUCN），是由聯合國教科文組織及法國政府共同發起成立，於1948年10月正式設立。其宗旨為保護自然及天然資源、動物等，迄今有將近七十多個國家之政府有關機關或協會加入為會員，總部設在瑞士摩吉斯（圖3-13）。

圖3-13　保護全球天然資源為國際天然資源保護聯合會成立的宗旨

(十三)世界旅遊觀光委員會

世界旅遊觀光委員會（World Travel & Tourism Council, WTTC），為全球觀光旅遊產業商業領袖論壇組織，其成員來自全球百家觀光旅遊業者，該委員會成立於西元1990年，總部設在英國倫敦。其成立的宗旨是在透過與各國政府及和其他利益相關單位合作，來提升人們對觀光旅遊產業重要性的認識。

(十四)亞太經濟合作組織

亞太經濟合作組織（Asia Pacific Economic Cooperation, APEC）在西元1991年設立觀光工作小組，其宗旨為：將各會員體的觀光行政人員聚集在一起共同分享觀光資訊、交換意見及共同合作，掃除觀光障礙，以達永續觀光產業之目標。該組織於西元2000年7月，在韓國首爾完成「亞太經濟合作組織觀光憲章」（APEC Tourism Charter）。

二、世界主要國家觀光組織

世界各國的國家觀光組織有官方、半官方及民間組織三種，其中以官方觀光組織最多。謹就世界主要國家官方與半官方觀光組織列表於下（**表3-3**）：

表3-3　世界主要國家官方與半官方觀光組織

官方組織	1.我國：交通部觀光局	半官方組織	1.我國：台灣觀光協會
	2.美國：商務部觀光局		2.香港：香港旅遊協會
	3.日本：運輸省觀光局		3.日本：日本觀光振興會
	4.韓國：交通部觀光局		4.韓國：韓國觀光公社
	5.法國：觀光局		5.新加坡：工商部新加坡旅遊促進局
	6.加拿大：觀光局		
	7.泰國：觀光局		
	8.西班牙：觀光秘書處		
	9.瑞士：國家觀光局		
	10.義大利：觀光育樂部		

Chapter

4 觀光餐旅從業人員的條件與職業道德

觀光餐旅從業人員除了儀態端莊、儀容整潔及須具有執行工作所需的專業知能外，尚須具備良好的職業道德，以及與顧客互動的應對技巧及偶發事件的應變處理能力。一位優秀的觀光餐旅從業人員除了應具備上述能力外，最可貴的是在與顧客互動的服務過程中，能適時增進顧客無形體驗的附加價值，進而創造顧客的忠誠度與滿意度。

第一節　觀光餐旅從業人員的條件

觀光餐旅基層從業人員係觀光餐旅業第一線尖兵，代表著觀光餐旅企業形象，更肩負產品銷售之責。觀光餐旅服務人力素質之高低，將會影響整個企業營運之成敗，因此觀光餐旅業者對觀光餐旅從業人員的條件均十分重視。

一、觀光餐旅基層服務人員應備的條件

(一)良好的儀表與儀態

一位優秀的觀光餐旅從業人員，穿著必須整潔美觀大方，舉止動作溫文爾雅，步履輕快有活力；儀容力求整潔，宜淡妝，但避免濃妝豔抹，期以優雅端莊的儀表與良好儀態，來贏得顧客的好感，在其心中留下良好的第一印象。

(二)良好的人格特質

觀光餐旅服務人員應備的良好人格特質，可歸納為下列四項：

◆刻苦耐勞，熱愛服務，富工作熱忱

一位刻苦耐勞，對服務擁有熱忱的人，對工作也較有興趣，會主動投入工作；只有熱忱的員工，才能給予光顧上門的客人與眾不同的體驗；唯有熱愛服務的人，才是最佳觀光餐旅服務人員（**圖4-1**）。

◆情緒穩定，個性開朗，抗壓性高

觀光餐旅服務工作須全心投入，即使工作再繁冗、顧客態度不佳，或是自己本身心情十分低落，但仍需要擠出笑臉工作。如果服務員本身缺乏情緒商數（Emotional Quotient, EQ）的情緒自我控制及良好調適能力，恐怕難以在此職場勝

餐旅小百科

觀光餐旅服務人員應有的儀態

一位優秀的觀光餐旅服務人員應儀態端莊、儀容整潔與舉止優雅大方，因此在服儀上須注意下列幾點：

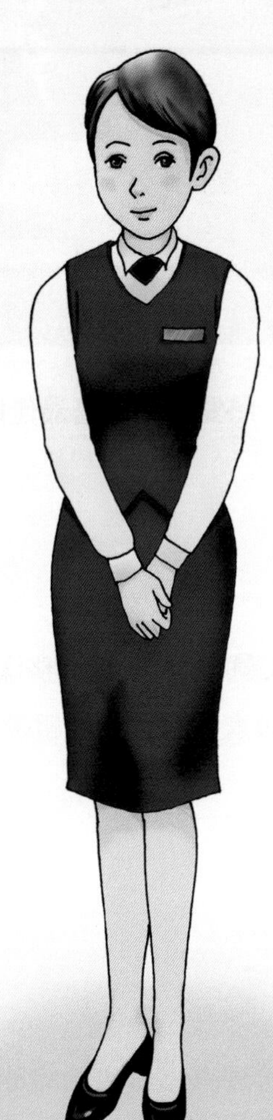

頭髮

前額頭髮不可遮蓋眼睛，須將頭髮梳理整齊，不可挑染不同顏色。女服務員應將長髮束起，並盤成「髻」。

臉部

保持乾淨；女性可淡妝，不宜濃妝。

指甲

須修剪乾淨，不可留長指甲，也不可塗抹有色彩的指甲油或彩繪。

表情

面帶微笑，表情自然愉悅，有自信。

衛生

每天洗澡、飯後刷牙漱口、不可噴灑濃郁香水。

手勢

宜五指併攏，優雅大方來指引方向，絕對不可「單指」指人或指示方位。

服飾

須佩戴名牌，不可佩戴耳環、手鍊、戒指、手鐲或腳鍊等飾物；服裝須整齊、燙整筆挺。

站姿

上身挺直，雙手自然下垂於身體兩側，或雙手互握置於腹前。

走姿

步伐輕盈，步距大小適中，不疾不慢，且不可跑步。

坐姿

上身挺直，僅坐椅面三分之一位置，不可翹腳或將雙腳伸直，膝蓋宜彎曲。

圖4-1　刻苦耐勞、熱愛服務才是最佳觀光餐旅從業人員

任愉快。

◆富愛心、同理心

觀光餐旅服務人員本質上須具愛心與同理心。唯有具備此特質條件的服務人員其工作配合度才較好，且容易與人相處，對於組織之運作與團隊工作士氣具有相當的激勵作用。

觀光視窗

全球速食業巨人麥當勞用人的哲學，最重視的是人格特質（如情緒穩定、親切、誠實可靠、同理心），具有服務熱忱，能具備「把吃苦當吃補」的性格。由於觀光餐旅基層員工入門門檻不高，工時長須輪班，休假時間又與一般朝九晚五的上班族不同，因此須具有刻苦耐勞的精神，熱愛服務及工作熱忱。

台灣麥當勞前總裁李明元認為，甄選新進人員時，求職者的態度很重要，除了要有自信心，還要具備紀律、團隊精神及抗壓性。對於觀光餐旅從業人員而言，面對顧客時需要EQ好，抗壓性、團隊紀律更不可或缺。此外，反應要靈敏，具有不怕困難與失敗者，最適於在服務業發展。

◆禮貌微笑，樂意助人

美國迪士尼樂園的服務模式為：由微笑開始、以客為尊、展開與客人接觸、創新服務，最後為感謝結尾。由此可見，服務工作的第一步驟是親切禮貌的微笑，它是一種親切待客的世界性語言。以客為尊主動關心客人，樂意與客人互動、幫助客人，此乃任何服務業應備的要件。

(三)良好的專業服務知能

觀光餐旅服務人員應備的專業服務知能，主要有下列四項：

◆豐富的學識，專精的技能

觀光餐旅服務人員要做好服務工作，首先必須熟悉其工作內容各項專業知識、技能和能力，才能正確提供適性的貼切服務，否則僅有熱忱與愛心，仍無法完成顧客之需求，也沒有辦法順利扮演好其角色。觀光餐旅服務員所需具備的專業知能，可由公司所訂定之工作說明書與工作條件去瞭解，並加以自我學習。

◆良好的外語及溝通協調能力

觀光餐旅服務人員所接觸的客人很多，各國人士均有，若欠缺外語能力，則很難做好溝通協調的服務工作。為使服務工作能順利完成，觀光餐旅服務人員至少要加強培養本身英語、日語的基本能力。此外，也要加強培養良好語言表達能力，如說話技巧。

◆專注的注意力、敏銳的觀察力

任何客人均希望能受到尊重、關心、親切的及時接待服務，最不能忍受的是受到冷落、漠視、枯坐、久候或不公平的對待。質言之，觀光餐旅服務人員心思要細膩、警覺性要高，須隨時注意顧客的任何舉止、動作表情，以便及時伸出援手主動提供協助與服務。因此所謂「優質的服務」乃不待客人開口，即主動、適時提供客人所需的服務。

◆良好的記憶力、機警的應變力

觀光餐旅從業人員記憶力要強，以利迅速依客人所需來提供服務。例如記住客人的名字，以其姓氏、職稱來招呼。此外，尚須具備機警的應變能力，能以最迅速有效的方法解決問題，或將危機之傷害降到最低，尤其是針對偶發事件之危機處理，服務人員的應變能力更重要。

◆ 良好的人文素養與美感教育

觀光餐旅業為當今全球時尚產業，其目標乃在美化世界、淨化人生，提升人們生活品質，各國都極力展現自己最美的一切自然、人文資源。因此，現代觀光餐旅人員須具有博雅的人文及藝術美學，始能將自己最美的文化特色獻給客人。例如：點心師傅若具有美感及藝術美學，將能增添佳餚製備及盤飾之美（**圖4-2**）。

二、觀光餐旅經理人員應備的條件

觀光餐旅業的經理人員是整個企業的領導者，也可說是觀光餐旅企業的「指揮中心」。茲就觀光餐旅經理人應備的條件分為四大項：

(一)思想品德方面

思想品德是經理人最為重要的條件。企業營運的概念、企業文化之建立及企業組織能否順暢運作，均涉及經營管理人員本身之理念及法律觀念。

◆ 思想理念

經理人員本身的思維要敏銳，有先見之明，能預測未來、洞察機先，有正確的理念與世界觀、國際觀。不墨守成規、有創見，能依市場需求調整營運方針、策略及工作方法。

圖4-2 點心師傅若具有美感及藝術美學，將能添增佳餚製備及盤飾之美

◆品德操守

經理人員品德操守要廉潔、正直、誠信。具有強烈法制意識，有守法、守紀的素養，能遵循公司紀律，依法行政。

(二)行事風格方面

觀光餐旅經理人的行事風格須符合下列幾點：

1.行事風格要民主，能接受別人善意的建言；熱心負責、任勞任怨，以身作則。此外，更要有創見、有自信、能充分授權與人分享權利。

2.能教導員工、激勵員工，以發揮最大工作效率。能以身教代替言教，以輔導代替管理，以獎賞激勵代替懲罰斥責。

3.行事光明磊落、正直、誠懇，肯自我犧牲奉獻，以及善於溝通協調、領導全體員工，提升內聚力與向心力。

4.能建立良好人際關係，化危機為轉機。樂在工作、享受工作，樂於隨時支援別人，並善盡社會責任。

(三)專業學識方面

觀光餐旅經理人應具備的專業知能，可分為下列三大領域：

◆專業知識

現代觀光餐旅業經營管理人，必須具備觀光餐旅經營管理此學術領域的相關專業知識，無論是理論或實務的專業知能均要熟悉。此外，經理人員對基層的觀光餐旅工作事務必須全盤瞭解，始能研發創新服務技巧或改良產品性能。

◆管理科學

觀光餐旅經理人必須精研現代企業管理的方法，將其應用在管理實務，以提升營運效益，降低營運成本，創造更多的利潤（**圖4-3**）；須具成本控制的正確理念，重視數據管理、目標管理，以及能運用電腦資訊科技增進營運績效。

圖4-3　觀光餐旅經理人須具成本控制的理念，以提升營運效益

◆社會科學

現代觀光餐旅經營管理所涉及的範圍甚廣，除了本身專業知能外，還涉及整個社會相關行業與法令規章。因此身為經營管理者，務必要能瞭解外在環境之變化，關於社會科學要有正確的認識，以利規劃之擬訂、決策判斷之依據或參考。

(四)經營管理與領導統御之能力

觀光餐旅經理人應具備下列經營管理及領導統御能力：

◆經營管理的能力

觀光餐旅經營管理者須有豐富的想像力、創造思考力，以及具有科學化邏輯思維能力及分析判斷力。同時尚須具有規劃、組織、執行、考核之決策執行能力。此外，身為經營管理者，更要擁有良好的溝通協調能力、具有危機處理的應變力與公關行銷之能力。

◆領導統御的能力

領導統御貴在「高倡導、高關懷」，透過溝通協調並以激勵的方法，結合組織所有人力、物力，使其發揮最大效益。同時身為經營管理者，須有遠見膽識，以其堅強的毅力，結合大家的智慧與力量，當機立斷，以身作則。此外，一位優秀的觀光餐旅管理者須有情緒自我控制的能力，能適時控制自己的情緒及調適情緒。

第二節　觀光餐旅從業人員的職業道德

觀光餐旅業是一種生產服務、銷售服務的現代新興企業。如果觀光餐旅業或其從業人員本身欠缺職業倫理或道德，無法恪遵律法或不能本著企業社會責任來善待顧客，則如何奢言服務及創造顧客滿意度呢？本單元將分別就觀光餐旅業的企業道德及其從業人員應備的職業道德予以摘述。

一、觀光餐旅企業道德的意義

所謂「觀光餐旅企業道德」，係指該企業的經營理念、價值觀以及行事風格，除了須遵守法律，符合法令規範標準外，尚須善盡企業倫理及企業社會責任（Corporate Social Responsibility, CSR）。

(一)遵守法律規範

觀光餐旅企業的經營管理務必遵守政府相關法令規章，例如餐飲業的生產銷售服務作業須符合「食品衛生管理法」，廚房設施與設備須符合相關衛生標準；旅宿業的營運須符合旅宿業或觀光旅館業管理規則（**圖4-4**）。此外，凡與企業營運有關的各種法令規章均須嚴格遵守，此為觀光餐旅業最基本的企業道德。

(二)嚴守企業倫理

所謂「企業倫理」，係指企業與國家、社會及其他相關企業等彼此間互動關係所應遵循的營運之道。例如：企業的營運應本儒家之道「先義後利」、「義中取利」及「因義用財」，但絕對不可以有「先利後義」、「見利忘義」及「因財害義」等違背企業倫理的商業手段。民國102年所發生的一連串食安問題，如米粉沒米、橄欖油沒橄欖、標榜純天然卻含人工香料等事件，其主要問題在企業倫理，因為有些觀光餐旅企業僅看到短期利益，卻罔顧企業良心倫理及品牌形象。

(三)善盡企業社會責任

所謂「企業社會責任」，係指企業對增進整體社會長期福祉所負的道德義務而言。現代企業的社會責任，一方面要創造企業本身經濟價值，為內部員工及股東賺取利潤外，另方面還要依法納稅、做好環保、維護勞工權益、熱心公益以及協助

圖4-4　旅館業的營運須符合政府法令規範

社區環境綠化美化，以創造社會整體福祉。此社會責任乃現代企業道德之精神所在。現代觀光餐旅業務須善盡下列各方面社會責任：

◆對社會及環境的責任

觀光餐旅企業須善盡社會一分子的力量，本著「取之於社會，用之於社會」的理念來協助社會、回饋社會。例如：王品餐飲集團在偏遠國小，以園遊方式辦理公益尾牙；咖啡飲料店業者給予自備環保杯的消費者折價優惠，以及觀光餐旅業者不亂排放未經截油的汙水、油煙於戶外等，均是觀光餐旅業者應善盡的社會責任。

◆對消費者的責任

觀光餐旅企業須本著誠信原則對待其顧客與社會大眾，針對其所提供的產品服務須有信賴保證，童叟無欺，不可有罔顧消費者權益之行為（**圖4-5**），例如毒奶粉、瘦肉精、塑化劑、賣假油及混充米等情事發生。此外，餐廳不可賣假酒或不宜再賣酒給已醉酒的客人，若客人酒後應為其叫車，避免客人酒後開車，以善盡保護消費者之權益。

◆對內部員工的責任

觀光餐旅企業應視員工為企業的珍貴資產，須能提供員工良好的工作環境及

圖4-5　餐廳的產品須有信賴保證，以善盡保護消費者權益

福利措施，期以保障員工的生活及基本需求。此外，尚須給予員工必要的教育與訓練、升遷管道及福利措施，保障員工基本需求。

◆對投資者的責任

觀光餐旅企業應提供投資者完善的公司營運企劃及正確的財務報表，期以善盡保障投資者或股東的權益。

◆對供應商的責任

觀光餐旅企業應本著誠信、互利共生之合作心態，來對待其上、下游合作廠商，以創造永續經營的生命共同體。

◆對觀光餐旅競爭者的責任

觀光餐旅企業對同業競爭者，應以理性及良性競爭的方式為之，不應惡意攻擊或惡性削價競爭。現代觀光餐旅企業須運用策略聯盟來加強同業間之互助合作，以拓展行銷通路，共創雙贏共榮之局。

二、觀光餐旅業的職業道德規範

根據美國康乃爾大學教授史蒂芬．霍爾（Stephen S. J. Hall）認為，觀光餐旅業者應備的道德規範有下列數項：

1.時時秉持誠信、守法、公平、無愧、良知等倫理道德。
2.協同觀光餐旅從業人員共同推動誠信待客運動。
3.童叟無欺、不惡意攻訐同業。
4.對待客人一律平等，予以公平待遇，不因種族、宗教、國籍、性別而有個別差異的產品或服務（**圖4-6**）。
5.提供客人與員工良好的安全衛生環境。
6.觀光餐旅業之營運堅持「誠信」為終身原則，矢志不變。
7.督導員工成為專業人員，以最優良品質來服務客人。
8.善待每位員工，對待員工均一視同仁。
9.重視環保觀念，堅守環境保護原則，珍惜自然資源。
10.賺取恰如其分的「合理」利潤；分擔企業的社會責任，回饋社區。

圖4-6 觀光餐旅從業人員不因種族、國籍、性別而有差異化服務，應一視同仁

三、觀光餐旅從業人員的職業道德

一個人的職業道德觀念，會影響其個人的工作態度及工作績效，具有正確職業道德的觀光餐旅從業人員在工作上將更容易贏得他人的敬重，其成就也會更卓越。然而什麼才算是正確的觀光餐旅從業人員的職業道德呢？茲摘述如下：

(一)遵守觀光餐旅企業員工服務規範

任何觀光餐旅業均訂有員工服務須知、工作說明書等規範，期使其員工均能遵守，以利企業組織運作順暢。此類工作規範乃職場應遵守的最基本職業道德，如觀光餐旅從業人員的服裝儀容守則、上下班時間以及專業技能服務標準作業等均是例。

(二)正確服務心態，能善盡企業社會責任

觀光餐旅服務人員除了須具備觀光餐旅專業知能外，更需要有良好工作態度與服務心態，如責任感、使命感、榮譽感等工作上的任事態度。唯有如此，始能提升觀光餐旅企業之品牌形象，也不會發生類似食品中毒、毒油毒奶、黑心產品等事

件。此外，每位員工若具有正確服務心態，也能在自己工作崗位克盡職守，善盡環保之責，藉以共同分擔企業社會責任。

(三)奉公守法、嚴守商業機密，以團體利益為重

觀光餐旅從業人員應以企業組織整體利益為重，忠於職守外，更應以團體利益置於個人利益之上，絕對不可貪汙瀆職或謀取非分之財，更不可浪費公物或挪用公物私用。

凡事以公事為重，以公司利益為優先考量，堅守公司紀律與規範，嚴守商業機密。忠誠度乃觀光餐旅服務人員很重要的職業道德。例如：餐廳廚房人員不可將剩餘食材私自帶回家享用；餐廳員工不得將食譜配方或進貨成本等機密外洩；旅宿業從業人員須嚴守房客的祕密及隱私，不可在背後議論或將房客行蹤洩漏給他人，以善盡保密之責；導遊人員不可強迫客人定點購物或私拿回扣等。

(四)溝通協調、發揮團隊精神

觀光餐旅服務產品須仰賴內外場人員共同合作，始能創造出客人美好的體驗。觀光餐旅服務作業流程是系列的服務，必須全體工作夥伴不斷溝通協調發揮最大團隊精神，始能創造出優質的觀光餐旅組合產品，任何環節之疏忽，均會引起顧客的抱怨，進而影響顧客的滿意度（**圖4-7**）。

圖4-7　觀光餐旅服務作業須發揮團隊精神，始能創造顧客滿意度

(五)講究誠信與公平原則

「誠信原則」為觀光餐旅從業人員職業道德中最為重要的一項。語云：「人無信不立」，唯有以誠待人，信守諾言，才能在職場受人敬重。觀光餐旅服務人員對待顧客更應堅持童叟無欺、一諾千金，始能贏得顧客信賴。

觀光餐旅業顧客抱怨事項當中，以受到不公平待遇所引起的抱怨為最多，也最令客人難以釋懷。觀光餐旅服務人員對待顧客應一視同仁外，而主管對待部屬也要注意公平原則，尤其是獎懲案除了講究時效，更要注意公正、公開、公平的原則，以免造成反效果。

(六)遵守職場倫理，配合企業經營理念

在職場與同事相處，須講究禮貌尊重對方，對主管須虛心接受指導，重視職場倫理不可搬弄事非，也不議人短或炫己長。凡事應主動積極熱心負責並配合企業經營理念，以達觀光餐旅企業的營運目標。

此外，觀光餐旅從業人員最重要的任務乃在創造顧客最大滿意度。「照顧客人，就如同照顧自己一般」、「以每天的努力，創造顧客一生的回憶」，此乃現代旅宿業者的正確服務態度及倫理守則。觀光餐旅人員凡事應設身處地為客人著想、為他人著想，己所不欲，勿施於人，此乃同理心。職場倫理需要講究「五感一心」，即責任感、使命感、正義感、榮譽感、親切感以及同理心，本著此五感一心的道德觀配合企業經營理念，克盡職守，善盡保護消費者權益，共同維護環境保育，以分擔企業社會責任。

第三節　觀光餐旅從業人員的職業生涯規劃

任何事情在著手進行之前，務必要先蒐集相關資訊，加以整理、歸納、分析其利弊得失，再從中選定最佳方案或方法來執行。何況是攸關將來前程規劃的職業更需要先審慎思考，再作正確的抉擇。為了讓自己的生活更充實、讓生命旅途更多彩多姿，我們必須對未來的職業有正確的認識，及有所選擇與安排。

一、職業的概念

所謂「職業」係指能夠提供源源不絕的收入，而需繼續不斷去從事的特殊活動，此項活動將會影響一個人的社經地位。因此「工作」並不等於是職業，但是職業卻是一種工作。例如觀光餐旅服務員、領隊、導遊、領班等等，均是一種職業，但「志工」、「家庭主婦」是一種工作而不算是職業。

二、觀光餐旅職業的內涵

從事觀光餐旅職業必須具備下列三種基本能力，分述如下：

(一)技術性能力

係指從事觀光餐旅業或某種職業的職務所需的專業知能。任何一種職業均需要某種專業技能，始能勝任愉快，而此專業知能可透過學校或專業教育訓練來培養。例如旅館櫃檯接待員，必須具備基本的外語、旅館實務知能、電腦操作能力以及應對的禮節與技巧（圖4-8）。

圖4-8　旅館櫃檯接待應具備良好的觀光餐旅專業知能

(二)功能性能力

係指一種對環境的察覺能力，以及對問題的理解、分析及處理的能力。易言之，即解決問題的邏輯思考能力，以及敏銳的觀察力、應變力。如觀光餐旅服務人員要具備機敏的警覺力，懂得如何察言觀色。

在觀光餐旅職場工作時，須主動提供客人適時適切的服務，在顧客心中創造強而有力的印象。因此，若想步入此職涯，首先須擁有「觀察細微、體貼、主動瞭解客人的需求」之功能性能力。如果是餐廳內場的廚師則需要感官敏銳，對於色、香、味等的敏銳度須如同藝術家。唯有具備此優異的功能性能力，始能為客人調製出美好的精緻佳餚，提供溫馨用餐體驗。

(三)社會性能力

係指人際關係之溝通、協調、應對進退之能力，以及情緒之自我控制能力。此社會性能力就觀光餐旅從業人員來說相當重要，也可說是最重要的能力。因為脾氣暴躁、情緒不穩、不善應對技巧的人，在團體中最不受人歡迎，更難以勝任服務他人的工作。

三、職涯發展的概念

職涯發展涉及員工的職涯規劃及觀光餐旅企業組織的職涯管理二大層面，茲摘介如下：

(一)職涯規劃（Career Planning）

所謂「職涯規劃」，係指觀光餐旅企業組織員工個人的職業生涯前程規劃，它是經由系列自我分析並針對職場工作內涵，所擬定的未來人生藍圖。此部分將另專節說明其規劃的步驟與方法。

(二)職涯管理（Career Management）

所謂「職涯管理」，係指觀光餐旅企業組織針對員工的興趣、能力、發展機會，相互配合進行準備及執行；易言之，透過系列的人力資源管理活動，如工作輪調、教育訓練、生涯評估及企業人力發展計畫等，予以充分考量，期使員工個人職涯發展目標，能與企業組織目標相互結合，以達互利共榮之雙贏局面。

四、職業生涯規劃的意義、方法與步驟

(一)職業生涯規劃的意義

所謂「職業生涯規劃」係指職業前程規劃而言，就是考量自己本身的性向、興趣、專業知能、價值觀、周遭環境的阻力或助力等因素，予以綜合考量，再針對職業類別之工作內涵做最明智的選擇（**圖4-9**），妥善的安排規劃未來一項適合自己的職業生涯，而非別人認為最好的職業前程。

圖4-9　職業生涯規劃須考慮職場工作內涵

(二)職業生涯規劃的方法與步驟

職業生涯規劃的方法很多，如選擇熱門行業、選擇待遇最好的職業、選擇工作輕鬆的職業、選擇看起來順眼的工作，由他人、父母、師長替自己作決定等方法。

上述各種方法最大的缺點，乃忽略了自己本身個人的性向、興趣、人格特質與生活價值觀等因素，忽略了自己才是此人生舞台的主角。這種情況規劃出來的前程生涯，很容易做出錯誤的決定，甚至影響個人一生的前途。因此任何人在作生涯規劃時務必要循序漸進，選擇最符合自己興趣的工作，可按照下列方法與步驟來進行（**圖4-10**）：

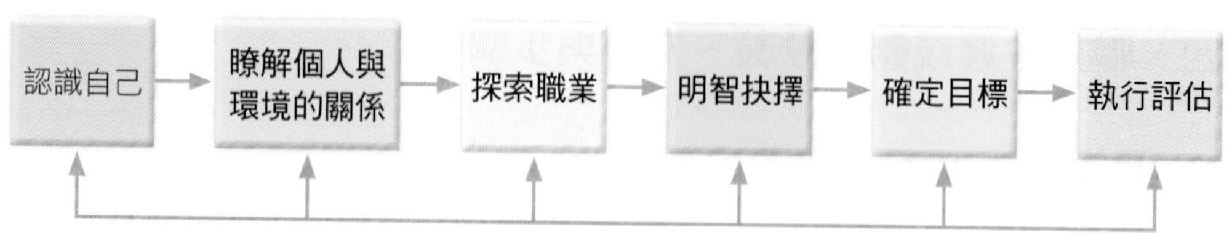

圖4-10　職業生涯規劃的方法與步驟

◆認識自己

規劃之前，須先詳加探索分析「自我」，瞭解自己的興趣、能力、個性、性向、價值觀，才能正確選擇自己最喜歡且符合自我發展的工作。

◆瞭解個人與環境的關係

職業的選擇首重符合自己的興趣與能力，但也須兼顧社會環境及家庭因素，如父母師長期盼、家庭經濟狀況、同儕影響等各方面因素，才能做出最佳決定。

◆探索職業

透過學校座談會、參觀職場、參加升學博覽會，瞭解大專院校研究所的科系，未來想從事的職業別、職業發展趨勢、升學就業管道以及職業工作內涵等資訊，須加以蒐集、整理分析。

◆明智抉擇

生涯規劃須根據：認識自己、瞭解個人與環境的關係及探索職業等三大方向來思考未來升學與就業之抉擇，此乃最明智的職業生涯規劃。

◆確定目標

做好決定之後，須擬訂出個人未來生涯的短程、中程及長程的奮鬥目標，為自己點燃一盞明燈，以免偏失人生的方向。

◆執行評估

1. 依據生涯規劃之目標，努力去加以實現。一段時間之後，再加以檢討、修正。
2. 職業生涯的前程規劃，並非一成不變的歷程，要具終身學習的理念，它係一種自我深入探索，與內心世界對話所發展出來的自我實現的生命歷程。
3. 期盼讀者能依循上述方法與步驟，來規劃大學生涯及未來人生之藍圖，進而成為明日之星。

餐旅小百科

王品集團戴董事長的苦瓜排骨哲學

王品集團前董事長戴勝益在《Cheers雜誌》主辦的「2012年亞洲人才創新論壇」，暢談其成就企業與個人之間的均衡哲學時，提出「苦瓜排骨」的人生哲學。他將工作、責任比喻為苦瓜，個人生活、家庭比喻為排骨；苦瓜苦澀、排骨甘甜，若兩者搭配得當，就是幸福的人生。

他期勉年輕人該努力工作、善盡社會責任，始能先苦後甘。他認為人生應隨著年齡變化來調整苦瓜排骨的分配比例。勉勵年輕人先從「七成苦瓜、三成排骨」的生活來規劃做起，先苦後甘；50歲時，苦瓜排骨各半，60歲苦瓜少一點、排骨多一些，隨年齡增長慢慢調整。

此外，戴董事長建議年輕人須有完善的個人生涯規劃，能列出三十年、十年、五年、三年、一年及每一季的計畫，明確寫下不同階段的目標，如企業計畫般，隨時加以檢討是否能如期達成。他認為做任何事若有完善規劃，將會逼自己「不得不做」，其成功機會也更大。

五、觀光餐旅職涯規劃的發展方向

觀光餐旅從業人員每個人的職涯目標不同，其願景也不同，唯均需經前述「職業生涯規劃」的步驟來擬定，並有系統地規劃自己未來的職涯發展方向。一般而言，觀光餐旅從業人員職涯發展的方向，計有下列幾種：

(一)成為觀光餐旅管理階層主管

若想成為一位受人尊敬的優秀管理者，必須先對該部門領域工作有興趣，然後再努力加強充實所需專業知能，由基層實務工作做起，期以累積實務經驗並取得該領域有關的各項資格，始有機會成為一位傑出的管理階層主管。例如：一般初階主管餐廳領班，通常須具備下列條件：

1.學歷：大學或專科以上畢業（觀光餐旅相關院校優先）。

2.經歷：從事餐飲服務員工作有多年經驗，通常須三年以上。

3.條件：良好的外語表達能力，如英、日語。

4.管理能力：具溝通協調、領導統御及組織訓練的能力。

(二)自行創業當老闆

有些資深觀光餐旅從業人員在職場累積相當豐富的經驗後，即選擇自行創業當老闆來開創自己的事業。若想自行創業，除了需有一筆資金外，尚須強化各項經營管理的專業知能，如產品研發製備、人力資源管理、財務管理、行銷管理及資訊管理等知能（**圖4-11**）。

(三)成為觀光餐旅產品專技人員

若想成為觀光餐旅產品研發、生產製備的專業領域技術人員，則須先對該產品製備工作有基本的認識與興趣，然後再努力充實相關知識，力求精益求精，由基層實務工作做起，始能有機會達到職涯發展目標。例如：若想成為一位優秀的專業廚師，則須由基層學徒或助手做起，再逐步往上晉升至專業廚師或行政主廚，如阿基師即為典範。

(四)成為觀光餐旅教育訓練工作者

在觀光餐旅職場中，有些人對教育工作很有興趣，希望能運用所學的專業知

圖4-11　自行創業初期餐廳規模宜小不宜大，力求乾淨衛生、舒適

能來作育英才，成為優秀的教師或訓練師。若想在觀光餐旅教育訓練單位或學校機構任職，除了需取得相關證照，如乙級技術士證照、教師登記證等學經歷證件外，尚須本著終身學習的理念，不斷進修、研究，始能擁有專精觀光餐旅知能來作育英才。

六、結語

人因理想而偉大，人生的價值乃在實現自己的理想、落實自己的抱負，發展出屬於自己的人生。觀光餐旅業乃二十一世紀明星產業，其職場範圍甚廣，極富挑戰性。讀者們先將外語能力培養好，再針對自己的個性、興趣、人格特質，與觀光餐旅服務人員之條件、工作內涵，加以相對照，即可順利發覺哪些職務的工作較適合自己，並將它作為自己的理想目標，並利用此寶貴的求學階段好好充實自己的專業知能，深信不久的將來您將是觀光餐旅業的佼佼者。

PART 1 自我評量

一、解釋名詞

1. Hospitality
2. Rigidity
3. Intangible Products
4. UNWTO
5. MICE
6. Outbound
7. IATA
8. Eco Tourism
9. Shift Work
10. Carrying Capacity

二、問答題

1.何謂「觀光餐旅業」？其主要產品為何？試述之。

2.我國現階段觀光餐旅業發展政策為何？試述之。

3.「現代觀光之父」係指何者而言？其對當今世界旅行業有何貢獻？

4.觀光餐旅業的發展對國家經濟力的提升有何貢獻？試摘述之。

5.試述觀光餐旅業發展對環境的負面衝擊有哪些？試述因應之道。

6.如果你是政府主管觀光的人員，請問你將會採取何種措施來避免或減少觀光餐旅產業發展的負面衝擊？試申述之。

7.試摘介交通部觀光局的組織編制。

8.觀光餐旅服務人員應備的良好基本人格特質有哪些，你認為哪一項為最重要？為什麼？

9.何謂「企業道德」？你認為現代觀光餐旅企業應如何來提升其企業道德呢？試述己見。

10.你認為職業生涯該如何規劃，始能使自己在人生舞台上扮演好自己的角色呢？試申述之。

PART 2

餐飲業

單元學習目標

- 瞭解餐飲業的定義與餐飲業的產品
- 瞭解餐飲業的特性
- 瞭解我國餐飲業與歐美餐飲業之分類
- 瞭解餐飲業的組織架構
- 瞭解餐飲從業人員之工作職責
- 瞭解餐飲業經營的正確理念
- 瞭解我國餐飲業營運管理的現況與問題
- 瞭解我國餐飲業未來努力方向

Chapter

5 餐飲業的定義與特性

餐飲是人類賴以維生的基本生理需求，也是日常生活中不可或缺的重要一環。因此無論古今中外，凡有人群聚集的地方，即有餐飲業之需求。

由於社會工商業發達，外食人口激增，再加上政府積極推展台灣美食文化之藍海策略，使得國內餐飲業不斷蓬勃發展，無論是硬體的造型或軟體的服務，均逐漸建構出特有的文化，也使得餐飲業的發展蔚為時代的潮流，且被公認為最具發展潛力的現代企業。

第一節　餐飲業的定義

我國古代社會早就有餐飲業之設立，如酒肆、旗亭，只是當時並無餐廳之名詞而已；至於歐美餐飲業早在古希臘羅馬時代，地中海沿岸餐館已到處林立，如義大利龐貝古城（Pompeii）遺址，即出現類似今日大眾供食的餐館遺跡。茲列舉較具代表性的餐飲業定義如下：

一、行政院主計處

依行政院主計處「中華民國行業標準分類」，針對餐飲業所下的定義為：「凡從事調理餐食或飲料，提供現場立即消費的餐飲服務之行業。」

二、世界觀光組織

世界觀光組織（UNWTO）針對餐飲業所下的定義：「專門為大眾開放，提供餐飲且附有席位的場所。」易言之，餐飲業係指為大眾提供餐飲服務且設有席位的固定營業性場所，但不含流動餐車或流動小吃攤販。例如：餐廳或飲料店等均是。

三、餐飲業的綜合定義

為了學術上研究方便起見，茲將餐飲業的定義分別自下列二方面來分析：

(一)實質定義

餐飲業（Food & Beverage Industry）是提供消費大眾現場餐食或飲料的調理、

圖5-1　餐飲業是提供餐食、飲料，使其恢復元氣的服務業

製備，以及相關設施服務，使其能現場享用、休息及恢復元氣的一種營利性餐飲服務業（**圖5-1**）。

(二)基本要件

餐飲服務業應備的基本要件計有下列三項：

1.餐飲業是以提供餐食或飲料的現場調理及供現場消費享用。此與一般食品製造業及便利商店不同。

2.餐飲業是以營利為目的之服務業。

3.餐飲場所為公共性建築物。因此，須特別注意公共安全與食品安全衛生，以維護消費大眾身心健康與安全，善盡企業社會責任。

四、餐廳的起源與定義

(一)餐廳名稱的源起

餐廳（Restaurant）一詞，依照《法國大百科辭典》之解釋：為使恢復元氣，給予營養食物與休息的場所。西元1765年，蒙西爾．布蘭傑（Monsieur Boulanger）

在法國開了一家餐館，供應一道以羊腳煮成的湯，名叫恢復之神（Le Restaurant Divin），並以神祕營養餐食作為號召，吸引了當地大量顧客，因而名噪一時，以後他就以此湯名作為餐廳的名稱，後來逐漸廣為人所沿用迄今。

(二)餐廳的定義

餐廳為餐飲業極重要的一環，也可說是整個餐飲業形象表徵。餐廳係為設席待客，提供餐飲、設備與服務，以賺取合理利潤的一種服務性企業，其應備要件為：

1.餐廳須以營利為目的企業。
2.提供餐食與服務等商品，其中包括人力與機械的服務。
3.具備固定的營業場所（**圖5-2**）。

五、餐飲業的產品

餐飲業係一種提供餐飲、設備與服務，以賺取合理利潤的服務業。餐飲業所提供的產品，有些是有形的，如餐飲、設備等，至於服務或氣氛則是無形的，但無論是有形或無形的產品，它是一種套裝組合式產品，均要透過親切的服務才能彰顯

圖5-2　餐廳應具備固定的營業場所

產品的價值。茲分述如下：

(一)有形的產品（Tangible Products）

所謂「有形的產品」，係指餐飲業外表造型、內部裝潢設計、精緻餐飲美食（Food & Beverage）、餐廳餐具座椅、餐廳人員制服、完善餐飲設備、地點適中便於停車等等可由顧客直接觸知，且看得見感受得到之產品。餐飲業此類有形產品的服務又稱「外顯服務」（Explicit Service）。

(二)無形的產品（Intangible Products）

所謂「無形的產品」，係指餐飲業所提供的溫馨進餐氣氛、親切的餐飲服務、清潔衛生與安全感，以及整個進餐體驗等均是。易言之，舉凡能提供顧客人性化、溫馨貼切的優質接待服務，使其有備受禮遇及彰顯尊榮之感的一切人性化服務均屬之。餐飲業此類無形的服務又稱「內隱服務」（Implicit Service）。

第二節　餐飲業的特性

餐飲業係以生產符合顧客需求的產品——「服務」為導向，不過餐飲服務業所提供的產品，其特性則有別於其他產業，主要原因乃源於餐飲業經濟特性外，尚兼具服務業特性，以及餐飲生產與銷售之獨特性。茲分別詳述如下：

一、餐飲業經濟上之特性

(一)地理性

餐飲業所提供的服務最重要的是方便，方便客人前往用餐，因此店址的選定乃任何餐飲業開店最重要的第一件事。店址所在區位，務必交通方便，接近主要目標市場，始足以對顧客產生吸引力（**圖5-3**），此店址才具立地性的價值。

(二)公共性

餐飲業係提供餐飲、環境、設備與服務之營利事業，因此其功能除了滿足顧客餐飲生理需求外，尚有社交聯誼的功能。因此業者務須加強餐飲之安全與衛

圖5-3 餐廳店址須交通便利，且接近主要目標市場

生，並肩負一份企業社會責任，做好環保工作。

(三)綜合性

餐飲業為滿足顧客多樣化的需求，因此除了加強菜單菜色之變化外，更增設現代化休閒、娛樂、運動、療養等設施，如複合式餐廳、運動餐廳、主題餐廳、民族風餐廳，以及南洋異國風味餐廳等均是例。

(四)無歇性

餐飲業是一種服務業，工作時間長，有些不但二十四小時營業，且終年無休。因此員工係採輪班制，分別輪休，也正因為如此，其員工體力相當重要，否則恐難勝任。

(五)變化性

餐飲業的營運，容易受到經濟、政治、社會、文化及國際情勢等外部經營環境變化的影響。例如：國際金融風暴所引發的經濟不景氣，或國民所得銳減等因素均會影響消費者前往餐廳消費的次數。

二、餐飲業服務的特性

(一)無形性（Intangibility）

餐廳的產品如服務態度、餐廳氣氛、接待禮儀等等均是無形的商品。顧客前往餐廳消費購買一項服務前，事實上是無法看得見、無法摸得到，聽不見也嗅不出服務的內容與價值。因為餐廳產品的品質，主要係源於服務人員與顧客間之互動關係，這種顧客知覺服務的體驗，即為餐飲服務品質，它不但為無形且相當抽象。

由於此無形的特性徒增餐廳顧客之風險知覺。因此，餐飲業須加強餐飲產品的服務證據，使無形產品能有形化，強化產品服務的包裝及口碑行銷，期以提升餐廳品牌形象及培養顧客忠誠度。

(二)異質性（Heterogeneity）

餐飲服務業的服務產品，很難有固定一致的標準化品質產出，其產品往往會因時空、情境與服務人員不同而異。易言之，即使是同一項服務，常因服務人員與服務時間之不同而有差異，服務品質難以穩定，即使同一位服務人員在不同的時空、顧客及情境下，其所提供的服務也難保品質完全一樣。

因為服務係透過人來執行的一系列生產過程，由於涉及人的複雜情緒及心理作用，使得餐飲服務品質很難以維持一定的水準，此乃餐飲產品與其他企業產品最大的不同點。因此，其有效因應措施乃須先訂定標準化作業程序（SOP），加強員工教育訓練，期以提供客人一致性水準的服務（**圖5-4**）。

(三)個別性（Individuality）

餐廳要贏得顧客的好評，必須盡可能提供每位顧客溫馨親切的個別化服務，使顧客感受到此項服務，係專門針對其本人而特別提供的。唯有如此，才可使他感到自己特別受重視，進而滿足其內心的自尊與優越感，此乃贏得顧客滿意之餐飲服務特性。這裡所謂針對個人式的服務，係指針對顧客個別差異的屬性、特質及特殊需求去提供適當的個別化服務，以滿足每位顧客不同的心理或生理需求，而非特別禮遇某人而輕忽他人。

圖5-4　餐飲產品服務會因時空、情境與服務人員不同而異

(四)不可分割性（Inseparability）

一般產品通常是先生產再銷售給顧客消費，但餐飲業的生產與消費，銷售與服務往往是同時進行的。因為餐飲服務的提供與顧客消費是同時發生，使得顧客消費必須介入整個餐飲服務的生產過程中，這種生產、消費、銷售與服務之互動關係是無法分割的，此為餐飲業的主要特性之一。

為確保優質的服務品質，餐飲業者須加強餐廳內外場各部門的溝通協調，力求整個產品服務傳遞系統能在標準作業下順利運作。

(五)不可儲存性（Perishability）

餐飲服務之價值，乃在於即時提供產品與即時消費，此服務產品是無法預先儲存，也無法像其他企業之產品可事先大量生產，再予以庫存備用。因為服務是無法儲存或轉移，因此當顧客有大量需求時，餐飲服務的供給量往往難以即時配合顧客的需求，此特性又稱之為「易逝性」。

由於這種供需難以充分配合，餐廳才常常會發生因顧客久候枯坐而引起之抱怨事件。其有效解決之道為須做好營運銷售預測及加強市場資訊情蒐。此外，可採用預約方式或運用價格策略在不同時段訂定不同價格來促銷，如下午茶時段或快樂時光（Happy Hours）以增加營收。為避免尖峰時段客人久候，可增聘兼職人員或

重點彈性排班，以解決人力之不足，增進服務效率及翻檯率（Turnover Rate）。翻檯率計算公式為：

$$\text{翻枱率} = \frac{\text{用餐總人數}}{\text{總座位數}} \times 100\%$$

三、餐飲業生產的特性

(一)個別化生產

大部分餐廳所銷售之餐食，係由顧客依菜單點叫，再據以烹製為成品，此方式與一般商店現成的規格化、標準化產品不同。為確保個別化生產的品質一致性，務須訂定標準份量（圖5-5）及標準食譜，期以提供客人一致性水準的服務。

(二)生產過程時間短

餐廳自接受客人點菜進而烹調出菜，通常時間甚短，約數分鐘至一小時左

圖5-5　訂定標準份量

右，速食店自客人點餐到供食約三至五分鐘。其有效因應措施，除了加強員工專業知能提升服務效率外，更要改善生產設備及重視餐廳格局規劃，力求動線順暢，增進工作效率。

(三)銷售量預估不易

餐廳進餐人數及所需餐食，須等客人上門才算，因此事前之預測甚為困難，不能與一般商品一樣預訂製作多少成品，即可準備多少人力與材料，在成本計算上較難。其有效解決之道乃運用電腦加強銷售量統計分析，以利銷售預估。此外，也可運用預約或促銷方式來解決此問題。

(四)產品及食材原物料容易變質不易儲存

烹調好的菜餚過了數小時將會變質、變味，甚至無法再使用，所以成品不能有庫存，生產過剩就是損失。

為解決此問題，須加強進貨採購量控管，尤其是生鮮食材避免大量進貨，須依銷售量預測為之（**圖5-6**）。此外，餐飲產品可依尖離峰時段來實施差異化定價，力求做好營收管理（Yield Management）。

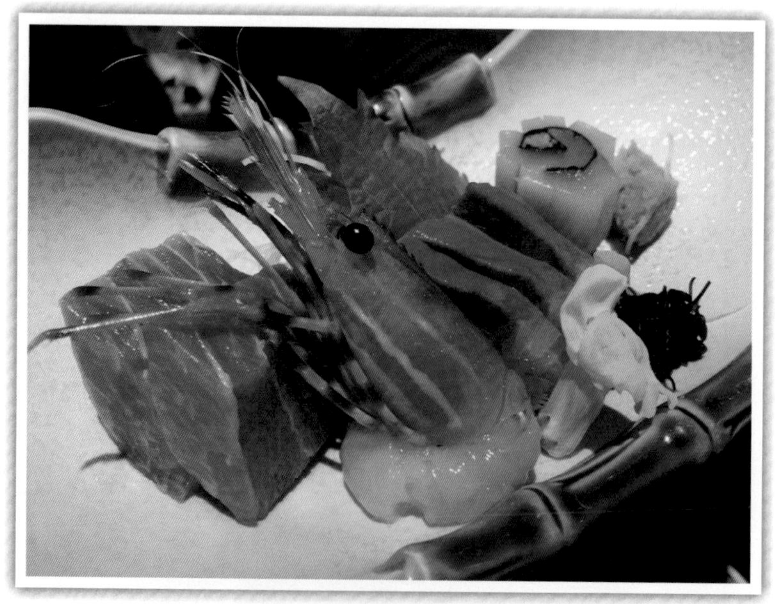

圖5-6　生鮮食材容易變質，避免大量進貨

(五)成本結構以餐飲食材成本比率最高

餐飲營運成本當中以食物成本所占比率最大，約30～40%之間，因此需嚴訂標準化生產作業，如標準份量、標準食譜或標準採購等，以利物料成本控管。

四、餐飲業銷售的特性

(一)銷售量與餐廳場地大小、格局及製備流程有關

銷售量受餐廳場地大小之限制，餐廳一旦客滿，銷售量便難以再提高。為提高餐廳銷售量及營業額，應改善製備流程及動線規劃，服務動線宜短，以提高餐桌翻檯率來增加盈收外，更可運用外賣、外送或外燴（Outside Catering Service）的方式來彌補場地設施之不足。

(二)銷售量受供餐時間的限制

人們一日三餐之用餐時間大致一樣，在進餐時間餐廳擠滿了人，其他時間則十分清淡。餐廳可運用不同的產品組合來增加營運時段，如增加早午餐（Brunch）、下午茶、宵夜或歡樂時光（Happy Hours）等來滿足不同消費者需求，也能有效紓解人潮（**圖5-7**）。

圖5-7　餐廳可運用下午茶來增加營運時段

(三)銷售量預估不易

餐飲業銷售量所需餐食及人數，須等客人實際上門消費才算，因此在食材成本及人力調配上較困難。因此可加強銷售量統計分析，以利評估每日銷售量概數，此外，也可加強促銷廣告、預約訂位等方式來控管。

(四)銷售量與餐廳設備、服務有關

一般人在餐廳進食除了講究菜餚、服務外，更希望享受一下舒適的氣氛，因此餐廳之規劃、裝潢、設計、布置、音響及燈光均得十分考究。為求吸引消費人潮，餐廳宜發展主題特色，並提供多樣化休閒娛樂設施或發展獨特美食文化，以增進吸引力。

(五)銷售毛利高

一般而言，餐飲毛利較之一般傳統產業高，餐廳愈高級，其毛利愈高，因此經營得當，盈餘相當可觀。例如高級餐廳其平均飲料成本約10～20%；餐食物料成本約30～40%，至於一般餐廳其餐飲物料成本雖然偏高些，唯均控制在45%以下為多。

Chapter

餐飲業的類別與餐廳的種類

第一節　餐飲業的類別

第二節　餐廳的種類

餐飲業的類別，其分類方式很多，不過大部分係以經營類型、服務方式或產業分類標準來分類較常見。至於餐廳的種類則以其供食內容或對象為其產品定位，並作為目標市場區隔，期以滿足多元化餐飲消費市場的需求。

第一節　餐飲業的類別

為了學術研究及統計上的方便起見，茲列舉國內外較常見、也較為人所採用的分類方式，摘述如下：

一、依產業分類標準而分

(一)聯合國世界觀光組織（UNWTO）

聯合國世界觀光組織為統計上方便，將餐飲業分為六類：

1.酒吧及其他飲酒的場所：係指專門販賣酒精性飲料為主，其餘餐食為輔之餐廳，如酒廊、Pub及各式酒吧均屬之。
2.提供服務的餐廳：係指設有席位、提供大眾服務與餐飲之營業場所，如提供全套服務的頂級餐廳，或一般服務餐廳均屬之。
3.速食餐廳、自助餐廳：係指僅設有櫃檯，而無席位服務的大眾化速食、自助餐廳，如外帶／外賣餐廳（Take-out Restaurant）、得來速（Drive-through），或外送餐廳，如必勝客、達美樂（Domino's Pizza）等。
4.小吃亭、點心攤、自動販賣機：係指為大眾開放的固定式或活動式飲食攤。
5.俱樂部、劇院附設的餐飲場所。
6.機關團體、學校、軍隊內附設的餐廳。

(二)歐美餐飲業的分類

歐美各國對餐飲業之分類，大部分係根據「英國標準產業分類」（Standard Industrial Classification for United Kingdom, SIC）來分類，早期係將餐飲業分為商業型與非商業型等兩大類。唯自西元2003年起，依新修訂的英國標準產業分類，將餐飲業與旅宿業均列為H大類，並將餐飲業分為四大類：

1.旅館類的餐廳。

2.一般餐廳。

3.酒吧。

4.福利社餐廳與小吃店。

(三)美國餐飲業的分類

美國早期係採用英國及北美行業分類系統（North American Industry Classification System, NAICS），後來在西元2007年再由美國統計局修正，將美國餐飲業分為全套服務餐廳、有限服務餐廳、特殊餐飲服務餐廳及酒館等四大類：

1.全套服務餐廳（Full Service Restaurant），另稱餐桌服務餐廳（Table Service Restaurant），例如：美食餐廳、家庭式餐廳、特色餐廳、主題餐廳、名人餐廳及休閒餐廳（圖6-1）。

2.有限服務餐廳（Limited Service Restaurant）：如速食餐廳、自助餐廳、外帶餐廳。

3.特殊餐飲服務餐廳（Special Food Service Restaurant）：如外包餐飲服務、宴會包辦服務、餐車服務。

4.酒館（Bar / Pub）：如酒吧、夜總會。

圖6-1　休閒餐廳的用餐區

(四)依我國經濟部的分類

根據經濟部商業司所頒定的「公司行號營業項目」之分類，F5為餐飲業，將餐飲業分為四大類：

1.飲料店業：係指從事非酒精飲料服務之行業。如茶、咖啡、冷飲與水果等點叫後供應顧客飲用之行業，包括茶藝館、咖啡店、冰果店與冷飲店等。

2.飲酒店業：係指從事酒精飲料之餐飲服務，但無提供陪酒員之行業。包括啤酒屋、飲酒店等。

3.餐館業：係指從事中西各式餐食供應點叫後立即在現場食用之行業。如中西式餐館業（**圖6-2**）、日式餐館業、泰國餐廳、越南餐廳、印度餐廳、鐵板燒店、韓國烤肉店、飯館、食堂及小吃店等，包括餐盒業。

4.其他餐飲業：係指從事上述飲料、飲酒、餐館細類外之其他餐飲業供應之行業。如伙食包辦、辦桌等均屬之。

(五)依中華民國行業標準的分類

我國行政院主計處頒定的「中華民國行業標準分類」，將餐飲業歸為「I大類——住宿及餐飲業」中，並將餐飲業劃分為下列四類：

圖6-2　中餐廳

1.餐館業：凡從事調理餐食，提供現場立即食用之餐館等均屬之。便當、披薩、漢堡等餐食外帶或外送店亦歸本類。

2.飲料店業：包括現場調理提供立即使用的「非酒精飲料店業」與「酒精飲料店業」等兩類。如星巴克、85度C咖啡、泡沫紅茶店，以及啤酒屋、酒吧或Pub等。

3.餐飲攤販業：凡從事調理餐食，提供現場立即食用之固定或流動攤販等均屬之。例如：夜市小吃攤、麵攤、路邊冷飲車或行動咖啡車。

4.其他餐飲業：凡上述三類以外的餐飲服務行業均屬之。例如：辦桌、學校學生餐廳或機關員工餐廳。

二、依餐廳服務方式而分

(一)餐桌服務餐廳（Table Service Restaurant）

餐桌服務餐廳，又稱為「全套服務或完全服務餐廳」，大部分餐廳服務的方式均以此類型為多。餐桌服務的餐廳比較重視用餐環境、設施之高雅氣氛，因此須有完善服務設施與設備，如音響、燈光、餐桌布設等。

供食服務方式，均依客人需求來點菜，再由專業服務人員依客人所點叫的餐

台灣的辦桌文化

台灣的辦桌文化，是一種最具代表台灣文化特色的庶民飲食文化。它是由台灣先民歷經數百年殖民文化洗禮及結合生命禮俗所孕育而成，也最足以代表台灣飲食文化成就。

「辦桌」為台語（閩南語）的發音，另稱「外燴」，係指由承攬包辦宴席的業者，前往顧客所指定的地點備餐及安排全套宴席服務的庶民飲食文化，負責辦桌的廚師為「總鋪師」。台灣傳統辦桌的特色為價格實惠、菜色豐富且量多、講究食材選擇，以及地點選在戶外或活動中心為主。一位優秀的總鋪師，其要件除了須備專精廚藝外，更須「手腳要快」、「思路分明」及「耐磨耐操」始能展現實力，承攬百桌以上之宴席。

食來供應，所有菜餚均由服務員自廚房端送至餐桌給客人，較高級餐廳則兼採旁桌服務。此類型餐廳較注重服務品質，講求服務技巧、上菜順序，以及進餐氣氛之溫馨。因此，其服務人員必須接受良好訓練才可勝任，否則易遭客人抱怨，如精緻豪華餐廳、傳統美食餐廳、主題餐廳、特色餐廳、單點餐廳、套餐餐廳、合菜餐廳、各式民族料理店，以及RTV（Restaurant TV）複合式餐廳等均屬之。

(二)櫃檯服務餐廳（Counter-service Restaurant）

櫃檯服務之餐廳設有開放性廚房，其前方擺設服務檯，直接將烹調好之食品，由此服務檯送給客人。此類型餐廳之特色是：提供客人方便、迅速、營養衛生、價格合理之速食簡餐，且有些餐廳尚可欣賞廚師現場精湛之技藝表演。大部分此類餐廳均不加小費，因經濟實惠、大眾化口味，甚受年輕族群消費者喜愛。目前市面上常見的各類速食店，如麥當勞、肯德基、Subway（圖6-3）等速食餐廳，以及平價咖啡專賣店、日式壽司店、各式點心攤（Snack Bar / Refreshment Stand），或百貨公司美食街小吃等均屬之。

(三)自助餐服務餐廳（Self-service Restaurant）

自助餐式的餐廳，通常係將各式菜餚準備好，分別放置於長條桌上，並加以

圖6-3　櫃檯式餐廳

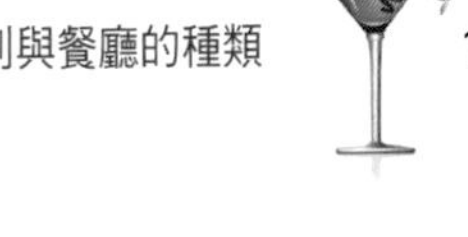

裝飾得華麗動人，由客人手持餐盤，選擇自己所喜愛的餐食。一般自助餐之菜餚擺設均依熱食、冷食、甜點之順序擺設，除了熱食在高級自助餐廳由服務員服務外，其餘均自己取食，此類服務又稱半自助式服務（Semi-buffet）。

自助餐服務的方式創始於美國，其型態可分為兩種，一種是速簡自助餐廳（Cafeteria），另一種是歐式自助餐廳（Buffet）。

此型餐廳近年來深受社會人士所喜愛，因此發展甚為迅速，甚至各大觀光旅館之餐廳，也以自助餐作號召來吸引顧客，主要原因係自助餐本身具備下列優點：

1.不必久候，不必再為點菜而苦（**圖6-4**）。
2.可以自由自在享受自己所喜愛的餐食。
3.節省人力、經濟實惠。

(四)其他供食服務餐廳（Others）

1.自動販賣機式的餐廳（Vending Machine）。
2.自動化餐廳（Automatic Restaurant）。
3.汽車餐廳（Drive-in）：備有大型停車場免下車之汽車餐廳。
4.得來速（Drive-through）：如麥當勞的得來速——備有專用點餐窗口，以及

圖6-4　不必久候、節省人力的自助餐廳

圖6-5　麥當勞得來速的汽車進出專用車道

免下車購餐車道（**圖6-5**）。

5.外送服務（Delivery Service）：如達美樂Pizza，一通電話餐食送到家的服務方式。

6.外帶、外賣服務（Take-out Service）：此類餐廳通常空間不大，備有完善的包裝設備，便於攜帶。外賣不一定含外送。

7.外燴服務（Catering Service）：是由專業外燴餐飲團隊將餐食製備與服務過程，移到顧客所指定的場所來進行餐宴作業。例如：辦桌式服務。

8.行動餐車服務（Canteen Truck Service）：如都會區或風景區常見的行動咖啡車（**圖6-6**）、行動便當簡餐車等。

9.溫飽式餐館（Filling Station / Service Station）：係由美國加油站所發展出來的餐飲機構。

10.機上航艙服務（In-Flight Service）：指飛機上的航餐供食服務。

綜上所述，吾人得知餐廳依其服務方式可分為多種類型，自全套服務到自助式服務均有，其舒適性、價格及實用性也不同。易言之，低服務、低價位、低舒適者其實用性較高；反之，高服務、高價位、高舒適的餐廳其實用性較低，主要原因乃客層需求之不同，以致其產品有差異化，如**圖6-7**所示。

圖6-6　風景區常見的行動餐車

高服務／高價位／高舒適／低實用

豪華餐廳
美食餐廳
主題餐廳
家庭餐廳
咖啡廳
速食餐廳
溫飽式餐廳

低服務／低價位／低舒適／高實用

圖6-7　各類餐廳產品差異化比較圖

三、依餐廳經營方式而分

(一)獨立餐廳（Independent Restaurants）

目前市面上的餐廳或高檔豪華美食餐廳，均以獨立經營的餐廳最多，此類型餐廳通常係由一人或數人合夥共同投資經營，或委請專業經理人才管理。不過，餐廳經理權力有限，大部分重要決策仍由業主決定。獨立餐廳的優缺點簡述如下：

◆優點方面

1.經營管理獨立自主，且富彈性與機動性。經營者可依其理想與理念來營運，不必受制於他人，同時可機動性地配合消費市場需求而彈性調整供給面。

2.投資資本額可依個人經濟能力而定，投資金額可大可小，且易掌控。

3.營運成果與利潤，業主可獨自享有此名利，進而自我實現。

◆缺點方面

1.缺乏雄厚資金與企業專業人力資源，無法大量廣告行銷，營運規模難以突破。

2.家庭式經營管理成長有限且較慢，同時知名度與品牌的建立也較費時費力。

3.業者若欠缺市場資訊，無法隨時求新求變來提高附加價值或掌握消費市場的需求，難以面對強烈市場競爭的壓力。

(二)連鎖餐廳（Chain Restaurants）

連鎖經營之理念始於1876年由亨利．哈威（Frederic Henry Harvey）開設多家哈威屋（Harvey House）正式引入餐飲界，乃掀起美國餐飲連鎖之先河。

連鎖餐廳經營的型式，概可分為直營連鎖（Regular Chain Company Owned）與加盟連鎖（Franchising）等兩大類。所謂「直營連鎖」，係指餐飲企業擁有兩家以上直營店，並使用共同的形象標識與產品，總公司擁有經營權與所有權，此外，管理權均集中於總公司，例如：星巴克、部分麥當勞、肯德基等均屬之。至於「加盟連鎖」，係指連鎖總公司（Franchisor）銷售權利給加盟店（Franchisee），允許其使用該組織的品牌名稱、產品服務、行銷廣告以及執行營運業務等一切事情，唯需支付一定的費用，如加盟金、權利金等等。連鎖經營是一種垂直行銷系統（VMS），是一種運用系統設計使通路達到最大營運績效之專業化管理方式。其優缺點分述如下：

◆優點方面

1.資金、人力資源雄厚，不僅可提高生產力與產品研發能力，更可透過多媒體廣告行銷提高知名度（**圖6-8**）。

2.知名度愈高，投資加盟者愈多，不但營運據點容易找，銀行融資也更容易。

3.標準化作業不但可大量集中採購，降低物料成本與價格外，標準化的裝潢、標準化的菜單、服飾與操作系統，更容易成功複製並監控其他分店。

4.餐廳營運成功機率較獨立餐廳高。

圖6-8　連鎖餐廳知名度高，複製分店容易

◆缺點方面

1.無法獨立自主，甚至物料採購、廣告行銷均由母公司統一規範，分店或子公司不能自行支配整個餐廳生產營運系統。

2.連鎖餐廳為配合整體連鎖的標準化形象，往往無法與當地廠商或地方文化相結合，甚至遭受孤立。

3.連鎖餐廳若擴展太快，其品質控管不易，只要有任何一分店陷入危機或發生意外事件，極易影響到整個連鎖企業的形象。

4.加盟店（子公司）需繳交一定金額的加盟金、權利金、保證金，並得分擔部分行銷廣告費用。

(三)加盟連鎖餐廳的類別

◆ 委託加盟(Delegated Chain)

1.委託加盟為直營連鎖的延伸，總公司擁有所有權與決策管理權，加盟者擁有經營權。

2.該加盟店是由加盟總公司投資設立，再委託授權加盟者來經營該店。

3.加盟者須依合約支付加盟金等費用來取得經營權。

◆ 特許加盟(Franchise Chain)

1.特許加盟總公司擁有決策管理權及部分所有權。

2.該加盟店設立所需資金及人力，大部分是由加盟者自己負責，擁有店面大部分的所有權，如部分麥當勞。

3.加盟者須依總部規範、制度及商品來營運服務，另稱授權加盟。

◆ 自願加盟(Voluntary Chain)

1.加盟店的設立，所需資金及人力全部由加盟者自行負責，並擁有所有權與經營權。

2.唯部分營運作業須接受總公司輔導管理，如商品、廣告、人力訓練，但加盟店享有較大彈性空間，不一定全盤接受，如85度C咖啡。

四、其他分類

餐廳的類別除了上述較常採用之方式外，有些係以服務對象、餐食內容及消費方式等等方式來分類。

第二節　餐廳的種類

餐廳的類別其分類標準很多，本節僅就國內外常見的商業型餐廳的種類分別逐加介紹：

一、中餐廳（Chinese Restaurant）

台灣各地餐廳林立，其中以中餐廳為數最多（**圖6-9**），也較受人歡迎。中餐廳通常是以地方菜系來分類，係以典雅古色古香之中國宮殿式建築設計為主，建築宏偉，布置華麗，顏色均以暖色系列之紅色、朱紅為主。中餐廳營業時間通常自早上十一點半到晚上十點，服務人員通常係採兩班制。根據統計資料顯示，來台觀光旅客之主要動機除了購物外，最喜歡的是中華美食與地方小吃，如台灣各地觀光夜市之小吃已成為重要觀光景點。

圖6-9　現代中餐廳的格局及餐桌擺設

中國菜有八大菜系：蘇浙、魯皖、閩粵、川湘，各地名菜烹調口味互異。一般而言，係以「東酸、西辣、南淡、北鹹」為地方菜的特色，由於菜系不同，餐廳所需生產製備器具也有差異，因而衍生出不同菜系的各類中餐廳，如台菜餐廳、川菜餐廳或客家小館等。茲將較知名的中餐菜系列表說明如**表6-1**。

表6-1　我國著名地方菜系

菜系	簡稱	特色	代表菜
北平菜	京	1.源自山東菜系，重油脂，口味偏「香、肥、鮮、嫩」，以牛、羊、豬肉為主。 2.擅長拔絲烹調，偏好甜麵醬。	1.滿漢全席、北平烤鴨、炸八塊、涮羊肉、京醬肉絲、拔絲芋頭。 2.點心有杏仁豆腐、鍋貼、蔥油餅。
山東菜	魯	1.有「八大菜系之首」美譽。 2.清香、鮮嫩、味醇，擅長燒、烤、扒、爆等。	九轉大腸、糖醋黃河鯉魚、蔥燒海參及紅燒海螺。
廣東菜	粵	1.係由廣州、潮州、東江三種菜系而成，東江菜即為台灣客家菜。 2.口味偏「酸、鹹、辣、油」。 3.用料最廣，食材最奇特著名。	1.京都排骨、叉燒肉、烤乳豬、扒翅、蔥油雞、滑蛋蝦仁、燻魚、腰果蝦仁。 2.點心有千層糕、燒賣、蒸餃、叉燒包、春捲。
江蘇菜	蘇	1.油重、味濃、糖重、色鮮。 2.以魚、蝦、蟹、鱉、海鮮為主。 3.烹調重紅燒、燜、蒸、燉、烤、炒。 4.江蘇菜重刀工，浙江菜重原汁。	1.炒鱔糊、紅燒下巴、宋嫂魚羹、龍井蝦仁、荷葉粉蒸肉、蜜汁火腿、貴妃雞、西湖醋魚、東坡肉（圖6-10）、紅燒划水、叫化雞。 2.點心有小籠包、鍋貼。
浙江菜	浙		
四川菜	川	1.味重、香、酸、辣著名。 2.烹調法以乾燒、魚香、宮保為主。 3.川菜七味為「酸、甜、苦、辣、鹹」等五味再加上「香、麻」。 4.川味三辣：辣椒、花椒、胡椒。	樟茶鴨、宮保雞丁、麻婆豆腐、紅油抄手、魚香茄子、夫妻肺片、五更腸旺、豆瓣鯉魚、怪味雞及回鍋肉。
湖南菜	湘	1.油重、色濃、重口味、偏香、辣、鮮。 2.食材以家禽類與肉類為主。 3.烹調以煨、醃、燒臘、燉、蒸較專長。	富貴火腿、左宗棠雞、東安子雞、生菜蝦鬆、玉麟香腰、豆豉蒸魚。
福建菜	閩	1.口味較清淡、葷香不膩、注重色調美感，以「紅糟」口味為特色。 2.食材偏重海產、海鮮。 3.烹調以炒、蒸、溜、煨著名。	主要名菜為佛跳牆、紅糟鰻魚、紅糟肉、海蜇腰花、燕丸、紅心芋泥、八寶飯。
台菜	台	1.台菜源於福建菜，兼具粵菜、日本料理之長，口味清淡不油膩、糖少鮮嫩。 2.食材以海鮮、海產、禽肉、豬肉為多。 3.烹調以清蒸、油煎、燉、滷、炸、醃為多。	1.當歸燉鴨、紅蟳米糕（圖6-11）、白片龍蝦、扁魚白菜及一品海參。 2.點心有肉羹、肉粽、擔仔麵、碗粿、蚵仔煎及肉圓等具地方特色小吃。

圖6-10　江浙名菜——東坡肉

圖6-11　紅蟳米糕屬於台菜

台灣夜市小吃

台灣夜市飲食文化獨步全球，為台灣最具地方色彩的庶民餐飲文化。台灣夜市小吃較具特色者計有珍珠奶茶、蚵仔麵線、芒果剉冰、臭豆腐、小籠包、蚵仔煎、鹽酥雞及蔥油餅等，其中臭豆腐、蚵仔煎、雞排榮登十大夜市美食前三名，深受國外觀光客喜愛，為我國觀光吸引力焦點之一。

台灣各地均有夜市，其中以台北士林、寧夏、華西、饒河；台中逢甲；彰化鹿港；台南花園；高雄六合、瑞豐；宜蘭羅東等夜市較具盛名。茲就台灣各地小吃列表介紹如下：

縣市名稱	小吃
宜蘭	三星蔥油餅、鴨賞、卜肉、糕渣及蒜味肉羹
基隆	天婦羅、鼎邊趖
台北市	蚵仔麵線、蚵仔煎、小籠包、雞排及大腸包小腸
新北市	深坑臭豆腐；淡水魚丸、鐵蛋、阿給
桃園	大溪豆干
新竹	米粉、貢丸、肉圓
台中	珍珠奶茶、雞排、大腸包小腸
彰化	肉圓（彰化及員林北斗以北的肉圓是先蒸好再以溫油浸泡；以南縣市則以純蒸的方式，皮軟Q彈）
嘉義	火雞肉飯
台南	鱔魚麵、擔仔麵、棺材板、肉粽、碗粿、鼎邊趖、虱目魚粥、蚵仔煎、安平蝦捲、白河蓮子及官田菱角
高雄	旗津海鮮、岡山羊肉
屏東	萬巒豬腳；東港三寶：黑鮪魚、櫻花蝦及油魚子
花蓮	扁食
台東	池上便當、肉包
澎湖	黑糖糕、海鮮、丁香魚
金門	貢糖、高粱酒
馬祖	魚麵

二、西餐廳（Western Restaurant）

法國菜乃當今全球所公認最具特色的西洋美食，也是時下西餐的主流。不過真正享有「西方烹調藝術之母」（The Mother of Western Cuisine）美譽的是指義大利菜而言，因為當今的法國菜早期係由義大利傳到法國，再經改良而成。

遠在西元1533年義大利十四歲的佛羅倫斯公主凱薩琳．美第西（Catherine de Médicis），嫁給後來成為法王亨利二世（Henri II）的十四歲王子。陪嫁中包括了整班的廚師，為當時的法國引進了極佳的烹飪技術。那時貴族們熱衷美食，鼓勵廚師創新口味，後因平民爭相當廚師為榮，且熱愛美食研究，所以法國菜才能大放異彩，使其發展成當今全世界極具盛名的烹調藝術。

清末民初，我國最早的西餐廳在上海問世，而台灣也在民國23年有第一家西餐廳——波麗路餐廳於台北出現。如今，西餐廳已遍布台灣南北各地，且不斷蓬勃發展中。目前台灣的西餐廳以法式（圖6-12）、義式與美式餐廳為最多，其他菜系西餐廳次之，美式餐廳供食速度快、效率高；歐式餐廳講究用餐氣氛的享受。

圖6-12　法式西餐廳

西式料理最具代表性者首推義大利菜及法國菜。目前在台灣常見的西式料理，摘介如**表6-2**。

表6-2　西式料理美食特色

菜系	特色	經典菜餚
義大利菜	• 偏愛橄欖油，喜歡以番茄、大蒜為配料。 • 北方以麵條、米飯為主，重肉食、乾酪；南方以蔬果、海鮮為主。	義大利披薩、肉醬麵、蔬菜湯、煎烤羊排、米蘭豬排佐紅花飯、佛羅倫斯生蠔、提拉米蘇。
法國菜	• 尊重食材原味、食材地方特色。 • 重視法式料理的精髓——醬汁。	馬賽海鮮鍋、法式田螺盅、勃根地紅酒燉牛肉、普羅旺斯烤羊排、凱撒沙拉。
西班牙菜	• 重視海鮮料理。 • 烹調以油炸、燉煮及燒烤為主。	西班牙海鮮飯、油浸鯷魚、巴斯克烤牛肉、Tapas（下酒菜小吃）。
德國菜	• 北方以海鮮、馬鈴薯為多；南方以肉類、麥類食品為多。 • 重口味，偏好酸甜口味。 • 佐料以香料、白酒、牛油為多。	德國豬腳、德國香腸、各式醃酸菜、茴哥白酒雞、黑森林蛋糕。
英國菜	• 偏愛奶油及傳統爐烤烹調。	爐烤牛肉、皇家清湯、皇家奶油雞、炸魚排薯條、約克夏布丁、蘋果派。
瑞士菜	• 烹調菜色受德、法、義之影響。 • 口味偏鹹。	瑞士火鍋、火烤乳酪馬鈴薯、起士火鍋。
俄羅斯菜	• 烹調口味濃郁，重視冷食。 • 深受法國烹調影響。	羅宋湯、魚子醬、基輔炸雞、醃漬鯡魚、沙威瑪。
美國菜	混合歐陸各國的菜餚特色，且深受英國及美國原住民飲食文化之影響，較多元化。	曼哈頓蛤蠣巧達湯、燒烤豬肋排、紐奧良雞翅、蘋果派及速食。

三、日本料理店（Japanese Restaurant）

日本料理店所供應的料理，係以懷石料理為主，至於日本正式宴會菜則以會席料理為主流。此外，日本料理尚有寺廟供應的精進料理，以及祭典喜慶上的本膳料理。茲將日本料理店的特色介紹如下：

1. 日式餐廳建材以木材為主，顏色偏愛原色調，如黃、黑、白、藍等日式風格。內部裝潢及服務員制服，均以日本傳統文化為主軸，如和服、字畫、盆景。

2.日本料理的特色：清淡、不油膩、量少質鮮、講究盤飾與容器之美（**圖6-13**）。

3.傳統日式料理以壽司、刺身（生魚片）、味噌湯為主；烹調方式講究燒、烤、炸、煮、醃與蒸。食材以海鮮、海產為主，如蝦、鰻。

4.日式料理以懷石料理為代表，其菜單及上菜順序為：前菜→吸物（不加蓋的湯品）→刺身→煮物→燒物（燒烤類）→揚物（油炸類）→蒸物（茶碗蒸）→酢物（涼拌）→御飯→果物（水果）。

圖6-13　日本料理講究盤飾之美

觀光視窗

日本和食——世界非物質文化遺產

日本「和食」強調自然風味之清淡芳香，重視食材與食器之視覺藝術表現，並能配合時序、時令的變化，以陰陽五行五色來善加襯托。如夏天是採藍、白清涼色調；冬天則採溫暖的紅、黃、黑等色系來搭配形塑其烹調料理，因此在西元2013年正式被納入世界非物質文化遺產名錄中。

四、韓式料理餐廳（Korean Restaurant）

近十年來，韓劇越洋而來，在台掀起一股「哈韓」風潮，韓式料理店也快速在台成長，成為國內知名異國風味料理之一。韓國餐飲文化中，較具代表性的料理有泡菜、烤肉、拌飯、火鍋（**圖6-14**）、人參雞、炒年糕及韓式炸雞等。

圖6-14　韓式料理

五、泰式料理餐廳

泰式料理在民國79年由瓦城餐廳首先引進台灣，如今已在國內餐飲市場逐漸崛起（**圖6-15**）。近年來，泰國政府積極推展美食觀光，禮聘法國名廚運用西式烹調技術研發創新改良，將泰式料理注入生活藝術美學的意境，並經由名人行銷，期使泰國美食躍上國際舞台。

茲將此類餐廳的特色介紹如下：

1.泰式料理源自於南洋菜系，融合多國餐飲特色而再創新，其烹調手法深受中式料理的影響，如中國潮州菜對現代泰式料理的影響最鉅。

2.泰式料理的特色為講究「酸、辣、鹹、甜、苦」之五味調和，唯以「酸、辣

圖6-15　瓦城泰式料理餐廳布置

鹹」為主要基本調。因此「香料」和「調味料」，如檸檬葉、香茅、月桂葉、九層塔、南薑粉、咖哩、椰奶、魚露、蝦醬及辣椒醬等辛香料在泰式料理中占極重要的角色。如清蒸檸檬魚、椒麻雞及奶茶等。

3.泰式料理餐廳的格局設計與布置，通常仿襲泰國皇宮及佛寺的建築美學，講究金碧輝煌的金黃色調；餐具杯皿較偏愛錫鋁合金製品。

4.泰式料理餐廳大部分為價格平實、經濟實惠的平價餐廳，但仍有少部分走高價位如瓦城餐廳。

六、其他東南亞餐廳

東南亞國家的風味餐廳，除了最具代表的泰式料理餐廳外，在台灣常見的東南亞料理餐廳尚有下列幾種，摘介如**表6-3**。

七、咖啡廳（Coffee Shop）

咖啡廳最早源於西元1645年義大利威尼斯，後來傳到英國。西元1650年英國牛津出現第一家兼賣簡餐之咖啡屋（Coffee House），此乃當今咖啡廳之起源。

今日的咖啡廳，已成為西餐廳與單一酒店之綜合體，強調氣氛情調之營造。由

表6-3　台灣常見的東南亞料理餐廳

菜系料理	菜系特色	經典菜餚
新加坡料理	新加坡的美食是結合華人、印度人、馬來人及混血華人之飲食特色。由於宗教信仰有回教、印度教、佛教等之別，因此食材以雞、牛、魚、蝦、蟹為主，偏濃、厚、辣。	肉骨茶、海南雞飯、牛肉粿條、星洲炒米粉、蝦捲、炸香蕉及叻沙等。
馬來西亞料理	馬來西亞以馬來人、華人、印度人為多，也是多種族多宗教信仰的國家，因此，其食材料理深受華人及馬來人烹調之影響，偏香辣如沙嗲。	肉骨茶、沙嗲、娘惹糕、椰漿奶油螃蟹等。
印尼料理	印尼終年溫暖多雨，為典型熱帶氣候島國，因此飲食口味偏向濃重開胃及各式辛香料來入菜。	沙嗲、巴東牛肉、雞肉串燒、黃薑飯、蕉葉飯包等。
越南料理	越南因緊鄰泰國，因此食材與泰國較接近，宗教也以佛教為多，食材多以雞、魚、蝦、蟹及海產為主，較少使用牛肉。	越南春捲（皮以米製成，透明、很Q，有點透明）、越式河粉、椰汁豬肉、鴨仔蛋、甘蔗蝦及甜品椰汁西米露、摩摩喳喳。
印度料理	印度料理所用的食材是以羊肉、雞肉及海鮮為主。由於宗教信仰，印度教徒不吃牛肉；回教徒不吃豬肉。烹調特色善用各種香料約八十多種，其口味有酸、甜、苦、辣、嗆、鹹等味道。	印度烤餅、咖哩燒雞、酥烤乳雞。點心有三角形小麵餅——沙摩沙（samosa），是包肉餡、豆子、馬鈴薯或蔬菜的點心；印度奶茶。

於咖啡已成為國人日常生活中不可或缺的一種飲料，因此許多咖啡專賣店或獨立咖啡廳乃應運而生，甚至以連鎖經營方式出現在全台各角落，如星巴克咖啡、西雅圖咖啡、85度C咖啡、cama咖啡及UCC咖啡等即是。茲將咖啡廳營運特性分述如下：

1.咖啡廳與一般餐廳最大的不同點，乃在於餐廳環境的規劃設計，強調寧靜高雅而溫馨的舒適感。

2.一般咖啡廳係以咖啡、甜點、飲料及簡餐為其主要營運項目，正餐較少。至於咖啡專賣店則是以其獨特配方，精心研磨調製的咖啡為主要訴求。

3.咖啡廳消費的顧客，一般以青年人及中年人為多，其消費動機以商務、休憩、談心或聚會為主。

4.咖啡廳營業時間，通常自早上七點開始，一直到凌晨十二點，也有少部分是二十四小時營業，咖啡廳也是國際觀光旅館所附設餐廳中，營業時間最長的餐廳。

個案研究

星巴克咖啡

星巴克咖啡（Starbucks Coffee）創立於1971年，為美國第一家連鎖咖啡店，也是當今全球最大的咖啡連鎖品牌。該店最早是由美國兩位教師及一位作家合資，在西雅圖市中心魚市派克市場旁開設，主要產品是銷售高品質的咖啡豆及咖啡相關器具。1987年始由現任董事長霍華．蕭茲（Howard Schultz）籌資買下星巴克，並引進義式咖啡屋（Italian Espresso Bar）的概念，將星巴克做成美國版的咖啡店，並聘請專家替全球連鎖店進行店內設計，如今已在全球擁有將近20,891間分店，遍布62個國家。

圖6-16　星巴克咖啡

星巴克在1990年代便將其產品市場定位為專賣咖啡美食，其產品組合是以咖啡飲料為主占73%，食品項目如蛋糕、餡皮餅等占14%，咖啡豆占8%以及咖啡設備器具占5%。星巴克為建立優質產品的企業形象品牌，特別在1990年所推出的星巴克使命（Mission Statement）中，明確指出：「建立星巴克成為世界上最好的咖啡食品供應商，並在不妥協原則下，持續成長。」為達成此企業目標，其所採取的措施為：

1.提供一個以尊敬、尊嚴互動的優秀工作環境。
2.以多元化發展作為營運架構之一。
3.實行卓越的高標咖啡品質採購與製備作業。
4.隨時隨地以熱情待客。
5.保護環境，積極回饋所在社區。
6.為確保企業未來成功，盈利是很重要的課題。

為達成星巴克企業營運目標，特別研擬三個基本的經營策略：

1.運用深受市場肯定和信賴的品牌「星巴克」光環。
2.在維持高品質產品服務下，不斷擴大市場占有率並開發新市場。

3.在人們能放鬆心情、閒聊的地方，開設據點銷售咖啡及咖啡體驗（Coffee Experiences）。

星巴克為有效執行其前述經營策略，乃不斷研發新產品及擴展經銷通路。例如：為年輕族群消費者研發推出冰涼和冷凍的特選咖啡飲料、為外食者研發「三明治及預先包裝好的沙拉」午餐方案、以策略聯盟共同品牌的方式與百事可樂合作推出「星冰樂」等新產品，在超市及零售店等處成功地銷售，攻占下另一新市場，此外，為積極拓展行銷通路，星巴克即採異業結盟及聯名品牌的策略，與航空公司、知名書局合作，銷售推廣星巴克咖啡。星巴克也透過書報攤、流動推車或攤位，在各目標市場群集的地方，如機場、大學、會議中心或辦公大樓等廣設銷售點來販賣咖啡及體驗。

綜上所述，星巴克的成功在於其優質的產品服務、明確的市場定位以及卓越的積極經營策略，使得星巴克企業得以迅速成長為今日全球知名咖啡品牌。

1.星巴克咖啡的企業目標及其企業文化有何特色？你知道嗎？

2.為有效執行星巴克的營運目標，你認為其所採取的措施有何特色？

3.請列舉星巴克咖啡成功的要素三項，並分析其致勝原因。

八、酒吧（Bar / Pub）

酒吧最早起源於美國，其英文之原意為「橫木」或「阻礙」之意思，是以銷售烈酒、啤酒或含酒精成分之飲料為主的場所（**圖6-17**）。

十八世紀末葉，世界各地掀起了美國大陸移民熱潮，這批來自世界各地之移民，均帶有各式各樣的家鄉酒前來，由於所攜帶酒源不足，因而產生混合酒與飲料之現象，終於變成今日之雞尾酒，同時「混合酒」也自然成為美式酒吧之最大特色。後來隨著都市的發展，美式酒吧逐漸由簡陋而趨豪華，且將調酒配方作系統介紹與整理後，逐漸流傳至歐洲大陸，而演變成今日所謂的英式酒吧與歐式酒吧，以及中式酒吧——啤酒屋、酒廊。茲分述如下：

圖6-17　酒吧

(一)美式酒吧

美式酒吧最大特色係供應「混合酒」，也是一種較大眾化的酒吧，其設備較粗獷簡陋而不華麗，也無特殊裝潢，例如簡單木料桌椅與吧檯，再以火槍、帽子、馬鞍及極具原野氣息的飾品來裝飾，雖然不怎麼豪華考究，但卻更凸顯出美國德州牛仔那種純真率性與輕鬆自在的個性，這是美式酒吧的特色之一。除此之外，美式酒吧的熱門音樂、Disco舞池及各種運動娛樂設施，如飛鏢場、撞球檯或桌球檯等均是其特色。時下台北街頭深受青少年朋友所喜愛的Pub，大都是這種以自我娛樂的美式酒吧。

(二)英式酒吧

英式酒吧之裝潢較沉穩雅靜，強調原木之材質且不加潤色修飾，沒有瘋狂的搖滾樂或Disco舞池，也沒有過於喧譁的娛樂運動設施，客人可在此輕鬆自由自在的喝酒、閒聊，欣賞英式傳統鄉間農村文物及飾品，沐浴於恬淡幽雅氣氛，宛如置身於英國純樸的鄉野。唯自西元2008年金融危機後，英式酒吧已逐漸沒落，因此英國政府特立法將其列為「社區資產」保護，以防滅絕之危機。

(三)歐式酒吧

歐式酒吧的設計較之前述酒吧更精巧細膩，無論在顏色、燈光及材質，均較強調浪漫的氣氛。這種歐式酒吧除了供應傳統的調酒外，啤酒、烈酒、葡萄酒，以及歐洲人飯後飲用的香甜酒，乃是此類酒吧的另一特色。此外，歐式酒吧牆上的飾品，大都是西洋繪畫，充滿歐洲浪漫風情的此類酒吧，極適合青年男女朋友來這兒談心、聊天，享受一段既高雅又富羅曼蒂克的氣氛。

(四)中式酒吧

中式酒吧是一種結合中國早期茶樓與酒館的特色，並輔以現代西式酒吧的供食服務為營運方式的酒吧。此類酒吧除了供應老人茶、花茶、咖啡及小點心外，尚有時下西式酒吧的各類飲料，如啤酒、烈酒及各種著名雞尾酒。

九、特色餐廳（Specialty Restaurant）

此類餐廳係以某種特色如精緻美食、餐廳裝潢設計、健康養生膳食及獨特餐飲文化等作為其訴求的主題，藉以區隔現有餐飲市場，吸引某些特定的顧客前來消費。特色餐廳主要有下列兩種：

(一)美食餐廳（Gourmet Restaurant / Fine Dining Room）

係較正式的餐廳，客人穿著盛裝赴宴，美食餐廳的主要特色乃在強調精緻美食，菜單菜色種類不多，但具傳統特色菜餚。

美食餐廳係一種完全服務的高檔餐廳，較重視情調氣氛與服務品質，因此價格高，收費不便宜。此外，由於客源特定、投資金額大、收費高，因此營運風險較高。

(二)主題餐廳（Theme Restaurant）

係以某特定主題來吸引其「特定顧客」，例如機器人餐廳、寵物餐廳、棒球餐廳及Hello Kitty餐廳（圖6-18），其客源有限，為某特定消費市場之顧客，如青少年、銀髮族。

主題餐廳係一般餐廳與特色餐廳之混合體，餐廳格局布置以某特定主題來設計規劃。此類餐廳之營運風險較高，須經常留意顧客需求而不斷求新求變，以滿足

圖6-18　Hello Kitty主題餐廳

其特定之需求。

十、速簡餐廳（Fast-food Restaurant）

速簡餐廳又稱為速食餐廳（Quick-service Restaurant），由於社會經濟結構改變、外食人口激增，飲食習慣也因而改變，尤其中午進餐時間甚短，難以有餘裕時間進食，因此速簡餐廳乃應運而生。

(一)速簡餐廳成長的因素

目前速簡餐廳之所以能快速成長，其主要因素可歸納成下列兩方面：

◆消費市場之需求

1.社會經濟結構之改變，人們講求快速服務，不想無謂等候。

2.社會型態改變，單身貴族及上班族增加。

3.飲食習慣改變，追求物美價廉、迅速、衛生之營養餐食。

4.物價上漲，在家烹調有時不如在速簡餐廳用餐來得經濟實惠。

◆生產供應商本身因素

1.由於標準化的菜單，使採購物資項目得以簡化，且大量進貨，可降低生產成本。

2.速簡餐廳不需花費太多的昂貴裝潢及廚房設備，並可節省大筆的人事費用。

(二)速簡餐廳的特性

1.快速便捷的櫃檯式服務；服務快速，約三至五分鐘即可供食（**圖6-19**）。

2.餐廳設計重視空間規劃與動線流程，以利快速服務。

3.餐廳立地位置醒目、交通便利之商圈、車站或商業中心等。

4.以物美價廉、衛生安全的簡餐速食為主，如漢堡、三明治、披薩或中式麵點等。

5.菜單有限，價格低廉，大量使用半成品的食材。

6.標準化作業及自動化設備，節省人力及烹調時間。

十一、自助餐廳（Self-service Restaurant）

自助餐廳最早創始於美國，係專為那些須在外面午餐的人士設置，因此自助餐廳大部分設於工商業中心、辦公大樓或學校機關團體所在地附近。自助餐廳可分

圖6-19　速食餐廳

為歐式自助餐與速簡自助餐廳等兩種，說明如下：

(一)歐式自助餐廳（Buffet）

係指觀光旅館或獨立餐廳的「一價吃到飽」（All You Can Eat / All You Care To Eat）的自助餐供食服務。其特色為菜餚精緻、盤飾美觀，供餐檯布置高雅、氣氛宜人，而其計價係以「人次」為單位，與餐食攝取量多寡無關。

此類餐廳餐食均事先烹調好，分別置於擺設華麗的長條桌或供餐檯上，所有食物均分別依熱食、冷食、甜點、水果之順序排列放置，由客人持盤自行取食（**圖6-20**）。為確保客人進出及服務流程的順暢，此型餐廳均十分重視動線規劃與空間概念設計，尤其是入口處須有相當大的空間。

圖6-20　客人可自行選擇所喜愛的食物

觀光視窗

半自助式服務（Semi-self Service）

半自助式服務餐廳是將主菜菜單如牛排、魚排等提供客人點餐，由服務人員服務，其餘餐點如沙拉、冷食、點心或飲料由客人自行至餐檯取用，是結合桌邊與自助式服務特色的混合服務方式，可讓客人享有桌邊服務的尊榮，也可享有自行取食之情趣，如龐德羅莎、貴族世家等。

(二)簡速自助餐廳（Cafeteria）

係由客人自行從供餐檯取食，再依其所取餐食之類別、數量至櫃檯出納結帳，然後才就座進餐的以「菜量」計價之供食服務方式。

此類餐廳所有餐食均事先裝盛好，分置於供餐檯上，供餐檯一端置空餐盤，另一端置放收銀機，因此餐廳入口處均須留相當大的空間，以供客人排隊候餐。

速簡自助餐廳主要以乾淨、衛生、迅速及經濟實惠為訴求，因此大部分位在商業中心、辦公大樓或學校、工廠附近，有些設於機關、學校團體內，作為員工或學生餐廳。

十二、外賣餐廳（Take-out Restaurant）

此類餐廳營運方式係以外帶為主，客人須親自前往餐廳取餐，再外帶至其他地方享用。外賣餐廳是採櫃檯服務方式為多，其店面空間不大，所需投資資金較少，適於今日房租高漲、地價昂貴的都會區商圈。唯須備有完善的包裝，以利客人外帶，如市面上的速食店、小吃店、冰品飲料店很多均屬之。

十三、外送餐廳（Delivery Service Restaurant）

係指接到顧客訂餐後，負責在指定的時間將客人所點叫的餐食，由專人送達到府或所指定的地方（**圖6-21**）。此類餐廳通常營運面積不大，店址也不一定要在昂貴地段，所需資金較少，營運風險較低，唯須具備外送交通工具及人力。例如達美樂即屬於此類營運方式。

十四、家庭式餐廳（Family-style Restaurant）

此類餐廳顧名思義可知，係一種以家庭成員為招徠對象的餐廳，因此家庭餐廳必須兼具實用性與舒適性兩大功能。易言之，即一方面可解飢餵飽，另方面又能享受家庭般的溫馨舒適氣氛。此類餐廳的特性摘述如下：

1.菜單項目可供選擇不多，唯其內容經常變化創新，藉以滿足不同年齡客層之需求。

2.價格平實、經濟實惠的大眾化平價餐廳。

圖6-21　肯德基餐廳為創造營收，也提供外送服務

3.餐廳環境舒適溫馨，能享有家庭的用餐氣氛。

家庭餐廳最大的特性係以提供專業的服務、良好的價值，以及經濟實惠的收費來吸引消費者，其形象較之速食餐廳高。在經濟不景氣的時代，它可招徠原在豪華特色餐廳的顧客前來消費。目前市面上常見的加州風洋食館（Skylark）（圖6-22）、樂雅樂（Royal Host）、時時樂（Sizzler）均是例。

圖6-22　家庭式餐廳——加州風洋食館

十五、休閒式餐廳（Casual-dining Restaurant）

休閒式餐廳是一種完全服務的高級餐廳，唯其訴求乃在追求愉悅舒適的用餐環境與高品質的美食享受。此類餐廳其地點大多位於大都會區、風光明媚的風景區、海濱或知名渡假中心（圖6-23），其主要特性為：

1.高雅的裝潢設計。
2.舒適的情趣氣氛。
3.多元的風味料理。
4.專業的服務水準。
5.合理的價格收費。

圖6-23 休閒式餐廳

十六、鐵板燒餐廳（Teppan-yaki Cooking Restaurant / Griddles Restaurant）

鐵板燒起源於十五、六世紀，為西班牙人所發明，後來再由日本人引進日本，加以改良為今日的日式鐵板燒。其特色為：

(一)開放式廚房的餐廳格局設計

早期傳統式鐵板燒餐廳之裝潢擺設，其用餐環境相當簡樸，不過目前除了平價鐵板燒餐廳外，現代化的鐵板燒餐廳已極力突破原有給人的刻板印象，重視內部裝潢設計，結合歐美高級餐廳的造型陳設，以凸顯高級餐廳的特色。現代高級鐵板燒餐廳的格局規劃，通常將餐廳區隔成大眾小吃區及貴賓宴客房兩大部分，分別設有多張鐵板燒料理檯來為客人作現場烹調服務。

(二)產銷一元化的現場烹調供食服務

鐵板燒廚師之主要職責，除了根據客人點菜單，烹調出精緻美味的佳餚外，也會適時運用周邊設備配合其專業技能，展示表演其精湛純熟優美的切割烹調技巧（**圖6-24**）。這是一種相當有效的促銷法，因此鐵板燒廚師之角色除了掌廚外，尚肩負銷售與服務之多重任務，可謂標準的「產銷一元化」作業。

圖6-24　鐵板燒餐廳可欣賞廚師現場烹調技能

(三)烹調方法變化少，使用的食材較固定

傳統式鐵板燒是一種變化較少的料理，其烹調方式大部分局限於煎、炒、燒、烤等方法。至於所使用的材料也非常固定，諸如牛排、海鮮等材料。現代鐵板燒餐廳則在料理材料方面摻雜了一些法國菜及日本料理常用的食材，以增加菜餚的變化。

(四)標準化作業之烹調技藝

鐵板燒餐廳所使用的材料，均須事先加以清洗、切割成各種標準化份量與規格，並將各種辛香料、佐料、調味料及備品，井然有序安放在料理檯上，這是一種有效的另類展示。

當所有準備工作完成後，身穿雪白亮麗服飾的廚師，即依客人所點菜單，以純熟優雅動作，不疾不徐，如藝術家般地舞動著刀叉器皿，最後再將這些烹調好的美食，依序裝盛盤飾分送給客人。廚師在整個操作過程，不但力求流暢，更強調優雅熟練的動作與親切溫馨的桌邊服務，期使客人能在輕鬆愉快的氣氛下享用一頓美食。

(五)東西餐飲文化結合的供食服務

日式鐵板燒烹調法事實上係將西餐煎板爐烹調術改良演變而成。至於鐵板燒傳統材料如牛排、海鮮等，也是西洋料理之食材，目前有些高級鐵板燒餐廳，為增加菜餚之變化，除了引進法國菜之田螺、鵝肝外，更加些能夠快速烹煮的日本料理及中國料理的食材與調味料。至於套餐定食供食方式，也依循西餐上菜流程，如湯、生菜沙拉、熱主食、甜點、水果、飲料等依序供食服務。

十七、炭烤餐廳、蒙古烤肉餐廳（Bar-B-Q Restaurant）

「蒙古烤肉」一詞英文稱之為Barbecue，簡稱為Bar-B-Q。其語源係來自海地語，原意係指在野外或戶外，以架子炙烤豬、牛全牲的意思，現代人則將此字也引申作為炙烤的食物或餐廳。民國60年代，此種戶外野炊流動攤販美食開始進入餐廳，並仍沿用「蒙古烤肉」之名稱迄今。此類餐廳其特色為：

1.蒙古烤肉燒烤區之格局規劃，係採開放式廚房或半開放式的格局設計，這是整個餐廳的生產中心，也是蒙古烤肉最吸引人的展示區。

2.蒙古烤肉餐廳所標榜的菜餚，係以牛、羊、豬、鹿以及禽肉等為主，有些餐廳另增闢現代歐式自助餐、酒吧及涮燒火鍋，以迎合不同客層的需求。

3.蒙古烤肉是否香嫩可口，除了客人本身的選料、調味，以及油水、肉菜搭配比例是否適當外，事實上也與廚師經驗、火候控制，以及與餐廳所供應的肉類品質與切片厚薄有關。

4.蒙古烤肉餐廳為凸顯其主題餐廳特色，有些是以塞外大漠風情為依歸，如蒙古包的餐室、戈壁沙漠的壁飾彩繪等，使賓客宛如置身塞外，別具一番情趣。

十八、會員俱樂部餐廳（Club Member Restaurant）

所謂「會員餐廳」係指一種會員俱樂部餐廳，其餐膳與飲料之行銷對象，主要是針對該俱樂部的會員及其眷屬親友。它係一種以特定客源為服務對象的餐廳，而此客源必須具有會員資格者本人或其邀請對象，始能准予入內消費，享受餐廳設施與服務。

會員餐廳的特性主要有下列幾點：

1.必須繳交一筆入會費，另外尚須支付一定金額的年費、季費或月費。
2.餐廳服務對象為具會員資格者本人及其親友。
3.會員餐廳大部分均附屬於各式俱樂部（**圖6-25**）。
4.會員餐廳係一種強調安全性、舒適性、私密性的高雅寧靜社交聯誼場所。
5.會員餐廳所提供的是一定專業水準的優質餐飲服務。
6.會員餐廳大部分均訂有每月最低消費金額，如果會員當月消費的額度不足額，部分會員餐廳會規定仍須繳交此定額費用。
7.會員餐廳的會員以男性居多，會員間的教育程度較高，一般均為大專以上程度。至於會員的職業則以工商企業的主管階層最多，其次是專家、學者、醫師或工程師。例如：台北環球金融俱樂部、台北世貿聯誼會等均是。

圖6-25　會員俱樂部的酒吧

十九、宴會廳、婚宴廣場（Banquet Room / Banquet Hall）

宴會是現代觀光旅館主要營業項目之一，因此各大型旅館均設有各種大小不同的宴會廳，最小可容納數十人，最大則可容納千人以上，這些宴會廳係提供社會人士舉辦各類會議、展覽、發表會、酒會、慶典活動或喜慶宴會之用（**圖6-26**）。目前大型觀光旅館宴會廳的業務，通常係由宴會部此專責單位，來統籌規劃宴會作業之訂席、菜單設計、場地規劃布置及安排接待工作。

一般大型觀光旅館宴會廳均有下列設備，如麥克風、音響、空調系統、隔音設備、照明設備、視聽設備、同步翻譯、講台、平台、告示牌、黑板、旗座、國旗及桌椅等。

宴會會場布置之型式有：正式會議、圓桌會議、馬蹄型會議、矩形會議、梯形會議、U字型及T字型等七種。為配合各型會議之需要，會場布置方式亦異。

圖6-26　宴會廳喜慶宴會擺設

Chapter 7 餐飲業的組織與部門介紹

- 第一節　餐飲業的組織
- 第二節　餐廳各部門的溝通協調
- 第三節　工作說明書與工作條件
- 第四節　餐飲從業人員的職掌

為因應餐飲消費市場的需求，以及面對跨國籍餐飲業之競爭壓力，餐飲業者必須未雨綢繆早做準備，因此務必在營運管理上精益求精，在內部組織上力求企業化、系統化，使其在既定目標下共同努力，發揮集體效能。

第一節　餐飲業的組織

餐飲業為提供顧客優質產品服務，除了須仰賴專精人力外，更須有強而有效率的組織來規劃與管理。本節將為各為介紹目前現代化餐廳的內部組織，期使各位對餐廳之組織與各部門工作性質能有一正確的概念。

一、餐飲業的組織設計目的

餐飲組織系統的規劃設計，其主要目的計有下列幾點：

(一)展現經營型態及營運規模

經由餐飲業的內部組織系統圖，可看得出該餐飲企業組織之營運規模大小。

(二)使員工瞭解個人工作權責及升遷管道

餐飲組織系統圖可使員工瞭解個人工作權責，及其未來可能升遷管道，進而扮演好自我角色。

(三)展現餐飲組織的指揮系統及指揮幅度

餐飲組織系統圖可顯示主管有效督導部屬的人數，並使員工瞭解隸屬關係及與同事間之相互關係。

(四)作為餐飲企業人事管理的利器

餐飲組織圖是一種餐飲企業人事管理的工具，除了可供員工即早做好職涯規劃外，也可供人力資源部在員工甄選、訓練、獎懲、考核及薪資等作業建置上發揮最大效能。

二、餐飲組織的基本結構

餐飲組織的基本結構可分為簡單型、功能型、產品型及矩陣型等四種，茲分述如下：

(一)簡單型組織

此型餐飲組織係屬於一般小型、傳統式經營的組織（圖7-1）。它係一種集權式領導的扁平化簡易組織。其優點乃決策者能統一指揮，能夠針對問題予以有效率地立即處理；其缺點為資訊、資源均不足，風險也較大。

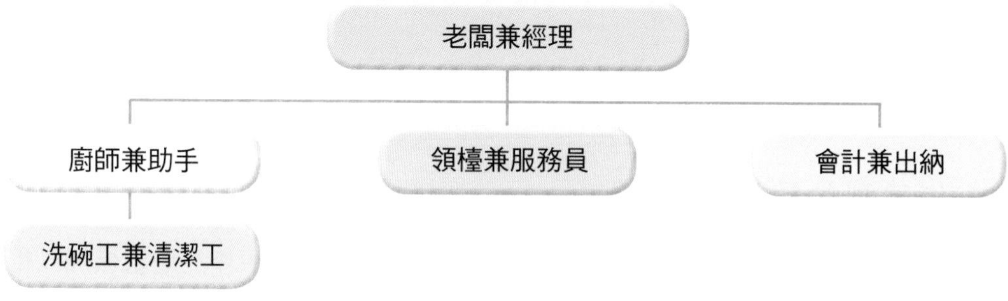

圖7-1　小型餐廳的簡單型組織圖

(二)功能型組織

此型為具高度專業化的部門組織，另稱職能式或專職式組織。係依工作內容、工作性質來劃分，如餐廳部、餐務部、廚務部等即為此類結構（圖7-2）。易言之，此為一種部門化的專業結構組織，適於大型旅館餐飲組織或規模較大的現代餐廳。此類結構之優點為便於統一指揮、直線管理、節省成本，具高度專業化，營運效率佳，唯其缺點為橫向聯繫弱、部門本位主義較強，易忽視整體目標。

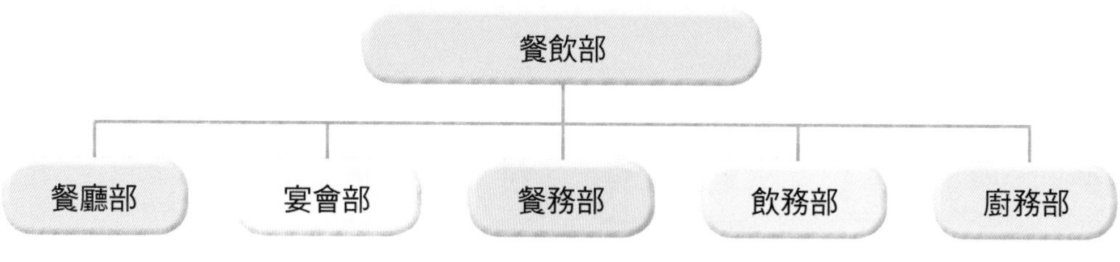

圖7-2　觀光旅館餐飲部的功能型組織圖

(三)產品型組織

此型係依餐飲產品內容來劃分，如冷廚房、熱廚房、點心房（**圖7-3**）。其優點為有利於專精產品研發及行銷、權責分明，盈虧易見，成敗責任明確，無法推諉；其缺點為人員、設備重複編列，欠缺水平整合功能，徒增營運成本以及資源的浪費。

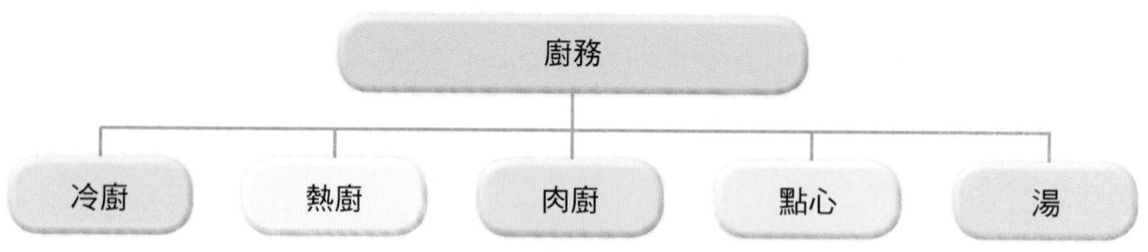

圖7-3　大型西餐廳的產品型組織圖

(四)矩陣型組織

此型係一種「混合型雙權結構」組織，是將前述功能型、產品型組織加以相結合，取長補短之組織結構。例如餐務部之人力，有些是來自餐廳部，有些是來自廚務部，本身基本編制人力不多，僅主管或部分幹部而已，其餘人力均依任務之需，暫借調其他部門人力來支援（**圖7-4**），目前國內觀光旅館餐飲部門的組織大部分均屬於此類組織。

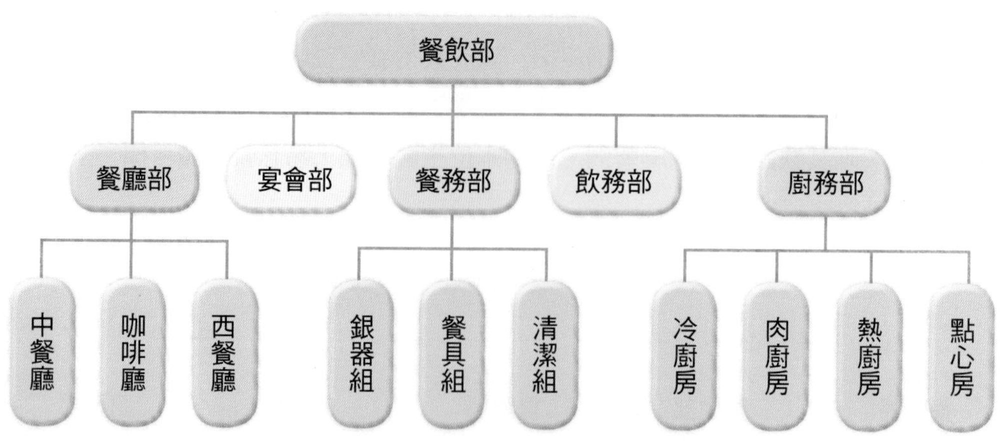

圖7-4　國際觀光旅館餐飲部的矩陣型組織圖

三、餐飲組織部門

餐廳之種類繁多，且本身營業性質及規模大小亦異，因而內部組織系統不盡皆然，但一般而言，大型餐廳尤其是觀光旅館附設之餐廳，通常可分為外務部門（Front of the House）與內務部門（Back of the House），下設餐廳部、飲務部、宴會部、餐務部、廚務部、採購部、財務部、管制部、庫房等九大部門（**圖7-5**）。茲將各部門職責簡介於後：

(一)餐廳部（Dining Room Department）

係負責飯店內各餐廳（Dining Room）食物及飲料的銷售服務，以及餐廳內的布置、管理、清潔、安全與衛生，內設有各餐廳經理、領班、領檯、餐廳服務員及服務生。

(二)飲務部（Beverage Department）

係負責餐廳內各種飲料的管理、儲存、銷售與服務之單位。

(三)宴會部（Banquet Department）

係負責接洽一切訂席、會議、酒會（**圖7-6**）、聚會、展覽等業務，以及負責會場布置及現場服務等工作。

(四)餐務部（Steward Department）

負責一切餐具管理、清潔、維護、換發與餐具破損率、庫存量控管等工作，以及下腳廢物處理、消毒清潔、洗刷炊具與搬運等工作。它係在餐飲內外場居中協調的後勤支援工作。

(五)廚務部（Kitchen Department）

係負責食物、點心的製作烹調、食品成本控管與申領，以及標準食譜之擬定；協助宴會之安排與餐廳菜單之擬定。

(六)採購部（Purchase Department）

負責飯店內一切用品、器具之採購，凡餐飲部所需一切食品、飲料、餐具及

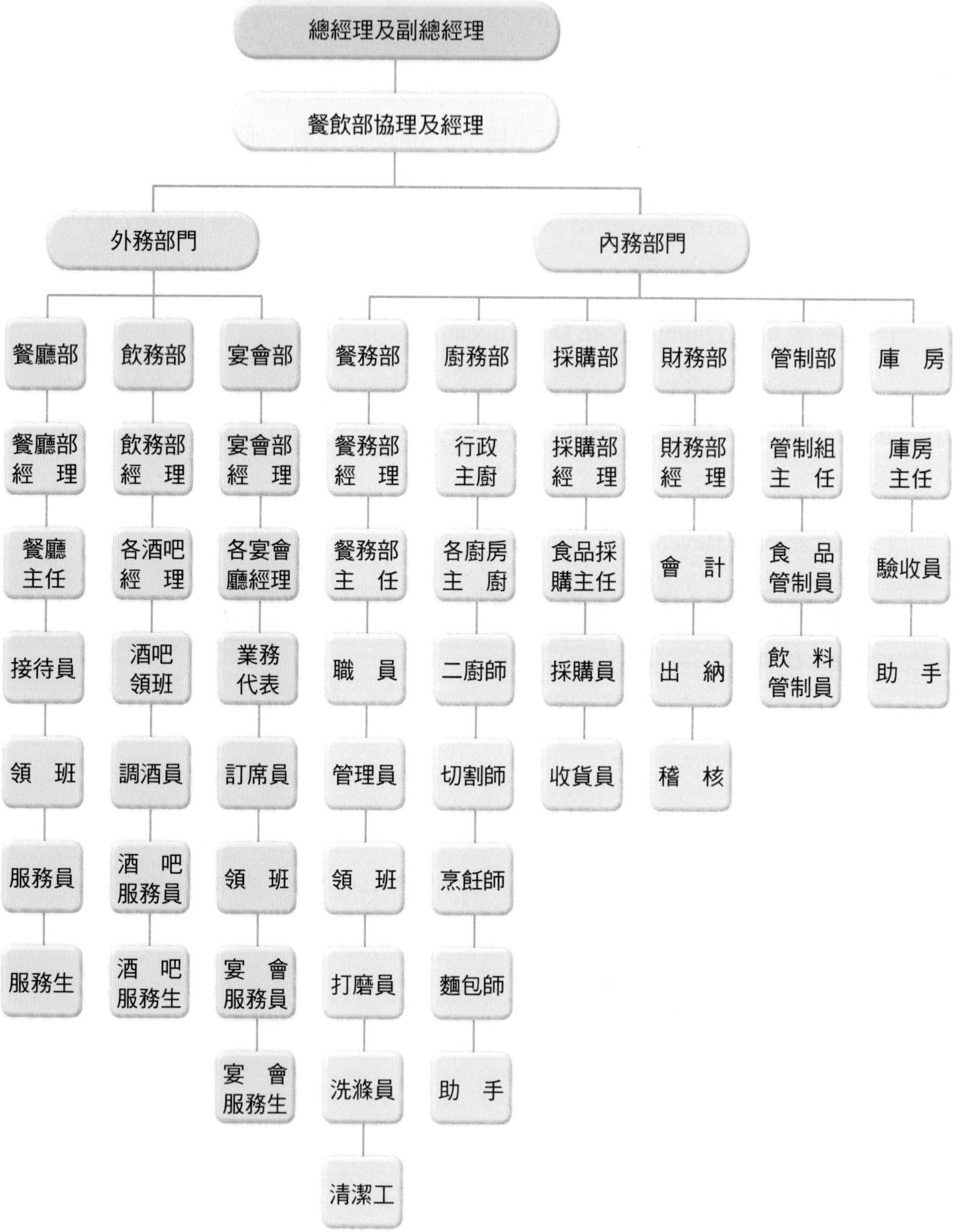

- 總經理及副總經理
  - 餐飲部協理及經理
    - 外務部門
      - 餐廳部：餐廳部經理 → 餐廳主任 → 接待員 → 領班 → 服務員 → 服務生
      - 飲務部：飲務部經理 → 各酒吧經理 → 酒吧領班 → 調酒員 → 酒吧服務員 → 酒吧服務生
      - 宴會部：宴會部經理 → 各宴會廳經理 → 業務代表 → 訂席員 → 領班 → 宴會服務員 → 宴會服務生
    - 內務部門
      - 餐務部：餐務部經理 → 餐務部主任 → 職員 → 管理員 → 領班 → 打磨員 → 洗滌員 → 清潔工
      - 廚務部：行政主廚 → 各廚房主廚 → 二廚師 → 切割師 → 烹飪師 → 麵包師 → 助手
      - 採購部：採購部經理 → 食品採購主任 → 採購員 → 收貨員
      - 財務部：財務部經理 → 會計 → 出納 → 稽核
      - 管制部：管制組主任 → 食品管制員 → 飲料管制員
      - 庫房：庫房主任 → 驗收員 → 助手

圖7-5　大型旅館餐飲組織系統圖

圖7-6　酒會會場的布置、擺設及服務為宴會部職責之一

日用品等均由此單位負責採購之。此外，採購部尚負有審理食品價格、市場訂價及比價檢查之責。

(七)財務部（Financial Department）

財務部係負責餐飲部之營收控管、餐飲成本控制分析、財務報表及預算編製，以及採購驗收等工作。此部門包括：會計、出納與稽核等單位，為旅館的獨立部門，僅負責支援旅館各部之出納與會計，並不歸餐飲部所管轄。

(八)管制部／管理部（Control Department）

負責餐飲部一切食品及飲料之控制、管理、成本分析、統計報表及預測等工作。它不直屬於餐飲部，為一獨立作業單位，直接向上級負責。唯大型旅館若設有財務部，則上述工作係由財務部負責。

如果係一種獨立餐廳則管制部之職責除了上述各項外，還負責兼管人事、工務、行銷與倉儲等事宜。至於較大型企業化經營的餐廳如連鎖經營的餐廳，則另加設獨立部門的人事、工務、行銷、企劃與會計等單位，以利多元化的經營管理。

(九)庫房（Storeroom）

負責倉儲作業如驗收、儲存、發放等工作，並確保餐廳標準庫存量以及庫房的安全維護。

第二節　餐廳各部門的溝通協調

現代化餐廳其餐飲服務品質的高低及餐廳營運之成敗，乃端視餐廳各部門間能否在共同目標下，同心協力、分工合作、相互協調，發揮最高團隊精神而定。茲就餐廳各部門間的相互關係分述如下：

一、餐廳與廚務部的關係

餐飲部最重要的兩大主幹就是外場的餐廳與內場的廚務部。餐廳外場服務員將客人點菜單送進廚房，再由廚房人員據此製備餐食，委由餐廳外場人員端上桌服務，在此供食服務過程中，均須仰賴內外場人員分工合作，密切聯繫配合始能竟功，否則只要任何一方稍有疏失，則會影響到餐飲服務品質，進而影響整個餐廳的聲譽與形象。

二、餐廳與餐務部的關係

餐務部係隸屬於餐飲部，其主要職責除了適時供應餐廳、廚房等各部門生產、銷售、服務所需的各種生財器皿外，也肩負這些器皿之清潔、保管與維護之責（**圖7-7**）。所謂「工欲善其事，必先利其器」，任何一家餐廳如果沒有高效率的餐務後勤部門來支援的話，絕對難以奢言高品質的服務，因此不論是餐廳或廚房均須與餐務部保持密切的合作關係，尤其是在特殊節慶或重大宴會時，更應事先聯繫相互協調溝通，以確保器皿供貨渠道暢通。

三、餐廳與宴會部的關係

宴會部的主要職責係負責餐廳一切訂席作業，以及各類會議、酒會、展覽等業務之接待、安排、會場布置與現場服務工作。為使前述業務能發揮預期效能，餐

圖7-7　餐具的清潔維護為餐務部之職責

廳部必須經常與宴會部互通訊息，維持良好和諧關係，以利人力、物力之相互支援與工作調配，並可確保餐廳服務品質達一定水準（圖7-8）。

圖7-8　餐廳為維持其服務品質，須經常與宴會部保持密切聯繫

四、餐廳與飲務部的關係

飲務部係專門負責餐廳各種酒類和飲料的銷售、服務與管理。餐廳為確保酒類飲料能適時、適量、準確地上桌服務客人，必須仰賴飲務部門，尤其是在大型酒會、茶會或特別重要宴會時，餐廳外場工作人員須事先就宴會性質、客人特別需求，告知飲務部準備，並經常保持密切聯繫。尤其在高品質服務的豪華餐廳，客人對酒、水服務所要求水準較高，或是大型宴會進行中可能會發生的突發情況，均須飲務部隨時互通有無，相互支援。

五、餐廳與採購部的關係

餐廳為研發新產品、開發新菜色，並掌握市場廠商資訊，餐飲部必須經常與採購部聯繫。採購部主要職責除了負責餐廳內一切食品、飲料、餐具、日用品及其他各種物料、備品等之採購事宜外，尚須適時提供生產單位市場新產品及各種最新商情。

為確保餐飲服務品質及餐廳的正常運作，採購部除了必須依餐廳經理與主廚事先共同研商擬訂的物料規格、進價、尺寸與數量來負責採購外，尚須確保供應商貨源充足且能如期交貨。為使餐飲採購工作能符合餐廳營業方針並配合正常營運，因此餐廳經理、主廚必須經常主動與採購部保持密切聯繫。

六、餐廳與財務部及管理部的關係

為使餐廳營運工作能順利達到預期目標，餐廳必須與財務部及管理部經常保持順暢的溝通聯繫管道，每日營業收入與收支報表須按時送繳，以利財務成本分析與控制。

至於餐廳設施與設備如有待維修，管理部工程人員，一接到餐廳請修通知，須立即設法予以解決，以利餐廳的正常營運，並可有效防範餐廳意外事件之發生，使餐廳服務品質維持在一定水準之上。

七、餐廳與庫房的關係

餐廳所需各項物品事先均須建立標準採購規格及需求量，以便採購部門採購及庫房的管理。通常庫房的物料存儲均訂有一標準庫存量，一般為四天至一週，以免因庫存量太多，造成資金閒置與庫房管理的困難，但庫存量也不可太少，以備不時之需。

第三節　工作說明書與工作條件

餐飲服務業類別不同，服務對象也不同。為使餐廳員工明確瞭解其職責與工作內涵，通常均備有工作說明書，期使員工能順利完成所賦予的任務，進而扮演好在餐飲職場的角色。

一、工作說明書

工作說明書（Job Description）係一種書面工作執掌表，也是一種資格任用書，通常由餐廳經理或其直屬主管所擬定，每年必須修改一次，以符合實務需求。

(一)工作說明書的意義

所謂「工作說明書」，係一種書面工作職掌表，摘述工作者擔任是項職務時，所應負責的主要工作項目及相關資訊（**表7-1**）。因此一份完整的工作說明書，至少須包括下列幾項：

1.工作部門職務，如職稱、頭銜。
2.工作職責、工作項目。
3.直屬主管，如領班、主任。
4.工作與其他部門間之相互關係。
5.工作所需資源、設備摘述。

(二)工作說明書之功能

工作說明書之功能，可分別就員工及管理者等兩方面來加以探討：

◆就員工而言

1.能讓新進員工或剛調任此職務之員工，即可明確瞭解其工作要項及工作規範，有穩定員工情緒、安定員工生活作息之效益。

表7-1　工作說明書範例

揚智餐廳工作說明書　　編號：001
日期：　年　月　日

工作職務：餐廳領檯
工作部門：咖啡廳
直屬主管：咖啡廳經理
工作職責：■接待迎賓、引導入座、安排席位。
■營業前負責檢查餐廳環境及餐廳布置。
■負責餐廳入口環境之整潔。
■協助領班督導餐廳服務員工作。
■其他上級交辦事項。
設備資源：■餐廳平面圖。
■無線對講機。
相關部門：■須與餐廳部訂席組密切聯繫合作。
■須與廚務部聯繫，瞭解菜單內容。
■隨時與櫃檯出納、領班相互聯繫。
工作條件：■高職或大專觀光、餐飲、餐旅系畢業。
■身高158公分以上。
■身心健康、能吃苦耐勞。
■諳英、日語。

2.能使員工瞭解其權責，增進其工作效率與榮譽感。

3.能使員工瞭解其上班時間、工作範圍、工作時間及待遇，以降低人事流動率。

4.能使員工瞭解順利完成某工作的必要條件、技能或特點，以利自我進修。

◆就管理者而言

1.可作為公司招募、聘任員工之依據。

2.可供主管考核員工表現之參考。

3.可供作為員工加薪、升遷、考核之標準。

4.可供作為辦理員工教育訓練課程之教材。

二、工作條件、工作資格說明

工作條件（Job Specification）係指工作人員為扮演好其所擔任的工作，所應具備的工作資格說明、工作特質與要件，可分先天的特質與後天的條件兩方面（**圖7-9**）。

(一)先天的特質

1.儀表。
2.身高。
3.體型。
4.性別。
5.年齡。
6.個性。
7.智力。
8.反應。
9.人格。

圖6-9　餐飲工作人員應備的特質

(二)後天的條件

1.學歷、教育程度。
2.語言能力。
3.實務經驗。
4.專業知能。
5.敬業態度。

第四節　餐飲從業人員的職掌

今日的餐飲業，經營管理已走向科學化、企業化的管理，講究分工合作，重視分層負責。為了達到其經營目標，務必明確將各部門工作職責予以界定，使所有餐飲從業人員均能瞭解其工作職責，進而扮演好其職場上之角色（**圖7-10**）。

一、餐飲管理階層

餐飲管理階層主要係指內外場的最高階管理者，如餐飲部協理（Director of Food & Beverage Division）、經理（Manager / Directeur de Restaurant），以及廚務部行政主廚（Executive Chef）等。

圖7-10　餐飲從業人員應善盡職責，扮演好職場的角色

(一)餐飲部協理、經理

觀光旅館餐飲部協理其職權相當大，責任也十分重，其工作範圍涵蓋整個餐飲部門之內、外場，其工作時間為責任制，並無明確下班休假時間。為使餐飲部營運順暢，必須經常與旅館各部門經理溝通協調，並對外建立良好公關，以利業務之拓展。其主要工作職掌摘述如下：

1.負責餐飲部營運管理、銷售預測、營運計畫擬定，以提高營運業績。
2.負責餐飲產品之研發、品管及價格擬定。
3.負責餐飲服務標準作業流程之規劃、員工之教育與訓練。
4.負責顧客關係之建立、顧客抱怨或偶發事項之處理，以提升服務品質，建立良好企業形象。

(二)餐廳經理

為使餐廳達到最有效率之營運，因此他必須負責擬定餐廳營運方針，並督導所屬員工澈底執行營運計畫，加強品管，並且與各部門保持密切聯繫與協調，以提供客人最好的精緻美食與溫馨舒適的進餐環境。其主要職責分述如下：

1.務使餐廳在有效率情況下營運，且隨時提供良好服務。

2.負責管理所有餐廳工作人員，以及新進人員教育訓練。

3.根據各項營業資料來預測銷售量，安排員工工作時間表。

4.擬定餐廳營運方針、營運計畫與業務推廣。

5.顧客抱怨事件之處理。

6.其他臨時交辦事項及偶發事件之處理。

(三)行政主廚

觀光旅館或大型獨立餐廳，其廚房規模相當大，除了各餐廳專屬廚房外，尚有設置「中央廚房」（Central Kitchen），其業務相當繁重，因此通常設有行政主廚一名、行政副主廚（Executive Sous Chef）一至二名來協助處理相關廚房業務。行政主廚之位階相當於餐廳經理，但其待遇卻高於經理，可見其在餐飲業之地位是多重要（**圖7-11**）。其工作職責為：

圖7-11　行政主廚

1.負責餐飲部所有廚房的行政管理、人事任用與考核工作，其本身並不負責廚房實際烹調工作。

2.負責廚房生產作業標準化作業之擬定、建立標準食譜、標準成本與價格之制定。

3.負責餐廳廚房菜單設計及產品之研發創新。

4.負責廚房成本控制與人事、行政費用之控管。

5.其他臨時交辦事項。

二、餐飲執行階層

餐飲執行階層係指實際負責餐飲接待、銷售服務及餐食製備工作事宜者。可分為外場與內場兩部門。

(一)外場餐飲服務人員之職責

◆領班（Captain / Head Waiter / Maître d'Hôtel）

1.主要任務：負責轄區標準作業維護，督導服務員依既定營業方針努力認真執行，使每位客人得到最友善之招呼與服務。

2.主要職責：

(1)熟悉每位服務員之工作，並予以有效督導，協助訓練服務員。

(2)營業前，應檢查桌椅是否布置妥當、是否清潔。

(3)負責為客人點叫餐前酒或點菜、飲料之服務。

(4)領班對客人帳單內容要負責核對並確認無誤。

(5)桌面擺設、收拾之檢查督導。

(6)負責員工值班輪值、工作勤惰考核以及準備工作之分配。

(7)處理顧客抱怨事件。

◆領檯、接待員（Hostess / Reception / Greeter）

1.主要任務：領檯為餐廳第一線人員（**圖7-12**），其職責為務使每位客人能被親切的招呼，而且迅速引導入座，並負責餐廳入口處之環境整潔督導。

圖7-12　領檯為餐廳第一線人員

2.主要職責：

(1)負責接聽電話訂位、訂席工作。

(2)面帶微笑親切引導客人入座。

(3)協助領班督導服務員工作。

(4)營業前須檢查餐廳桌椅是否均整潔且布置完善。

(5)熟悉餐廳之最大容量，瞭解現場座位安排及擺設方位。

(6)須瞭解每天訂席狀況，盡可能熟記客人姓氏。

◆服務員（Waiter, Waitress / Chef de Rang）

1.主要任務：熟悉餐飲服務流程與技巧，完成標準作業程序，以親切之服務態度來接待顧客。

2.主要職責：

(1)負責餐廳清潔打掃，安排桌椅及桌面擺設（**圖7-13**）。

(2)檢查服務檯（Service Station）備品是否齊全整潔乾淨。

(3)熟悉菜單，瞭解各種菜餚特色、成分、烹調時間及方式，能適時推銷，並為客人點菜，將菜餚送至客人餐桌。

(4)當客人用餐結束前，應將帳單準備好，並核對總額是否正確，將它置放

圖7-13　服務員負責桌面擺設

餐桌桌面客人右方，帳面朝下。假設無法確認誰是主人時，則可將帳單擺在餐桌中間靠近桌緣之中立地帶為宜；若男女同桌進餐，除非客人事先言明分開付帳（Go Dutch），否則須將帳單置於桌面男性客人右側為宜。

(5)瞭解且遵循帳單之作業處理程序。結帳時，需先請問客人是否需要公司統一編號，通常餐廳是不接受個人支票付款。

◆服務生或練習生（Bus Boy / Commis de Rang）

1.主要任務：輔助餐廳服務員，以確保餐廳順利的運作，達到最高服務品質。

2.主要職責：

(1)工作時宜穿乾淨、整潔、合適的制服。

(2)確保工作區域之整潔及衛生。

(3)檢查營業所需餐具器皿如杯盤、刀叉匙、布巾等備品之數量是否足夠，調味料罐是否乾淨、是否均已裝滿。

(4)為客人倒冰水。

(5)收拾客人用畢之盤碟及銀器，並負責搬運送洗工作。

(6)將服務員所交訂菜單送入廚房，再將所點的菜餚自廚房端進餐廳。

◆其他

國際觀光旅館餐飲部或高級西餐廳，尚設有下列服務人員，其職責如下：

1.調酒員（Bartender）：餐廳酒吧調酒員之主要工作，乃為客人調製各式雞尾酒。

2.葡萄酒服務員、葡萄酒侍（Wine Waiter, Wine Steward, Wine Butler, Chef de Vin, Sommelier）：負責為客人服務餐前酒、佐餐酒或飯後酒，尤其是各類葡萄酒的供食服務，如開瓶、過酒、開立酒單等。

3.現場切割員（Trancheur）：負責高級西餐廳現場烹調車之肉類切割服勤工作。

4.客房餐飲服務員（Chef d'Etage）：負責客房餐飲服務的工作人員。通常觀光旅館均設有此類的「客房餐飲服務」（Room Service），應客人要求送餐至房間，一般以早餐較多。此工作隸屬於餐飲部或客房餐飲服務部。

(二)西餐內場廚房工作人員及其職責

西餐廚房工作人員除了管理階層僅負責行政督導的行政主廚外，其餘西餐廚房人員及其主要職責，說明如**表7-2**。

表7-2　西餐廚房人員工作職責

職稱	工作職責
主廚（Chef）	1.負責菜單之製作及食譜之研究創新。 2.每日菜單之各項食品定價擬訂。 3.檢查食物烹調及膳食準備方式是否正確。 4.檢查食物標準份量之大小。 5.檢查採購部門進貨之品質是否合乎要求。 6.須經常與餐飲部經理、宴會部經理及各部門經理聯繫協商。 7.負責廚房新進員工之訓練及員工考評。 8.負責廚房人事之任用及調配。 9.參加例行餐飲部會議。 10.直屬行政主廚或餐飲部經理。
副主廚（Sous Chef）	負責協助主廚督導廚房工作，其任務與工作職責與主廚相同。
廚師（Station Cook）	1.負責食品烹飪工作。 2.爐前之煎煮工作。 3.各種宴會之布置與準備。 4.檢查廚房內之清潔、衛生與安全。 5.工作人員調配及品行考核。 6.申領廚房內所需一切食品。 7.直接向主廚負責。
冷盤廚師（Cold Food Cook／Grade-Manager）	1.負責冷前菜、開胃菜（Hors d' oeuvre）、點心的製備與盤飾。 2.酒會、自助餐會等冷盤之製備展示。 3.協助冰雕與蔬果雕之切雕工作（**圖7-14**）。
燒烤廚師（Roast Cook／Rotisseur）	1.負責廚房西餐魚、肉類的炭烤、燒烤工作。 2.負責高架烤箱（Broiler）、鐵柵架烤爐（Grill）等之燒烤事宜。
蔬菜廚師（Vegetable Cook／Entremetier）	負責所有蔬菜、沙拉等之製備工作。
魚類廚師（Fish Cook／Poissonier）	負責魚類、海鮮的烹調與處理工作。
醬汁廚師（Sauce Cook／Saucier）	1.負責醬汁及各式淋料的製作與調配。 2.另稱熱炒師，兼負熱炒、高湯及排盤工作。
切肉師（Butcher）	1.負責烹調前肉品的處理及切割工作。 2.各類菜單之選料及準備工作。 3.直接向主廚負責。
麵包、糕點師傅（Baker／Pastry Cook）	1.負責製作及供應餐廳蛋糕、麵包、甜點及點心（**圖7-15**）。 2.申請所需物品及製作數量之報告。 3.直接向主廚負責。

（續）表7-2　西餐廚房人員工作職責

職稱	工作職責
幫廚（助手） （Assistants）	1.搬運清理及準備工作。 2.收拾剩品及整理工作。 3.副食品及布置品之布置工作。 4.其他，如蘇打房飲料、咖啡、冰淇淋之調製、水果切雕等工作。
學徒（Apprentice）	負責打雜及配合廚師完成交辦工作。

圖7-14　冷盤廚師負責蔬果切雕

圖7-15　糕點師傅所製備的蛋糕點心

(三)中餐內場廚房工作人員及其職責

中餐廚房工作人員職稱與編制不一，乃視餐廳菜系、產品與廚房規模而異。通常初學入門均由洗滌、打雜開始，再學習切、炒、蒸、煮等工作，由於工作職責不同，其職稱也異，茲就一般中餐廚房組織編制人力，摘述如**表7-3**。

表7-3　中餐廚房人員工作職責

<table>
<tr><th colspan="2">職稱</th><th>主要職責</th></tr>
<tr><td colspan="2">主廚
（領班主廚）</td><td>係旅館餐廳個別廚房內場主管，負責行政管理、菜單研發、食譜創新、標準份量及定價，為廚房內場實際負責人。</td></tr>
<tr><td colspan="2">副主廚</td><td>係由資深廚師擔任，協助主廚控管廚房作業，其職責與主廚一樣。唯礙於人力精簡，並非每一廚房均有設置此人員。</td></tr>
<tr><td rowspan="7">廚師</td><td>爐灶師傅</td><td>1.爐灶師傅係負責廚房烹調製備，如炒、蒸、煮、炸、烤等爐灶工作，也是廚房烹調最重要的主角。
2.爐灶師傅可分為頭爐、二爐、三爐、四爐、五爐等級。
3.爐灶師傅由於所掌管的爐灶功能不同，也另稱為炒鍋、候鑊、掌灶。</td></tr>
<tr><td>砧板師傅
（切割師）</td><td>1.砧板切割為中餐烹調技術的基本工，也是廚師入門的必經階段。
2.負責食材進貨、切配菜餚等前置作業，並對餐食原料的成本與份量進行控管。
3.負責肉類切割者稱之為紅案；負責海鮮、魚貨、家禽宰殺者另稱為水台師。
4.砧板師傅也分為頭砧、二砧、三砧等職級。此外，砧板師另稱墩子、案墩或砧檯。</td></tr>
<tr><td>排菜師傅</td><td>1.負責協助爐灶烹調工作的雜務，如排菜、盤飾、上菜控管，以及內外場傳遞聯繫。
2.須反應快、動作敏捷，且有藝術美學之盤飾能力。
3.排菜師可分為頭排、二排、三排等職級。
4.排菜師有時須協助搬運菜餚及協助爐邊清潔工作，此工作另稱打荷或料清。</td></tr>
<tr><td>點心師傅</td><td>1.負責中式點心、麵食、甜點之製備工作，俗稱白案，類似西餐的烘培師（**圖7-16**）。
2.點心師傅可分為頭手、二手等職級。</td></tr>
<tr><td>蒸籠師傅</td><td>負責廚房各類蒸、燉、煲及高湯菜之製備，另稱上什或水鍋師傅。</td></tr>
<tr><td>燒烤師傅</td><td>負責廚房燒烤食材之製備，如烤鴨、烤乳豬。</td></tr>
<tr><td>冷盤師傅</td><td>負責廚房冷盤切配、水果切雕或冰雕等事宜。</td></tr>
<tr><td colspan="2">學徒、助手</td><td>負責協助師傅處理烹調作業相關的雜事，如醃漬、上漿、清潔、搬運等工作。</td></tr>
<tr><td colspan="2">清潔工、洗碗工</td><td>負責廚房鍋具、餐具、碗盤的清洗，以及廚房工作環境的清潔打掃工作。</td></tr>
</table>

圖7-16　點心師傅

三、餐廳工作人員時間之分配

由於餐廳種類繁雜且性質不一，因此餐廳經營時間也就不同，其所屬員工之工作時間安排隨之而異。不過一般餐廳其排班大多以三班及二班制為主，即早班與晚班，或早、中、晚三班，但均採輪班制。客房餐飲服務人員採全天候機動性排班，與其他餐飲單位輪班制不太一樣。

茲將目前一般國際觀光飯店各餐廳人員工作時間列表如**表7-4**。

表7-4　一般國際觀光飯店各餐廳人員工作時間表

部門別	工作時間
咖啡廳	1.早班：上午6:30～下午2:30。 2.中班：中午12:00～下午8:00。 3.晚班：下午4:00～晚上12:00。
酒吧	1.早班：上午10:00～下午6:00。 2.晚班：下午5:00～晚上12:00；或下午6:00～凌晨1:00。
正式西餐廳或牛排館	1.早班：上午10:30～下午2:30；下午5:30～晚上10:30。 2.晚班：中午12:00～晚上9:00。
廣東菜兼茶樓及供應早餐	1.早班：上午7:00～下午2:30；下午5:30～晚上10:30。 2.晚班：下午2:00～晚上12:00。
江浙、川菜、湘菜館	1.早班：上午10:30～下午2:30；下午5:30～晚上10:30。 2.晚班：中午12:00～晚上9:00。
宴會廳	上班時間不一定，視當日所訂之宴會表為實施依據。
註：1.目前有些餐廳除了上述正常營運時段外，為增加營收，尚增列下午茶2:30～5:00，以及宵夜9:00～12:00。 2.有部分餐廳則採二十四小時全天候營運。	

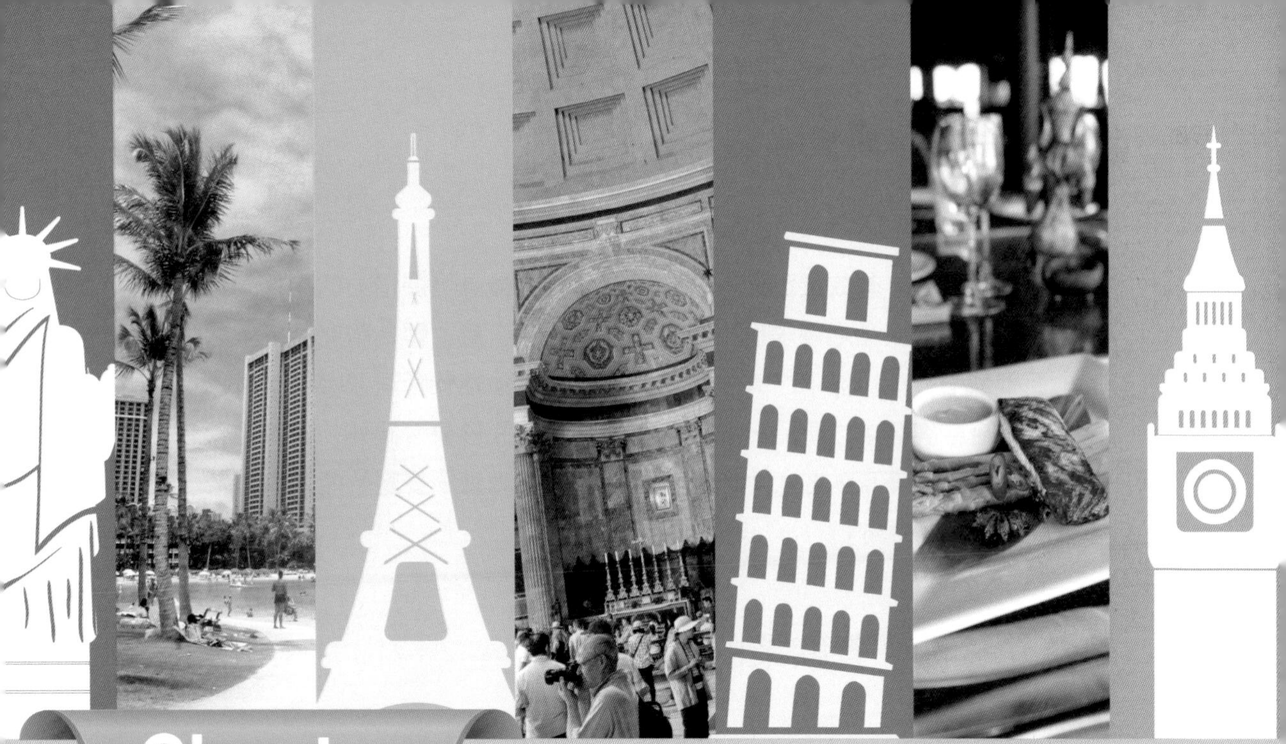

Chapter 8 餐飲業的經營概念

- 第一節　餐飲業的經營理念
- 第二節　餐飲業的管理
- 第三節　餐飲成本控制與分析
- 第四節　餐飲業經營管理的問題

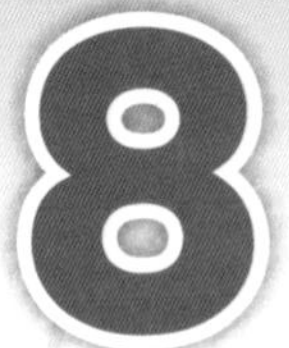

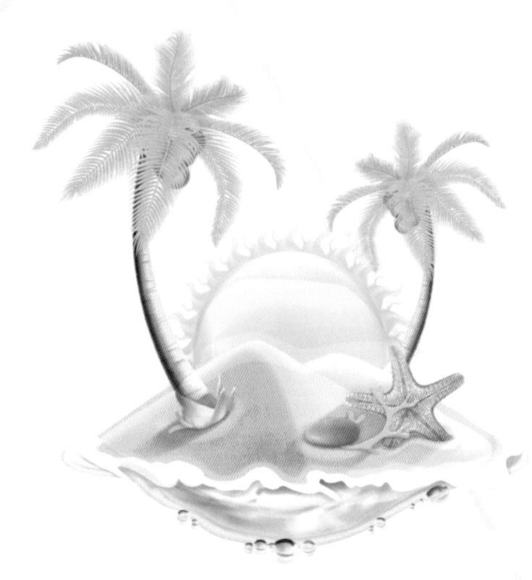

近數十年來，餐飲業不斷快速成長，已成為最具發展潛力的現代企業，再加上人們對於餐飲產品之需求也由昔日追求溫飽的「量」轉為講究「質」的享受。面對此餐飲消費市場需求之轉變，餐飲業者須加強經營管理並發展其特色，始能生產出符合顧客需求之產品，進而建立企業之良好形象。此外，餐飲經營者必須瞭解，唯有員工滿意，客人才會滿意；唯有顧客滿意，餐廳始能永續經營，因為「餐廳是為顧客而開」。

第一節　餐飲業的經營理念

餐飲業入門容易，前景無限美好，不過若欠缺正確的經營理念，想要維持餐飲業之正常營運並不容易。每年有很多新餐廳開業，但也有為數不少的餐廳倒閉，究其原因無他，由於缺乏正確營運理念。任何一家餐廳要想成功經營，其營運理念必須可行，且能符合市場需求，否則難以倖存於此競爭激烈的餐飲市場。

一、建立餐飲企業文化，以達永續經營的目標為使命

餐飲管理者的使命，乃在建立優質的企業文化，將企業的生命力予以綻放出光芒，以達永續經營的目標。茲分述如下：

(一)確立餐飲業營運目標與企業文化

餐飲業經營者須先確立具體可行的營運目標，再設法建立企業內部文化，始能引導全體員工為實現企業目標而共同努力。

所謂「企業文化」係指餐飲組織內部員工的行事風格、倫理道德、價值觀，以及團隊任事態度與服務意識等而言，此企業組織文化乃企業的生命與精神。若餐飲企業欠缺此具生命力的文化氣息及氛圍，則如同僅具硬體的軀殼而已，將難以永續經營發展。

(二)以「創造顧客、奉獻顧客」為使命

餐飲業者及其從業人員，均須有一種強烈「顧客導向」的服務意識，能夠本著「餐廳是為顧客而開」，顧客才是員工真正的老闆，並以「創造顧客的滿意度」為己任，以此自我期許（**圖8-1**）。

圖8-1　餐廳是為顧客而開，以創造顧客滿意度為使命

(三)建立「以客為尊，以服務顧客為榮」的服務觀與價值觀

餐飲業者及其全體從業人員須建立一種正確的職業價值觀，以本身工作為榮，自己的工作是在服務別人、幫助別人，貢獻社會一己之力。因此，餐飲服務人員的工作本質，並非僅是端盤子或倒茶水，而是以主人身分歡迎客人來訪，創造他們美好的體驗與回憶。

二、信守「QSCV」的經營理念

歐美餐飲業之所以成功，主要原因乃其全體從業人員均有一種共同的理念，即堅持「品質」（Quality）、「服務」（Service）、「清潔」（Cleanliness）及「價值」（Value）等四大營運理念來服務社會消費大眾。

(一)品質

係指餐飲產品之品質、口味，不但要鮮美、精緻化外，更要講究健康，力求高纖、低熱量、低膽固醇、低脂肪、低鹽和低糖，即「一高五低」，並講究食安及有機食材，如重視食材的產銷履歷。因此業者必須針對顧客偏好與需求，據以研發新菜單，慎選食材，推出新菜色，以創造更高的顧客滿意度。品質係由顧客來認定，因此餐飲品質除了須符合顧客需求外，更要超越其預期認知價值，始具意義。

(二)服務

所謂「服務」係指針對顧客的需求，適時提供適切貼心並滿足其所需的高品質服務而言。服務人員令人愉快的笑容與親切的服務態度，常常會叫人受寵若驚，念念不忘，留下難以忘懷的溫馨體驗。反之，如果服務人員表情冷漠、傲慢，即使設備多豪華、佳餚多美味，也會令人不敢恭維，甚至引起客人不滿而抱怨。因此，餐飲業須加強員工教育訓練，培養服務意識，提升服務水準。

(三)清潔

「清潔衛生」為餐飲業最基本的成功要件，除了食品本身的清潔衛生外，餐飲人員與進餐環境之衛生也相當重要（**圖8-2**）。為達此目標，餐飲業者須特別加強餐飲安全衛生，如建立危害分析重要管制點（Hazard Analysis and Critical Control Points, HACCP）制度來加強控管。除了餐廳、廚房及廁所環境整潔外，服務人員清潔亮麗的制服及良好的個人衛生工作習慣均甚重要。

(四)價值

餐飲業者除了應詳加估算成本外，須能以標準化、規格化的一致性精緻產

圖8-2　清潔衛生的環境為餐廳成功的要件

品，一視同仁地服務或提供給顧客，以符合目標市場顧客的關鍵需求，並比市場競爭對手表現優異，不斷地增強軟硬體服務品質，如燈光、裝潢、色調、造型及個別化服務等來創造附加價值。使消費者在享受美食佳餚之際，能感受產品之價值感，甚至覺得物超所值或CP值高，此乃價值感的真諦，也就是所謂「顧客價值」（The Customer Value）。

三、連鎖餐廳經營的三S

連鎖經營的餐廳必須具有本身的特色，始能符合消費者之需求，獲得當地消費者的認同。因此須做到「三S」，即簡單化（Simplification）、標準化（Standardization）、專業化（Specialization）。

(一)簡單化

所謂「簡單化」係指餐廳菜單要專精且具特色，種類可不在多但要品味高，儘量單純化、簡單化；餐飲服務流程要簡便、流暢；餐飲組織要扁平化，在提供顧客方便之原則下，力求單純化、透明化之經營管理，以節省人力、物力，減少成本之支出與浪費。

(二)標準化

所謂「標準化」係指菜單價格標準化、生產製備作業標準化、標準食譜之建立，以及服務作業流程之標準化。例如鼎泰豐餐廳的小籠包，其標準規格為每籠10粒，每粒封口外觀均18摺，重量均為21公克（**圖8-3**）。透過一系列的規格化、標準化，不僅可確保一致性水準的服務，更可提高服務品質、增加工作效率，更能降低營運成本，進而提升餐廳在餐飲市場之競爭力。

(三)專業化

所謂「專業化」除了人力資源要專業化，以提升服務效率與服務水準外，餐食內容更要專精、有特色，始能創造吸引力焦點。基本上餐飲料理之供食服務，務須做到「熱食要熱、冷食要冷、冰品要冰」。

為了滿足顧客之需求，許多高級餐館在供應熱食前，均會先溫杯、溫盤碟，若是冷食冰品，也會先冰杯、冰盤碟，其目的乃在提供客人專精之服務。今後餐廳

圖8-3　標準化規格產品的小籠包

未來的發展趨勢，此類專門店、專賣店之餐廳將是另類主流。強調主題特色乃未來餐飲業營運管理之重點。因此自餐廳企劃概念、地點、菜色料理、餐廳裝潢一直到服務人員服裝等餐廳產品，須力求一致性、專業化特色。

四、餐廳成功的要件

一家成功的餐廳務必要能敦親睦鄰，並善盡企業對社會的責任。此外，尚須具備下列各要件：

(一)良好的地點

餐廳成功與否，最重要因素首推「地點」。若地點適中，交通方便且為目標消費市場所在地，則客人便泉湧而至；反之，客人將因地點不便而裹足不願前往。所以，餐廳通常是位居交通便利的地方，或群集於商業中心為多。

(二)明確的餐廳品牌定位

餐廳品牌定位須明確，能符合並滿足其目標市場消費群之需求始具意義，也較有競爭力。例如高價位特色美食餐廳或低價位大眾化平價餐廳、主題餐廳或一般餐廳，特定對象或家庭式餐廳等，這是運用產品差異化的餐飲行銷策略。

(三)合理的價格

價錢是否合理，是否享有等值的服務，乃顧客最關切之一項因素，所以餐廳訂價須注意合理利潤外，其價格須顧客能接受，始具意義。若因為求高利潤，不思如何降低成本，反而一味將價格抬高，勢必會嚴重影響餐廳生意。

(四)精緻創新的美食

美酒佳餚、健康美食乃客人進入餐廳之主要目的，因此餐廳之菜單須不斷推陳出新，研擬各式菜單，如養生菜單、美容瘦身菜單、穆斯林菜單及兒童菜單，以滿足各階層人士之不同口味需求，唯菜單美食的開發不可偏離餐廳主題或其產品定位。

(五)高雅的裝潢

餐廳之裝潢須具有特殊風格，最好能配合其餐廳本身之性質，如傳統歐式餐廳以西式建築配合古色古香文化色彩之壁飾為主，講究鄉土文化，使客人享有一種特別之感受。

(六)柔美的氣氛

氣氛宜高雅，布置要講究，使客人置身其間有一種舒適之感。為加強氣氛，可藉由燈光、音樂、照明、盆景、色彩以及屏風來襯托（**圖8-4**）。

(七)重視成本控制及質量管理

餐飲業者須不斷提升其產品的質量，以增加營收外，更應確實控管成本，以防杜成本浪費之缺口。

(八)動線流暢的格局

餐廳格局的好壞將影響餐廳本身之營運，尤其是對於動線之劃分、空間之運用、大門之設計，均須特別注意。

(九)親切有效率的服務

「服務」乃餐廳之第二生命，沒有服務即無餐廳可言，為提高餐廳之營運，每家餐廳無不以提高服務品質為號召，藉著快速、有效率的親切溫馨之服務來爭取顧客之好感。

圖8-4　餐廳布置力求高雅，可藉色調、燈具照明及盆景來營造氣氛

(十)安全方便的停車

現代工商業發達，人人幾乎均以汽車代步，停車問題已逐漸成為影響顧客是否前往餐廳的重要因素，因此餐廳在設立之初，必須考慮客人停車問題，否則將會影響餐廳生意。

個案研究

鼎泰豐小籠包傳奇

鼎泰豐原為經營油行，民國69年始轉型為小吃店，該店創始人楊紀華董事長秉持以人為本的精神，堅持「品質、服務、美食」等三大信念，尤其是對品質永不妥協的堅持，終於創造出今日鼎泰豐小籠包的傳奇。至今該店版圖已跨越十一國，足跡遍及香港、日本、新加坡、馬來西亞、印尼及美國等地，其中香港鼎泰豐早在2009年已榮獲米其林一星殊榮。最近更榮獲美國美食網站The Daily Meal膺選為2013年亞洲最佳的101家餐廳第一名寶座。

鼎泰豐楊董事長認為：服務業最辛苦的不是別的，而是在於「服務」。為堅持品質乃要求其員工提供客人最好的服務，不待客人開口即能主動提供客人所需的服務或東西，有時候餐廳生意太好，服務人員來不及服務客人時，楊老板還親自出來幫忙接待服務，以身作則來打造以人為本的企業服務精神與品牌形象。

「品質是企業的生命，品牌是企業的責任」，唯有堅持品質，方能成就品牌。為堅守鼎泰豐對其產品服務的承諾，該店在生產、銷售、服務之作業流程上，均力求標準化、人性化及制度化。每項產品的製備，自原料篩選、食材烹調製備，一直到上桌服務，均層層品質控管嚴加把關，若沒有達到標準絕不送上客人餐桌服務。例如：該店規定每粒小籠包均為18克的內餡、5克的麵皮、18摺的外觀，以此標準作業（SOP），力求製作標準化；服務方面能提供置物架給客人放置隨身物品、主動提供溫開水給孕婦、能以外語與外國旅客親切溝通；在經營管理上能設置品研部門針對門市部稽核及環境檢測，並輔以獎懲考核制度來管理。為嚴加控管上菜順序及速度更自行研發POS系統，使點菜銷售作業系統科技化。為了讓客人能吃出美味與健康，該餐廳也相當重視餐飲衛生條件，其生產製備的中央廚房已獲得行政院衛生福利部HACCP認證、門市SGS自主衛生管理認證。

餐旅服務業最大的資產是「人」，唯有優秀的人力資源方能創造出優質的服務品質。鼎泰豐之所以在服務方面能受到顧客極高的評價，究其原因乃十分重視選才、育才及留才。楊老板對待員工視如己出，非常珍惜人才。該公司除了高薪聘用員工並給予優渥福利外，更重視員工訓練與身心發展。因此，公司內部設有「樂活部」聘請「樂活諮詢師」提供員工心理健康輔導及學習壓力管理。此外，在各分店及中央廚房還分別設置專業視障按摩師，讓員工經由按摩得以紓壓提高工作效率。此乃鼎泰豐能由當初的小吃店蛻變為今日世界知名餐飲品牌的祕辛，也是其成功的祕訣。

1.鼎泰豐何以能創造出今日米其林一星的傳奇及亞洲最佳百大餐廳之寶座榮譽，你認為其成功的原因為何？

2.你認為鼎泰豐在生產製備作業方面最大的特色是什麼？

第二節　餐飲業的管理

為發展餐廳特色，提升餐飲服務品質，建立餐飲產業在市場的獨特品牌形象，藉以強化在市場的競爭力，因此餐飲業者均十分重視餐飲管理。

一、餐飲管理的意義

所謂「餐飲管理」係指針對整個餐飲生產、銷售、服務等系列相關活動及作業流程之管理。易言之，就是以現代管理科學的方法與技術，透過「計畫」、「組織」、「選任」、「指揮」、「協調」和「控制」等管理程序，靈活運用在餐廳管理、廚房管理、倉儲管理、物料管理、人事管理、財務管理及行銷管理等方面而言，其主要目的乃在充分運用現有資源，避免無謂浪費或損失，進而使其發揮最高邊際效用，創造最優質之產品與服務，從而使餐飲企業獲得最大且合理的利潤。

二、餐飲管理的範圍

現代餐飲管理的範圍所涉及層面甚廣，主要可分為餐廳管理、廚房管理、物料管理、餐務管理、設備管理、財務管理、人事管理及行銷管理等八大類，分述如下：

(一)餐廳管理

餐廳係顧客進餐的場所，因此一家優異的餐廳其應具備下列五大要件：

1.精緻美食的營養佳餚。
2.完善純熟的誠摯服務。
3.安全衛生的品質保證。
4.高雅舒適的便捷環境。
5.價格合理的等值服務。

以上五大要件乃餐廳管理的基本目標，易言之，即為餐廳管理的主要精神所在。

(二)廚房管理

廚房是食品菜餚烹調製備的主要場所，廚房作業管理的好壞，不但直接影響到餐飲成本及膳食品質，間接上也影響到餐飲行銷及餐廳形象，因此廚房管理工作相當重要。為求有效管理，須製訂各項標準化作業，如標準食譜、標準份量、標準產出、標準採購、成本控制，甚至物料管理、人事安排、餐務管理等作業流程，也應建立標準作業規範，如此才可達到廚房作業之有效管理（**圖8-5**）。

(三)物料管理

餐廳物料管理的基本任務，是確保餐飲營運所需要的各種物料，能適時、適量、適質、適價，經濟合理且成套齊全地供應餐廳營運所需，進而達到餐飲企業經營管理的目標。為確保物料品質避免因過期所造成的損耗浪費，須採用先進先出法（First In, First Out, FIFO）來發放。至於如何使餐廳營運所需物料在營運政策指導下，支援供應有關部門，確保經營活動正常運作，則有賴健全的「採購、驗收、儲存、發放」此物料管理作業。

(四)餐務管理

餐務管理的主要功能，乃負責供應整個餐飲部門內外場所需的餐具、物資、設備，以及相關服務或生產的器皿，以全力做好後勤行政支援，確保餐飲製備與服務等整個供食作業流程能順暢運作，進而使餐飲生產力與服務質量得以提升。

圖8-5　標準食譜與標準份量為廚房管理主軸之一

餐務部雖非營業單位，但其重要性卻不容置疑，如果餐務管理工作不當，不但會影響整個餐飲供食服務的品質，也會增加生產器材之損耗浪費，間接影響餐飲成本與利潤之營收。

(五)設備管理

所謂「設備管理」係指設備自選購、進貨、驗收、安裝、試車、使用、保養維護、修理、報廢或調撥出售，一直到更新為止等過程的系列管理活動。

餐飲設備管理是提高餐廳服務質量的必要條件，沒有良好的現代化餐飲設備，如何奢言提供顧客高品質的服務？因此為提高餐廳生產及服務品質，務必先做好設備管理工作。事實上加強設備管理，除了避免無謂浪費與損失外，也是餐廳改善經營管理，提高經濟效益，邁向現代化、國際化的重要途徑。

(六)財務管理

所謂「餐飲財務管理」，它是餐飲管理的神經中樞，係指開辦餐廳所需各項資金的籌措運用、預算編列管制、成本的計算與控制，以及利潤分配或資金再運用等系列活動或事務的管理。如購置土地、添置設備、生財器具（**圖8-6**），以及在正式營運中如生產、銷售、分配等與資金有關問題的規劃、執行與控制。

圖8-6　餐廳生財器具及裝潢設備所需資金的籌措運用為餐飲財務管理的職責

(七)人事管理

《論語》云：「為政在人」。人是一切事業的基礎，尤其是餐旅業係一種極重視人為服務的行業，因此若無訓練有素的優秀服務人員，誠難以提供客人「賓至如歸」的高品質服務。

語云：「事在人為，財在人用，物在人管」，可見若離開「人」即無「管理」可言，因此管理成效的好壞，則端視管理人員素質良窳而定。至於人事管理的範疇不外乎：甄選、任用、考核、獎懲、教育與訓練，即選才、用才、育才及留才，其中以「選才」為最重要，也是人事管理的首要工作。

(八)行銷管理

所謂「餐飲行銷管理」，係指餐飲業者針對消費者——顧客，對餐飲消費方式之喜好與需求事先調查研究，再據以開發研擬菜單、投資生產設備、美化進餐環境與設施、提供高品質服務，藉以刺激吸引顧客蒞臨消費，進而滿足雙方共同的需求。

近年來，由於社會消費意識高漲，因此行銷觀念已由單純為滿足消費者需求之行銷導向，慢慢演變為尚需兼顧保護消費者與社會福利需求之社會行銷導向。例如目前許多餐廳開始重視環保教育、辦理敦親睦鄰活動，並參與鄰近社區的公益活動，如為照顧弱勢團體而辦的街友尾牙，以分擔部分社會責任，此乃現代社會行銷導向之例證。

三、餐飲管理的目的

餐飲管理的目的乃在創造品牌形象與優質產品服務，以達餐飲企業營運目標。茲說明如下：

1.運用企業化、科學化的管理，取代傳統家族式的管理，以應現代化、國際化餐飲管理之需。
2.建立標準化作業管制系統，以目標管理提高工作效率，降低營運成本。
3.確保餐廳營運所需物料能適時、適量、適質供應，以利正常運作。
4.確保餐廳廚房作業流暢，以提高餐飲生產製備之質量。
5.運用激勵與溝通建立內部共識，發揮餐飲團隊力量，開創餐廳本身特色。

6.提供顧客營養衛生之精緻美食，以滿足客人視覺、味覺等生理之需求。

7.提供顧客完美純熟之專業服務，使客人有賓至如歸溫馨之感，以滿足其心理之需求。

8.發展餐廳特色，建立獨特品牌與良好形象，以強化市場競爭力，並使餐廳得以永續經營（**圖8-7**）。

四、餐飲管理的方法

餐飲管理的方法可分兩大階段，即「規劃」與「執行」。

1.規劃階段：確定目標（Establishing Goals）、擬定計畫（Formulating Plan）、擬定標準作業程序（Formulating Standard Operating Procedure）與確定作業時程（Establishing Operating Scheduling）等步驟。

2.執行階段：組織編組協調與訓練（Organizing and Training）以及執行管制與評鑑（Controlling and Evaluations）等步驟。

圖8-7　餐廳須發展特色始能永續經營

第三節　餐飲成本控制與分析

為確保餐飲企業能順利運作，進而達永續經營之目標，餐飲業者必須針對有限的人力、財力、物力等資源，運用餐飲成本控制系統來加以管制，以發揮資源之共效。

一、餐飲成本控制的意義

「餐飲成本控制」係指對餐飲成本的規定與限制而言。易言之，乃指餐飲企業運用完善的管制系統，將餐飲企業從先前準備、採購、製作生產直至銷售服務之整個營運作業，以系統管理方法作整體的分析與規劃，以避免不必要的耗損、漏失與浪費，藉以降低營運成本，並適時作必要即時的修正，以提升餐飲服務質量，確保企業有限的各項人力、物力資源，達到最大的效益。

事實上，餐飲成本控制就是一種事前控制、過程控制及事後控制之成本管理系統。尤其強調事前控制，透過此控制系統來掌控整個餐飲營運，確保餐飲質量，減少錯誤與耗損，力求降低成本，提升品質，進而提高餐飲市場競爭力與占有率，此乃餐飲成本控制的意義與精髓。

二、餐飲成本的類別

為了學術研究與計畫成本控制，並便於分析餐飲營運管理績效，茲將餐飲成本分為下列兩大類：

(一)依結構而分

◆**物料成本**（Material Costs）

係指餐飲業製作菜餚、食品、飲料等產品的材料成本而言（**圖8-8**）。

◆**薪資成本**（Compensation Costs）

係指餐飲生產及營運過程中一切勞務支出費用，如薪津、工資、加班費、健保費、勞保費、退休金、員工餐費及紅利等。

圖8-8 餐飲物料為直接成本須嚴加控管

◆費用成本（Expense Costs）

係指餐飲生產銷售及營運管理所需支出的原料、勞務等費用外之其他行政管理費用，如水電費、營業稅、租金、利息及設備折舊等費用均屬之。

(二)依成本控制而分

◆可控成本（Controllable Costs）

係指在短期間內，餐飲成本管制人員能加以控制或改變數額的成本。如食品飲料的材料成本、變動成本或半變動成本均屬可控制成本，至於某些固定成本，如辦公費、行政費、差旅費及廣告費也屬可控成本。餐飲成本當中，此類成本所占比率為最大，因此須嚴加控管，此為成本控制的主要訴求。

◆不可控成本（Uncontrollable Costs）

係指在短期內，餐飲成本管制人員無法改變或難以改變的成本，如維修費、折舊費、利息支出及編制內職工固定工資等均屬之。

單項食品淨料成本計算方法

公式❶單項食品淨料成本＝毛料總值／淨料重量

公式❷單項食品淨料成本＝（毛料總值－下腳料總值－廢料總值）／淨料重量

公式❸單項食品淨料率＝淨料重量／毛料重量×100%＝1－耗損率

公式❹食品耗損率＝耗損重量／毛料重量×100%

公式❺單項食品的售價＝該項食品的成本／食品成本率
＝該項食品的成本／（1－食品毛利率）

公式❻單項食品成本＝A成分數量×單價＋B成分數量×單價＋C成分數量×單價……

說明：

1.毛料：係指採購單位自市場所選購進貨的食品原料，尚未經加工處理的原料。

2.淨料：係指菜餚或食品的原料，已歷經初步洗滌、切割或半加工處理完畢，可直接供作烹調食品的材料，也是組成菜餚、食品的直接原料，稱之為淨料或標準生產材料，此淨料成本的高低將直接影響菜餚成本的高低。

3.下腳料：係指原始材料經初步加工處理後，所切除或捨棄不用的材料，仍可作為其他食品之用，它們仍具有相當程度營運銷售之價值。

4.廢料：係指採購進來的原料經初步加工或切割處理後所遺棄不用，但仍可以作為其他下游產業的殘料。

三、餐飲成本控制的程序與步驟

餐飲成本控制須先建立成本標準參模，作為控制的工具，並有適當的成本記錄及明確成本產生部門作為控制對象，始能竟功。一般而言，餐飲成本控制的程序，可分為下列四個基本步驟：

(一)建立成本標準

所謂「建立成本標準」，就是事先規範限制各項餐飲成本支出的比例。一般而言，菜單食物成本約占餐食售價的三至四成、飲料成本約占一至二成，至於薪資成本約占三成左右。

(二)記錄實際營運成本

餐飲營運所發生的各項費用支出，如採購物料單據、進貨單，以及各項支出憑證的費用金額，均須詳加記錄並建檔存查，以便與原訂的成本標準對照比較，藉以掌握整個餐飲作業流程，並可協助管理者即時發現營運缺失，而予以立即修正改善。

(三)對照與評估

根據各項餐飲實際營運成本與事先所建立的成本標準加以對照比較。一般而言，實際營運成本可能會高於或低於所建立的標準成本，此時管理者必須針對此現象進行差異分析探討原因。

1. 實際成本高於標準成本時，其原因可能有下列幾點：(1)操作不當；(2)物料浪費；(3)餐份不均；(4)現金短收；(5)員工偷竊；(6)進價偏高；(7)物價上漲；(8)設備陳舊。
2. 實際成本低於標準成本時，其原因可能有下列幾點：(1)操作熟練；(2)標準份量（圖8-9）；(3)標準作業；(4)管理良好；(5)服務良好；(6)進價合理；(7)物價下跌；(8)設備新穎。

圖8-9　餐廳菜餚須建立標準份量

(四)修正回饋

有效的控制必須能儘早察覺問題，防患未然，及時改進不當缺失或弊端，至於績效的回饋也必須迅速回饋給員工，尤其是原先所設定的標準較高時，將績效回饋給員工知道，遠比設定一個較易達成的標準，或僅要求他們盡力而為更為重要。

四、餐飲成本偏高的原因及其因應措施

經過餐飲成本控制分析，瞭解產生成本差異原因後，餐飲業管理者即應著手採取有效的處置措施，以達餐飲成本控制的目標。茲列舉其要說明如**表8-2**。

表8-2　防範餐飲成本偏高的因應措施

項目 部門	產生成本偏高的原因	因應之道
菜單設計	1.未考慮市場顧客需求與季節性食材的變化。 2.菜單項目數量太多或太少，且單調。 3.菜單高成本與低成本的菜餚項目分配不當。 4.菜單未考量廚師能力、廚房設備及製備時間。 5.菜單設計欠美觀實用，排列雜亂不易懂。	1.須針對顧客消費習性及市場需求，配合時令食材來設計。 2.菜單項目宜考量餐廳性質與定位，內容要適中。 3.菜單項目要考慮成本利潤，高利潤菜餚項目須擺在菜單較醒目位置，字體宜大一點。 4.菜單須考慮廚師專業能力、廚房設備及製備時間長短。 5.菜單設計要力求簡單、易讀、易懂，輔以照片，便於點菜。
採購	1.採購量過多，成本太高。 2.欠缺完善詳細的採購規格。 3.欠缺市場詢價、比價的措施。 4.採購程序有瑕疵，權責不清。 5.與供應商關係欠佳，協調不夠。 6.採購人員與供應商勾結、循私。	1.依實際需求量及庫存量訂貨。 2.依標準採購規格下訂單訂購。 3.須事先詢價、訪價並建立資料。 4.嚴訂採購程序，澈底執行控管。 5.加強與供應商之間的聯繫。 6.加強內部控管的稽核作業，如二次採購詢價，並落實品德教育。
生產製備	1.材料清洗、切割等準備過程不當，而造成物料損失、成本增加。 2.未考量食材進貨成本，將高成本食材作為低價物料使用。 3.對於生鮮食材未考量其淨料成本及產出率。 4.食物製備過程疏失不當，而造成物料的損壞。 5.菜餚的份量過多，造成物料成本增加。	1.加強廚房人員的訓練，並購置性能較佳的設備或工具，以降低物料準備之耗損。 2.建立標準食譜與標準份量，並加強控管。 3.廚房物料要確實制定各項食材的淨料率及產出率，以利成本控管。 4.由主廚擬訂標準食譜，依標準作業程序製備。 5.建立菜餚標準份量，據以執行控管。

（續）表8-2　防範餐飲成本偏高的因應措施

部門＼項目	產生成本偏高的原因	因應之道
服務銷售	1.食物離開廚房，端送至餐桌欠缺憑證記錄。 2.外場服務動作慢，影響餐桌翻檯率，以致營收減少，營運成本偏高。 3.外場服務人員對於高利潤菜餚缺乏主動積極促銷。 4.外場人員點菜疏失，以致遭受顧客退貨（菜餚）。 5.服務人員偷竊或顧客跑單。	1.加強餐廳內外場服務作業流程的控管。以點菜單作為叫菜、出菜的憑證。 2.加強服務人員的外場服務效率，提升翻檯率。 3.加強外場人員專業知能，使其熟悉餐廳產品特色及每道菜之成本結構，以利促銷。 4.加強服務人員點菜技巧的訓練，不僅要親切、確實，還要再複誦確認一次。 5.加強內部控管及工作責任區之劃分，以免造成權責不清。

第四節　餐飲業經營管理的問題

隨著時代社會環境的變遷，人們生活價值觀與消費型態也轉變，再加上資訊科技之衝擊與競爭市場之壓力，今日的餐飲業正面臨著前所未有的挑戰與經營管理上的問題。餐飲業者與所有從業人員務必拋開昔日的舊思維，以前瞻性之眼光來面對此問題，尋求永續經營之道。

一、外部經營環境的問題

(一)經濟不景氣，物價上漲

由於全球經濟不景氣，經濟成長趨緩，再加上國際油價居高不下，使得物價不斷上漲，原料成本遞增，各項費用支出也相對地大幅激增。因此，餐飲業的經營須有效地做好成本控制，如物料管理、採購管理。此外，房租費用最好控制在餐廳總成本的8～10%較理想，絕對不可超過總成本的20%，以防血本無歸。

(二)環保意識崛起，社會責任之分擔

綠建築、綠標誌已成為現代餐飲企業之新興形象標籤。餐飲業者須加強能源管理、廢棄物之處理，以及汙水油煙之排放管理，須共同分擔淨化環境、保護環境之責任。上述環保設施設備之改善費用，對業者而言是一項很大的負擔。

(三)餐飲市場消費型態的轉變

◆消費者的需求多樣化

年輕新貴上餐館並非完全為求填飽果腹而已，有些是為追求感官刺激與享受，有些是為滿足時尚需求或精神上的享受。因此餐飲業者須針對其主要目標市場消費者之需求與偏好，來研發創新具有吸引力的特色產品，以滿足其多樣化的需求，如精緻甜點（**圖8-10**）、養生美容及樂活慢食的組合產品服務。

◆重視餐飲服務品質，講究用餐環境氛圍

目前消費者生活價值觀改變，對餐飲品質之要求愈來愈高，他們懂得何謂「物超所值」。因此餐飲業者必須從產品精緻化、服務人性化來加強營運管理。

◆重視健康美食與全方位之享受

現代消費者十分重視健康美容養生，尤其是年長者或女性消費者，對於天然食品特別情有獨鍾。此外，更希望有提供加值服務之全方位享受，以滿足其多元化需求。

◆重視精緻化、人性化的溫馨服務

現代消費者除了對於健康美食之熱衷外，更重視進餐情境之氣氛與專注的親切服務，對於無形產品

圖8-10　餐飲產品的研發須能滿足消費者多樣化的需求

之需求大於有形產品。因此，餐飲業者除了須設法改善進餐環境之氣氛外，更要加強員工的培訓，培養服務人員的正確服務理念與專精的實務運作能力。

◆「一價吃到飽」的歐式自助餐供食方式

由於經濟不景氣，工作賺錢不易，此類型供食方式之餐廳，仍深受一般消費大眾所喜愛。因此，餐飲業者須能靈活運用「價格策略」，提供各種不同價格的套裝組合產品，以滿足M型社會消費需求。

(四)餐飲市場已逐漸進入完全競爭市場

現代化、大型化、國際性餐飲連鎖企業不斷登陸，目前國內餐飲連鎖企業正不斷成長，挾其雄厚資源與優勢行銷策略已搶占不少餐飲市場。未來獨立餐廳或本土化加盟連鎖企業，如果未做好市場區隔，或未在產品上力求創新改良，未來發展空間將會愈來愈小，甚至會遭受市場淘汰。例如王品集團旗下之所以研發多種不同品牌，如王品、陶板屋、西堤、夏慕尼等，乃在滿足不同市場區隔之需求。

(五)資訊科技及網際網路的衝擊

消費者之需求多樣化，希望在最短的時間得到最溫馨、親切的服務，如餐食品質要鮮美可口衛生，購買要方便，不必排隊等候太久。因此部分餐飲業者不惜巨資採用電腦資訊科技於餐廳網路訂位與生產作業服務上。例如業者以平板電腦作為菜單供點菜、提供消費者以智慧型手機APP程式點餐或訂位；新北市經發局推動的「電子菜單」可供客人在家點菜、訂位。

有些餐廳已採用「銷售點作業系統」（Point of Sale, POS），服務人員手持「個人數位助理」（Personal Digital Assistant, PDA）點菜設備（圖8-11），只要輕輕一按，廚房、吧檯、櫃檯出納均會出現點菜的內容，使餐廳服務與生產效率大為提升，且餐後結帳更迅速，不必讓客人無謂的等候太久。不過此項設備之費用不少，又需事先人員教育訓練與作業整合，其汰舊換新又快。此外，再加上網路餐廳及美食直播之出現，對於餐飲經營者之衝擊甚大。

圖8-11　服務員運用PDA點菜

二、內部經營管理的問題

(一)人力短缺，人事流動率高；人力素質待提升

餐飲工作大部分為操作性工作，大多是屬於站立式或走動式的工作，由於工時長、工作重，因此餐飲業基層人力之流動率相當高，對於餐飲經營者而言是一種損失，也是一種警訊。因為人事流動率愈高，企業內部營運將會愈艱難，服務品質也會受影響。人事流動率的高低可作為餐飲企業營運評鑑的指標。

餐飲業可採用下列措施來降低人事流動率：

1.加強人力培訓，如輪調式交叉訓練，一人可兼多種工作。
2.以自動化設備來替代人力之不足。
3.採用輪班制，避免固定班之勞力過度負擔。
4.善待員工，增加員工福利，以及升遷、進修管道與機會。

(二)營運成本增加，壓縮獲利空間

餐飲業主要成本為食物成本和人事成本此兩大項，為了獲取合理的投資報酬

率，主要成本必須控制在營業額的60～65%之內。

美國全國餐飲協會（National Restaurant Association, NRA）在其餐館營運刊物中指出，若以經營一家休閒義大利餐廳而言，其成本控制須落在下列區間：

1.人事成本20～24%。
2.食物成本28～32%。
3.飲料成本18～24%。

一般而言，人事成本往往是餐廳主要支出之一，僅次於物料成本，愈高級的豪華餐廳其人事成本愈高，可達30～35%；家庭式餐廳或各國料理、中西餐廳人事成本約22～26%；至於速食店人事成本可降到16～18%。

目前國內員工薪資成本逐年提升，物價又上漲，通貨膨脹之壓力，使得物料成本又大幅提高，各項費用之支出也相對地增加，餐飲業經營環境之困頓與營運壓力之大，可想而知。

(三)房租、房價上漲，商圈店面難求

餐飲市場競爭激烈，商圈據點可謂一店難求，再加上同業競爭，為達開店目標，不惜互挖商圈門市，也推波助瀾使得房價節節升高（**圖8-12**）。餐飲業往往因租金支出太高而導致週轉不靈者，為數不少。有時候由於營運績效不錯，生意興隆，卻引起屋主以各種理由擬提高租金或租期屆滿要收回之困擾。

餐廳開店地點的選擇係以目標消費群聚集的地方為訴求。此外，大都會的次商圈並不如次都會的主商圈有吸引力，房租價格後者也較合理。

(四)服務品質不穩，欠缺標準化作業

餐飲業從業人員由於缺乏一套「標準化作業程序」（SOP），因此餐服人員所提供之產品、服務、態度也因人而異，再加上消費者主觀知覺與期望值高低也不同，使得餐飲品質之管理更加困難。對於一家現代化餐飲企業而言，「標準化作業」之建立，乃其營運品質穩定與否之關鍵因素。

易言之，餐飲企業之內部控管、經營理念及企業文化，完全展現在此標準化作業之基礎上。如果餐飲業者欠缺此項營運「標準化作業」，其餐廳之經營將失去原動力，也將無品質可言，其未來的結局將如曇花一現，消逝於此競爭市場中。

圖8-12　餐廳所在商圈房租上漲且店面難求

三、餐飲業營運所衍生的問題

餐飲業經營管理除了面臨內外經營環境變化之壓力外，事實上也衍生不少令人詬病或違反法令規章之問題，茲擇其要摘述如下：

(一)未辦理營利事業登記，即非法營業

部分餐飲業者其店址係位在不准開店的純住宅區，如獨棟雙併住宅，或所在地段之巷弄寬度不足八米，依規定均不得開店。此外，有少數業者由於消防安檢不合格或故意想逃漏稅而成為非法營業。

為有效解決此非法營業的問題，除了加強政府政令宣導外，各相關主管機關如財政部國稅局，應責令各縣市稅務人員會同各地相關人員加強取締，依法究辦，落實「都市計畫法」土地使用分區管制。

餐廳格局規劃

餐廳的格局須整體規劃，再分區來施工，唯須遵循下列原則：

1. 正門設計要便於進出，門口宜預留適當空間，以便於停車或進出。
2. 物品進出須有專設孔道，力求人、物分流，絕對要避免物料與客人進出均同樣的通道。
3. 儘量縮短餐廳用餐區與廚房製備區間之距離，以免往返費時費力，影響產能與服務效率。
4. 儘量將工作有關部門，規劃在同一樓面以利作業。
5. 生產製備及服務作業區，須預留適當的空間。例如觀光旅館廚房面積至少須占餐廳總面積1/3以上，至於市面上一般餐廳，廚房面積至少為餐廳總面積1/10。
6. 廚房作業區須嚴加區分規劃。例如：清潔作業區、準清潔作業區，以及汙染作業區。
7. 為確保餐廳廚房空氣的清新，務須運用空調及排油煙抽風設備，確保餐廳用餐區為正壓或高壓環境，並使廚房處於負壓或低壓狀，始能避免廚房油煙異味流入餐廳用餐區。
8. 廚房規劃須考量衛生安全設施。例如：工作場所採光宜維持100米燭光以上、廚房需有充分水源及排水截油設施、廚房入口及門窗需有防範病媒入侵的紗門、紗窗、空氣簾及水封式水溝等設施。

(二)任意排放未經處理的油煙、廢水而汙染環境

有少數餐飲業者，將未經截油槽處理的油水先分離後再排放至下水道，或將未經濾過的油煙直接排入水溝。久而久之，不僅會使排水系統阻塞，更會產生惡臭而汙染社區環境。

為有效解決此問題，環保署可依「空氣汙染防制法」加強輔導業者改善，給予緩衝期裝置油煙防制設施或改善截油設施。若經輔導後仍未見改善者，則應科以罰鍰或勒令暫停營業。

台北師大夜市的巷弄文化

台北師大夜市商圈位在知名學府附近，社區內藝文咖啡廳、異國風味餐廳及攤販小吃等林立，吸引許多慕名而來的文人雅士及觀光客，儼然成為台灣獨特的巷弄文化。

由於夜市人潮不斷，商家營業至凌晨，所帶來的噪音、油煙及廢水，使得社區居民的環境生活品質遭受影響，因而引起商圈住家與店家間之糾紛及衝突事件，最後訴之法令。依「都市計畫法」巷道不足八米者，不得開設餐廳；六米以下不得開設任何餐飲小吃攤販業。師大夜市商圈店家因遭檢舉而被迫歇業，終於在民國101年4月正式走入歷史。

(三)製造噪音，妨礙社區安寧

由於有部分餐廳所裝置的鼓風機、排油煙機、通風系統馬達欠缺隔音裝置，以及有些燒烤餐廳或啤酒屋經常營業至凌晨，致使左鄰右舍備受干擾而難以安寧（圖8-13）。

圖8-13　餐廳營運須遵守噪音管制法，以免妨害社區安寧

為有效解決此問題，餐飲業者應本著敦親睦鄰的理念，立即自我改善，以善盡企業社會責任。若是未能自律自覺，則政府環保局稽查人員可依「噪音管制標準」實施現場音量量測，若夜間超過五十五分貝（連續二分鐘平均音量），則依「噪音管制法」第九條營業場所噪音管制標準予以管制，責其限期改善。若仍未見改善，則可依法科以新台幣三千元以上，三萬元以下的罰鍰。

(四)餐廳未依規定張貼禁菸標示，並公然販賣菸品

政府為維護國人身心健康，建構無菸環境，已於民國98年元月11日起，全面實施餐廳與公共場所全面禁菸。唯仍有少數餐飲業者未依規定於餐廳入口處及適當明顯地點設置禁菸標示，甚至尚公然販賣香菸或擺設菸灰缸。

為有效落實政府「菸害防制法」之政令，除了透過各大新聞媒體加強公共報導與宣傳外，也可透過學校等教育機構共同來宣導菸害防制之意義。此外，必須要求各地環保局會同警察人員加強督導查核，若經查獲且事證明確者，違反此法令的餐廳業者可科以新台幣一萬元以上，五萬元以下罰鍰，至於在餐廳公然吸菸者可科以新台幣二千元以上，一萬元以下的罰鍰。

(五)濫用食品添加物、標示不實、販賣黑心餐飲產品

有少數業者為避免食品腐敗或增加食材口感，而使用已被禁用且毒性強的硼砂（俗稱冰西）於香腸、火腿、魚丸或油條等食物。此外，尚有部分業者產品標示不實或販賣黑心產品，如曾經造成社會食安恐慌的毒油、毒奶、瘦肉精、假油事件及芬普尼毒蛋等均是。

為有效解決此問題，除了加強業者衛生安全教育、提升消費者對食品衛生之認知，更要落實「食品衛生管理法」對於食品衛生標準之查驗督導，並加強輔導業者建立餐飲業食品安全管制系統，以提升產品之品質。對於少數不肖業者則應列管輔導、科以罰鍰或吊銷營業執照。

(六)未善盡保護消費者權益，罔顧社會安危之責

餐廳所發生的意外事件當中，最為嚴重者首推火災及食物中毒事件。究其原因，大部分乃由於人為疏失所造成，如果管理完善，維護良好，遵循「消防法」及「食品衛生管理法」等法規所訂定的各項標準與規範來操作，上述不幸事件是可以避免的。其有效因應措施分述如下：

◆火災事件的防範與應變措施

1.依據「消防法」規定，營業公共場所必須要符合消防安全之設備檢查，每年兩次消防安檢，以確保營運場所之安全。

2.餐廳、廚房需有完善消防設備與防火措施，如自動火警警報器、自動灑水器、緊急安全逃生門梯、安全疏散圖以及各式消防器材（**圖8-14**）。

3.餐廳室內裝潢一米以上，禁止使用易燃建材，窗簾需採防火材質。

4.滅火救災的黃金時間，為火災剛發生時最初的三至五分鐘，此時段所採取的滅火緊急行動最有效，也最為重要。

5.防火勝於救火；防災勝於救災，餐飲管理者須有此正確體認與危機意識，始能有效防患未然。

◆食品中毒事件與餐飲安全衛生的防範及管理措施

餐飲業發生食品中毒事件，究其原因以生熟食交互汙染、熱處理不當，食物烹調後放置室溫下太久、設備清洗不完全、食物冷藏儲藏不當，以及不當使用食品添加物等原因為多。為提升餐飲安全衛生服務品質，維護消費者的權益，經營管理者務必加強下列幾項措施：

1.落實「危害分析重要管制點」的管理制度系統，建立食品安全管制標準。所

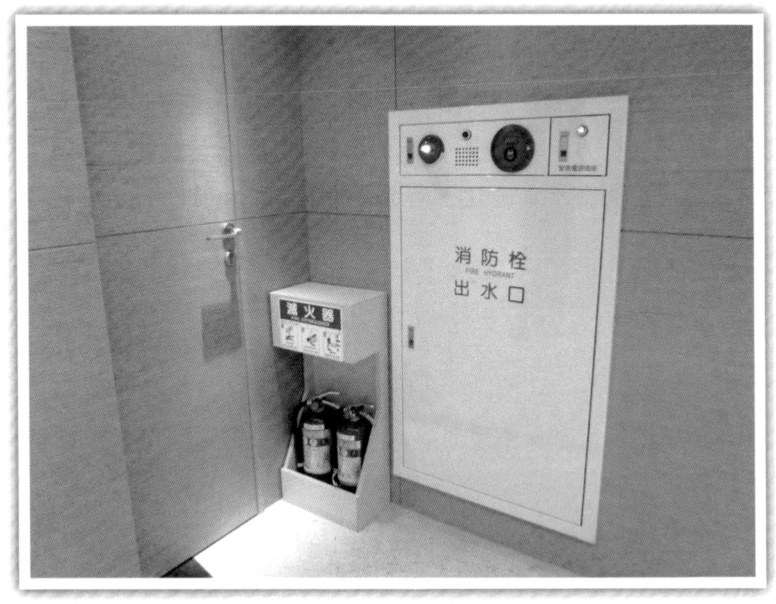

圖8-14　餐廳消防設備之安全措施

謂「危害分析重要管制點」（HACCP），係指針對餐飲食品整個製作生產過程，予以分析探討各個步驟所有可能產生的危害因子及其危害程度，然後據以訂定有效控制與防範措施，藉以確保餐飲產品達到一定的水準，如達到食品良好衛生規範（Good Hygiene Practice, GHP）的程度，以提升餐飲安全衛生之服務品質。

2.落實食安五環，即源頭管理、生產管理、查驗加強、加重廠商責任及全民監督食安，以確保農場到餐桌食品之安全。

3.加強員工餐飲衛生教育，培養良好安全衛生工作習慣。餐飲管理者每年應定期舉辦員工餐飲安全衛生講習，期以培養員工個人衛生保健觀念，進而培養良好衛生安全工作習慣。

個案研究

食安風暴

近年台灣曾出現年度代表字，唉！竟是「假」，其中前十名食安占了九名，依序為：「黑、毒、亂、謊、悶、真、醒、安、食」，充分反映社會民眾對食安問題的惴慄不安。

若連柴、米、油、鹽、醬、醋、茶等「開門七件事」都讓人陷入是真、是假的疑慮，那麼當今世上還有什麼可信賴的事？台灣引以為傲的美食及夜市小吃，將如何來發揮其觀光吸引力？觀光餐旅相關企業唯有將眼光放遠，本著企業道德守法守紀，力守誠信原則來做出口碑建立品牌，共同打造優質的觀光餐旅環境，此乃永續經營的不二法門。

個案討論

1.你認為食安風暴是否會影響到觀光旅客前來台灣的旅遊動機或影響台灣在國際間的形象？

2.如果你是餐廳高階主管，請就此食安問題提出有效的因應措施或建議。

PART 2 自我評量

一、解釋名詞

1. Restaurant
2. Implicit Service
3. Intangibility
4. Perishability
5. Table-Service Restaurant
6. Buffet
7. Job Description
8. Chef de Rang
9. Sommelier
10. QSCV

二、問答題

1.餐廳的產品係指何者而言？試詳述之。
2.餐飲業在服務方面有哪些特性？試述之。
3.我國行政院主計處頒定的「中華民國行業標準分類」將餐飲業分為哪幾類？試摘述之。
4.餐廳若依服務方式來分，可分為哪幾類型的餐廳？
5.目前我國觀光旅館餐飲部組織的基本結構係屬於哪類型組織？該組織結構之特色為何？試摘述之。
6.加盟連鎖餐廳的類別有哪幾種？試列舉之。
7.行政主廚之工作職責主要有哪些？試列舉之。
8.餐飲管理的主要目的有哪些？試列舉之。
9.餐飲成本控制的程序為何？試述之。
10.如果你是餐廳經理，當你發現餐廳物料成本超出原訂標準成本時，你認為其問題可能出現在哪裡？並請提出有效改善措施。
11.今日餐飲業所面臨的挑戰與經營管理上的問題很多，如果你是餐廳經營者，請問你會如何面對此問題？
12.餐廳成功的要件有哪些？其中以哪一項最為重要？為什麼？

PART 3

旅宿業

單元學習目標

- 瞭解旅宿業的定義與商品特性
- 瞭解旅宿業的類別
- 瞭解旅館的等級評鑑
- 瞭解旅宿業的組織編制與人員職掌
- 瞭解瞭解我國旅宿業營運現況與問題
- 瞭解旅館房租計價方式
- 瞭解旅館訂房與櫃檯作業
- 瞭解我國旅宿業的經營方式

Chapter

旅宿業的定義與特性

- 第一節　旅宿業的定義
- 第二節　旅宿業的商品與特性

旅館係旅遊者家外之家、渡假者休憩之世外桃源。古代交通不便，商旅較少，並無旅館可言，人們外出旅行大部分寄居親友家，或是寺廟、教堂。由於人類旅行活動隨著交通工具的發達與社會經濟的成長，許多重要城鎮或交通要道才有許多客棧、旅店之設立，提供寄宿休息之所，此為今日旅館之雛形。

至於現代化旅館之出現首推產業革命後，於西元1850年出現在法國巴黎的Grand Hotel。隨著人類文明與經濟繁榮，現代化旅館始由法國漸漸擴展至英國、美國等地。

第一節　旅宿業的定義

旅宿業（Lodging Industry）是出售服務的住宿業，其產品服務是個多彩多姿、變化無窮又包羅萬象的小天地，亦是旅遊者家外之家，社會人士餐敘、聯誼的交誼廳，更是一國文化的展覽櫥窗。

一、旅宿業的源起

「旅館」一詞，英文即Hotel，係由法文Hôtel演變而來，其語源來自拉丁語Hospitale。它原是法國大革命前，貴族在鄉下招待貴賓的別墅，後來再演變成Hostel招待所之意，最後稱為Hotel，漸為歐美人士所沿用，而成為今日旅館之名稱。旅館在我國俗稱「飯店」，香港、中國大陸、新加坡一帶則稱「酒店」，名稱雖異但性質卻一樣。

二、旅宿業的定義

茲分別就國內外對旅宿業所下的定義，分述如下：

(一)我國對旅宿業所下的定義

依我國交通部觀光局所頒布的「發展觀光條例」，旅宿業可分為觀光旅館、旅館及民宿等三類：

◆觀光旅館業

係指「經營國際觀光旅館或一般觀光旅館，對旅客提供住宿及相關服務之營利事業」。至於觀光旅館業主要營運業務規定如下：

1.客房出租（圖9-1）。

2.附設餐飲、會議場所、休閒場所及商店之經營。

3.其他經中央主管機關核准與觀光旅館有關之業務。

◆旅館業

係指觀光旅館業以外，以各種方式名義，提供不特定人，以日或週之住宿、休息並收取費用及其他相關服務之營利事業。

◆民宿

係指利用自用住宅空閒房間，結合當地人文、自然景觀、生態、環境資源及農林漁牧生產活動，以家庭副業方式經營，提供旅客鄉野生活之住宿處所。

(二)國外對旅宿業所下的定義

1.美國旅館業鉅子史大特拉（Ellsworth Statler），對旅館所下的定義：「旅館是出售服務的企業」，此定義最為透澈點出旅館的精神。

圖9-1　溫馨舒適的旅館客房內部設施

2.英國學者韋伯斯特（Noah Webster），對旅館所下的定義：「一座為公眾提供住宿、餐食及服務的建築物或設備。」
3.美國法院判例（依法律觀點解釋）：「旅館是公開的、明白的、向公眾表示是為接待旅行者，及其他受服務的人而收取報酬之家。」〔美國佛蒙特州（Vermont）〕。

綜上所述，旅宿業是為公眾提供住宿、膳食以及服務為目的，從中收取一定費用的餐旅服務業。此外，旅宿業所提供的旅館建築與設備須經政府核准，並對公眾負起法律上的權利與義務。不過現代旅宿業所提供的旅館，尤其是觀光旅館，已不僅是供應旅館餐宿之場所，而是包羅萬象的綜合體，自食、衣、住、行、育樂等均應有盡有，因此有人說旅館為「城市中的城市」或「世界中的世界」。

三、旅館的功能

旅館係提供旅客膳宿接待、休閒娛樂，使其感受到人情味及心靈的溫暖而得以迅速恢復體力之地方，此乃Hospitality之精神，也是旅館的主要功能與使命。茲分述如下：

(一)住宿的功能

旅館能提供旅客一個舒適、雅靜、整潔衛生的住宿環境與完善設施的場所，其主要核心產品為客房，因而具有住宿的功能。

(二)餐飲的功能

旅館餐廳能提供高雅、溫馨、舒適的進餐氛圍，輔以色香味俱全之精緻美食，以滿足旅客生理與心理上之需求（圖9-2）。

圖9-2　旅館餐廳提供顧客溫馨舒適的用餐環境以滿足其需求

(三)社交的功能

旅館是現代社會聚會、聯誼的交誼廳，因此具有社交上的功能。目前許多旅館相當重視國際會議市場客源之開拓。

(四)育樂、休閒、療養的功能

旅館為滿足人們生活品味與休閒生活習慣之改變，乃不斷增置健身中心、三溫暖、SPA、美容等休養設施與服務。另外一方面加強運動育樂設施，如高爾夫球場（**圖9-3**）、游泳池、網球場及主題遊樂園等設施，因而具有休閒育樂療養的功能。

(五)文化的功能

旅館是現代社會生活的縮影，也是生活與文化的展示櫥窗，它能滿足旅客追求異國文化、藝術、建築、美學之好奇心與求知慾，具有文化教育之功能。

(六)商務的功能

旅館係一種提供膳宿接待及其他相關服務的營利事業。此外，為滿足商務旅客之需求，尚備有商務中心，提供其所需之商務服務。

圖9-3　旅館附設高爾夫球場提供旅客休閒育樂的功能

第二節　旅宿業的商品與特性

二十世紀初，美國連鎖旅館創始人，享有「旅館大王」之稱的史大特拉云：「旅館所賣的商品只有一種，那就是服務。」易言之，旅館就是出售服務的企業。

旅館所賣的商品主要有四大項：環境、設備、餐食與服務，不過均需經由服務人員專業技能與親切接待服務，始能彰顯其優質溫馨的品質。

一、旅宿業的商品

旅宿業的商品可歸納為兩大類，即有形的商品與無形的商品。唯有形的商品仍須透過無形的服務，才能彰顯其價值。

(一)有形的商品

◆客房設施

客房是旅宿業主要正式產品，也是顧客入住旅館真正購買的產品與服務，因此，須提供一個安全舒適、雅淨的住宿服務品質，以滿足顧客之需求。

◆旅館環境

係指旅館內外環境而言，外部環境如建築造型外觀、地理位置及周邊景觀；內部環境係指室內布置、裝潢設備、綠化美化。旅館室內與室外環境均須能滿足旅客安全舒適、溫馨寧靜之需求（**圖9-4**）。

◆設施設備

旅館的設備除了雅緻溫馨的客房住宿設施外，尚須提供休閒性、安全性、娛樂性、便利性與機能性等支援性附屬產品設施服務，如停車場、健身房、三溫暖及游泳池等設施，以滿足旅客多元化之需求。

◆美食佳餚

旅館附設的各類餐廳所提供之佳餚須具特色，除了滿足旅客視覺、嗅覺、味覺之享受外，更能陶醉在高雅的餐飲文化進餐環境中，因為餐飲服務也是旅宿業正式產品之一，有些旅館的餐飲收入，甚至高於客房收益。

圖9-4　溫馨舒適的旅館室內環境

◆優質人力

旅館服務人員不僅是旅館的資產，也是旅館的一項商品，如服務人員的儀態、整潔亮麗的制服或有效率的及時服務等均是旅館強有力的吸睛商品，能提升旅館產品的附加價值。

(二)無形的商品

所謂「旅館無形的商品」係指內隱服務（Implicit Service）而言，旅館的服務除了提供現代化設施、設備之物的服務外，還提供親切溫馨的接待服務。易言之，無形的商品係指旅客自訂房至返家，旅館所提供旅客的各項接待服務以及旅客的體驗與感受，如舒適感、溫馨感、親切感或幸福感均屬之。此無形商品是旅館最佳口碑行銷，也不怕被模仿或抄襲。

二、旅館商品的特性

旅館的商品有它本身的特性，不能與其他商品相提並論。茲就旅館的商品特性分述如後：

(一)商品具時效性、易逝性、無儲存性

旅館商品——房間，僅能當天賣出，不能留到次日，當天未售出之房間即為損失，因此無法庫存。時間錯失則產品形同廢棄物，無法再轉售，此乃旅館商品與

圖9-5　客房為旅館最主要核心商品，具時效性

其他商品最大不同點（圖9-5）。

針對此類特性，旅館須加強促銷，提高住房率。目前最常使用的因應策略為妥善運用超額訂房（Overbooking）來減少損失。

(二)商品短期供給無彈性（固定性／僵固性）

旅館房間數量固定有限，無法像其他商品可臨時加班趕工立即增產；再者旅館本身空間面積均固定，短期間擴建加蓋誠非易事，所以旅館商品短期供給無彈性。因此旅館當初規劃籌建時，即須詳加做好市場調查與市場定位，並設法提高產品的附加價值。

(三)資本密集、固定成本高，成本回收率慢

觀光旅館投資所需資金相當大，土地建築等固定成本高，因而其利息、折舊、維護費等成本負擔也重，所以觀光旅館成本回收至少需十年至二十年以上。

因此旅館在籌劃前需做好投資風險評估，以及財務規劃控管。同時須設法提高住房率，做好營收管理，並加強設備管理維護，以降低維修及折舊費用之支出。此外，政府宜訂定獎勵投資興建旅館之優惠貸款辦法。

(四)商品需求具敏感性、季節性及波動性

旅館商品之需求很容易受到政治、經濟、社會、戰爭及國際情勢等外部環境變動以及天候季節等之影響，所以商品需求甚不穩定，波動性大，敏感性高。因此，旅宿業須加強市場資訊之蒐集，並確實落實風險評估。例如：海濱山區渡假旅館的淡旺季較之都會型旅館明顯。

(五)勞力密集性與替換性

旅宿業係一種勞力密集的服務業，須經由全體內外務部門員工密切合作，再透過各種現代化設備與完善設施，使客人有一種賓至如歸之溫馨感受。不過旅館商品並非民生日常必需品，再加上其他同業同質產品之競爭，使得旅館商品替換性相當大。因此，旅館須加強人力資源培訓，提升服務品質並創造品牌特色，以提高市場的競爭力，強化顧客的忠誠度。

(六)商品需求服務彈性大

旅館消費市場之人口結構差異性大，旅客生活習慣、社經地位、教育及文化背景均不同，因此其需求也不一樣。旅館為了提供旅客人性化溫馨的親切服務，務須在服務方式或型態，針對客人作彈性調整，以滿足其需求。

(七)地理性與無歇性

「地點」為旅宿業經營成功的最重要因素。因此其立地位置之選擇，務必能滿足其主要目標消費群之需求。如渡假旅館附近環境要幽美，鄰近風景區；商務旅館則須考量交通便捷、生活機能、公共設施完備的都會區（**圖9-6**）。根據國外調查資料，商務旅客選擇旅館所考量的因素當中，以旅館立地位置為首選。

有些旅館於開幕時將鑰匙象徵性拋至外面，乃彰顯旅館全年無休的無歇性。針對旅館營運之無歇性，為避免員工體力負擔太重，旅館應採用輪班制，同時要避免固定排班或值大夜班（Graveyard Shift）。

(八)綜合性、豪華性及公共性

旅館是旅客家外之家，也是個社交、聯誼、膳宿場所與文化展覽櫥窗。簡言之，旅館是一種滿足人們生活機能的綜合性企業，舉凡食、衣、住、行、育、樂均囊括其中，可說是一種集合體，此乃旅館的綜合性。

圖9-6　商務旅館的地點須考慮交通便捷

旅館為滿足旅客社經地位之自尊需求，無論是外表造型或內部裝潢及環境內外綠化美化，均力求高雅、華麗、舒適，以彰顯旅客身分地位。此外，旅館係為公眾提供住宿、餐飲、交際應酬及休閒娛樂的公共場所，只要付費即可前往享受各項設施與服務，此乃旅館之豪華性與公共性。

針對旅館的公共性，旅宿業者除了依法需投保公共意外責任保險外（投保期間總保險金額為新台幣2,400萬元。每一個人身體傷亡賠償新台幣200萬元；每一意外事故身體傷亡賠償新台幣1,000萬元；每一意外事故財產損失賠償新台幣200萬元），尚須負責維護旅客隱私與生命財產之安全，如增設仕女商務樓層，同時設有無障礙空間，如殘障坡道等設施。

Chapter

10 旅宿業的類別與客房的種類

第一節　旅宿業的類別

第二節　客房的種類

第三節　旅館等級的評鑑

旅館之類別分類方法很多，一般係以旅館之性質、計價方式、規模大小、經營方式及停留居住時間長短等來劃分，此外，各國政府或觀光組織也有其不同的分類方法。本章將分別就當今常見的旅館類別及其所配置的客房種類，分別加以深入探討。

 第一節　旅宿業的類別

旅宿業為便於區隔不同的市場，滿足其客源市場的需求，其分類方式很多，分類標準互異，僅就常見的方式摘述如下：

一、依我國觀光法令而分

依我國「發展觀光條例」規定，現行旅宿業可分為觀光旅館、旅館以及民宿等三大類（**表10-1**）。

表10-1　我國現行旅宿業類別

類別		說明	適用法源	申請設立
觀光旅館	國際觀光旅館	•須符合觀光旅館業管理規則之國際觀光旅館建築及設備標準，依法申請經核可，且領有國際觀光旅館營業執照者。 •旅館房間數、單人房、雙人房及套房，至少30間以上。 •主管機關為交通部觀光局。	‧發展觀光條例 ‧觀光旅館業管理規則	許可制
	一般觀光旅館	•須符合觀光旅館業管理規則之一般觀光旅館建築及設備標準，依法申請經核可，且領有一般觀光旅館營業執照者。 •旅館房間數單人房、雙人房及套房，至少30間以上。 •主管機關為交通部觀光局。	‧發展觀光條例 ‧觀光旅館業管理規則	許可制
一般旅館		主管機關在中央為交通部；在直轄市為直轄市政府；在縣（市）為縣（市）政府。如台北市為觀光傳播局、高雄市為觀光局。其標識如**圖10-1**所示。	旅館業管理規則	登記制

（續）表10-1　我國現行旅宿業類別

類別	說明	適用法源	申請設立
民宿	•民宿之經營規模，以客房數5間以下，且客房總樓地板面積150平方公尺以下為原則。 但位於原住民保留地、經農業主管機關核發經營許可登記證之休閒農場、經農業主管機關劃定之休閒農業區、觀光地區、偏遠地區及離島地區之特色民宿，得以客房數15間以下，且客房總樓地板面積200平方公尺以下之規模經營之。 •主管機關在中央為交通部，在直轄市為直轄市政府，在縣（市）為縣（市）政府。經申請登記核准，領有專用標識後始得營業。其標識如圖10-2所示。	・發展觀光條例 ・民宿管理辦法	登記制

圖10-1　旅館業專用標識

圖10-2　民宿專用標識

二、依旅宿業營運性質而分

旅宿業若依其功能及市場定位等性質加以分類，可分為下列幾種：

(一)商務旅館（Commercial Hotel）

此類旅館多位於大都市中心或商業重鎮，係以接待商務旅客及觀光客為主。平日生意興隆，週末及假日住房率較低，季節性影響雖有，唯淡旺季之分，較諸其他旅館要小。

此類旅館除了擁有完善的客房、餐飲及休閒娛樂等多功能設施，如特色餐廳、游泳池、三溫暖、健身中心外，尚能針對商務旅客之需求，提供全方位的商務設施與服務，如設有商務中心可提供影印、傳真、打字、翻譯、電腦、寬頻網際網路，以及專屬祕書服務。此外，有些旅館另設有專屬商務樓層，以爭取商務市場之客源。此類商務旅館如台北晶華、遠東、喜來登（**圖10-3**）、西華、台中福華、亞緻，以及高雄漢來、國賓均屬之。

圖10-3　喜來登飯店屬於商務旅館

(二)渡假旅館（Resort Hotel）

多位於風景優美的海濱、山區或溫泉地。主要顧客以渡假、療養、休閒之旅客居多。此類旅館除了擁有商務旅館各種設備外，尚提供許多娛樂設施、療養設備，以滿足渡假旅客之需求（**圖10-4**）。

渡假旅館在國外均漸採用連鎖營運，目前國內也逐漸採連鎖經營，由於深受季節性之影響，淡旺季之差別甚大，為適應淡季經營，均採折扣優待以招攬旅客。此渡假旅館如墾丁福華、凱撒、夏都；花蓮遠雄悅來、美侖及日月潭涵碧樓、雲品等均屬之。

圖10-4　渡假旅館的休閒環境設施

(三)公寓式旅館或居住型旅館（Apartment Hotel／Residential Hotel）

此類旅館大多位於大都市或交通便利之市郊，適於一般長住的旅客或小家庭，如長期出差的商務人士、頂客族夫妻。為方便長期住宿旅客或出差商務人士住宿之需求，均備有乾淨、舒適的客房、餐廳及廚房等家庭式設備與優質的居家環境。此外，尚提供家務服務或管家式服務，其租金則視公寓旅館等級而定。其經營方式常採獨立或連鎖經營方式，季節性影響不大，因而較無淡、旺季之別，如晶華信義傑士堡、福華台中璞園、國賓天母溪隄館等均是。

(四)機場旅館（Airport Hotel）／過境旅館（Transit Hotel）

此類旅館大部分在機場旁邊或附近，主要是接待過境旅客、航空公司機組人員，或需短暫住宿休息之機場旅客。此類旅館之設施以雅靜、舒適為原則，附屬娛樂設施較少。

機場旅館國內業者獨立經營較多，美國則以連鎖較多。目前台北諾富特華航桃園機場飯店（**圖10-5**），由華航取得BOT興建營運合約，再委託法國雅高（Accor）集團，由此歐洲連鎖系統經營，成為諾富特（Novotel）連鎖旅館的成員。

圖10-5　台北諾富特華航桃園機場飯店大廳即景

(五)會議中心旅館（Service Convention／Conference Hotel）

位在交通便捷的大都會或風景名勝地區。以接待開會或參展的社會人士為主，其餘散客為輔。此類旅館擁有完善大型會議專業設備及會議空間，備有各類宴會廳，其客房大部分以雙人房為主。最主要特色為提供全天候客房餐飲服務、商務中心、旅遊櫃檯以及機場接送服務，如台北君悅、圓山、晶華及高雄義大皇家酒店等。

(六)汽車旅館（Motel）

大部分位在高速公路（Highway）沿線兩旁公路上或風景區附近，以接待長途駕車旅行的旅客為主，備有客房及停車場，有些尚提供簡便餐飲服務。在國外大多為兩層的房子，樓上為房間，樓下為車庫。此類旅館由於地租便宜，建築成本低，僅提供有限的服務，因此價格較便宜。

至於國內的汽車旅館其性質與國外並不完全相同，其設置地點除了在高速公路沿線或交流道附近外，甚至在都會區鄉市鎮內均有此類旅館設置，其營運收入主要係以客房短暫休息為最大宗，住宿次之，至於餐飲收入甚少。

汽車旅館之客房設備相當完善，並不亞於國內一般觀光旅館，其價格視各旅館之規模與裝潢而定，並無統一規範，房租計價通常休息係採二小時或三小時為計價單位，至於住宿通常須在下午三點以後始接受進住，直到次日中午十二點止，以一天房租來計價，如薇閣汽車旅館、優勝美地汽車旅館等。

(七)賭場旅館（Casino Hotel）

位在交通便捷的觀光區或緊鄰大都會市郊，唯我國係定位在離島地區如馬祖。此類旅館除了吸引博奕娛樂（Gaming Entertainment）客人及觀光客外，也適於全家旅遊及商務旅客住宿。

此類旅館係結合賭場與旅館功能（**圖10-6**），除了擁有現代化博奕娛樂設施及設備外，尚提供高級膳宿設施、宴會服務、商務中心以及各項休閒娛樂設施，並不斷擴展會議、展覽及獎勵旅遊業務，期以滿足旅客多元化需求。賭場旅館為現代餐旅產業的新典範，它已非昔日遭人非議的特殊旅館，而已成為今日適合全家旅遊的熱門景點。

(八)民宿（Bed & Breakfast, B&B／Home Stay／Ranch）

位在具自然、人文、生態景觀之休閒農林漁牧場附近民房。係以接待來參觀農林漁牧生產環境，體驗鄉間生活情趣的旅客為主要對象。大多僅提供簡便純樸之民舍及鄉土風味之餐食，並無現代豪華、精緻之服務設施。民宿最早源於英國，最大的特色為富有鄉土味、人情味、地方文化特質及溫馨親切的服務。

圖10-6　澳門威尼斯人賭場旅館

(九)其他類型旅館

1.帕拉多（Parador）：係指將有歷史價值之建築或教堂、修道院、城堡改建。此為一種古蹟旅館，收費甚昂貴。

2.精品旅館（Boutique Hotel）：此類旅館另稱「設計旅館」（Design Hotel），強調旅館藝術造型、空間創意設計、講究時尚客房裝潢格局布置，以別於傳統制式旅館規劃。此類旅館客房數不在量多，而是重視質美，每家飯店所提供的客房設施設備、客房備品及裝潢都不同，例如精心設計的床巾飾物（圖10-7）、新潮按摩浴缸、藝術精品飾物或壁畫等，除了讓房客讚嘆外，更經常被視為觀光景點，是一種最會說故事的飯店，此類精品旅館的始祖為喜達屋集團所屬的W旅館。

圖10-7　設計旅館的客房講究時尚、創意布置

3.分時共權旅館（Time Sharing Resort／Vacation Club Resort／Condominium Hotel）：分時共權旅館的營運概念始於西元1960年代的歐洲分時渡假公寓，其營運方式是採「會員制」，旅客每年可挑選一至兩週前往該飯店渡假，是一種以分時輪住方式共享此旅館住宿設備，可分為擁有使用權與所有權兩大類。此類分時渡假旅館大部分均位在知名觀光勝地，如佛羅里達、夏

圖10-8　夏威夷海灘附近有許多分時渡假旅館

威夷等著名景點附近即有許多分時渡假別墅（**圖10-8**）。

4.環保旅館（Eco-friendly Hotel）：此類旅館為二十一世紀旅館業之主流，其營運重點為講究節能減碳，減少使用一次性用品之消耗、減少布巾被單之洗滌更換、加強資源分類與再生能源利用，係一種綠標誌之環保旅館（**圖10-9**）。如花蓮美侖飯店、加州蓋雅那帕谷飯店（Gaia Napa Valley Hotel）。

5.青年旅舍（Youth Hostel）：如國際學舍、青年之家以及救國團的青年活動中心等均屬於此類旅館，其客層通常具有某特定身分或屬性，如自助旅行背包客、學生、海外遊學生等。

6.快艇旅館（Yachtel）：係一種遊艇旅館。

7.水上旅館（Floatel）：係以浮木或船體改建之旅館。

8.渡假小屋（Cottage）：係避暑勝地之獨棟小平房。

9.營地（Camp）：係指露營地之住宿或帳棚設施。

10.海濱小木屋（Cabana）：係指海灘附近之獨棟附陽台木屋。

11.小木屋（Bungalow）：係指渡假地區之獨立小木屋旅館設施。

12.客棧（Inn）：係一種較小型之旅館，常見於大都會郊區或市區，但仍有少數知名大旅館是以Inn來命名，如Holiday Inn及台北六福客棧。

13.別墅（Villa）：係位在山區、海濱之私人別墅型旅館（**圖10-10**）。

圖10-9　環保旅館

圖10-10　別墅型旅館

三、依旅館規模而分

美國飯店暨住宿業協會（American Hotel & Lodging Association, AH&LA）將旅宿業依其所經營的客房數量多少，區分為大型、中型、小型三類：

1. 大型旅館：客房總數在600間以上者，如台北君悅（873間）、台北喜來登（686間）、台北福華（606間）及高雄義大皇家（656間）。
2. 中型旅館：客房總數在200～600間者，如台北晶華（569間）、台北圓山（405間）、台北遠東國際（422間）、高雄君鴻國際（592間）及高雄國賓（457間）。
3. 小型旅館：客房總數在200間以下者，如新竹老爺（198間）、日月潭涵碧樓（96間）、台中裕元（149間）。

四、其他

旅館分類除了前述方法外，尚有下列數種：

(一)依立地位置而分

旅館依立地位置可分為：都市旅館、渡假旅館、汽車旅館、機場旅館、車站旅館及溫泉旅館（**圖10-11**）等多種。

(二)依居住時間長短而分

◆短期住宿旅館（Transient Hotel）

係指旅客住宿停留時間在一週以下者，其對象通常是散客或旅行團之團體旅客兩種。

◆長期住宿旅館（Residential Hotel/ Extended Stay Hotel/ Long Stay Hotel）

係指旅客住宿停留在一個月以上者，此類旅館通常以套房為多，客房空間較大且備有家庭廚房設備，其租金較短期住宿旅館便宜，唯旅館均會與旅客先簽合約書，每超過一定金額即結帳一次，以防呆帳發生。例如：北投中信商務會館、福華飯店台北天母傑仕堡、福華飯店台北長春店及敦化綠園等商務住宅即是例。

圖10-11　日本溫泉旅館庭園

(三)依服務程度而分

◆完整服務的旅館（Full-service Hotel）

係一種提供全套膳宿接待服務與多元化服務設施的旅館，如觀光旅館、渡假旅館等中／高級價位旅館、豪華旅館如台北文華東方酒店等，均屬於此類型服務的旅館。

◆經濟型的旅館（Economy Hotel/ Budget Hotel）

此類旅館特色為：講究經濟實惠、價格公道、乾淨衛生的基本客房服務與設備，專注於客房的住宿而非餐飲或其他休閒娛樂設施，無觀光旅館之華麗裝潢。例如：平價旅館、汽車旅館或日本都會區的膠囊旅館（Capsule Hotel）等均屬之，此類型旅館另稱之為「有限服務的旅館」。

(四)依住宿目的而分

旅館依旅客住宿目的來分，可分為：商務旅館、會議中心旅館、渡假旅館、賭場旅館，以及專供情侶約會的愛情旅館（Love Hotel）等均屬之。

第二節　客房的種類

「客房」係旅宿業主要商品之一。由於旅館的立地位置、營運性質、客房格局設計等之不同，再加上各國法令規定互異，因此衍生各種不同的客房產品問世。茲擇其要介紹如下：

一、依我國觀光法規之規定分類

根據交通部觀光局所頒布的「觀光旅館建築及設備標準」規定，旅館客房可分單人房、雙人房、套房等三種。針對觀光旅館客房淨面積之規定，列表說明如下（表10-2）：

表10-2　觀光旅館客房面積之比較

種類	要項	國際觀光旅館	一般觀光旅館
客房淨面積	單人房 雙人房 套房	13平方公尺 19平方公尺 32平方公尺	10平方公尺 15平方公尺 25平方公尺
	客房專用浴廁淨面積	3.5平方公尺	3平方公尺
附註	1.上述客房淨面積均不含浴廁，旅館總客房數至少60%以上，其客房淨面積不得小於上述標準。 2.每間客房應有向戶外開設之窗戶，但基地緊鄰機場或符合建築法令所稱的高層建築物，得酌設向戶外採光之窗戶，不受每間客房應有向戶外開設窗戶之限制。		

二、依旅館客房格局規劃而分

目前國內外旅宿業針對旅館客房格局規劃之不同，將旅館客房分為下列幾種：

(一)單人房（Single Room）

簡稱為「S」，是指客房僅擺放一張床，另稱「單床房」。床是旅館客房提供給客人的產品，不同尺寸的床，可區分為不同型態的客房，依單人房床鋪尺寸的大小，可分為下列三種：

◆標準單人房／標準單床房（Standard Single Room）

是指客房床鋪為一張標準雙人床。

◆高級單人房／高級單床房（Superior Single Room）

是指客房床鋪為一張加大雙人床／皇后床（Queen Size Bed）。

◆豪華單人房／豪華單床房（Deluxe Single Room）

是指客房床鋪為一張特大雙人床／國王床（King Size Bed）。

(二)雙人房（Twin Room/ Double Room）

簡稱「T」，指客房擺設著二張床，另稱「雙床房」。若再細分可分為下列各種不同的等級：

◆雙床式（Twin Style）

1.標準雙人房（Standard Twin Room）：指客房擺設二張標準單人床。
2.高級雙人房（Superior Twin Room）：指客房擺設二張標準雙人床。
3.豪華雙人房（Deluxe Twin Room）：指客房擺設二張特大雙人床。

若旅館雙人房的床鋪僅有一張可供兩人睡覺的大型雙人床，稱為Double Room；若客房擁有二張床，則稱為Twin Room或TW Room，大部分旅館雙人房以此型為多。

◆好萊塢式（Hollywood Style）

是指客房所提供的兩張床是合併在一起，並將床頭櫃分置兩側。

(三)三人房（Triple Room）

此類客房可供三人住宿，通常擺設二張大小不同的床鋪，一張單人床，一張雙人床（圖10-12）。

(四)四人房（Double Twin Room）

此類客房可供四人住宿，房內置有二張大型雙人床，或四張單人床（此型較少）。

圖10-12　三人房

(五)團體房（Group Room）

此類客房常見於平價旅館或青年旅舍，其床鋪多採用通鋪方式設計，適於學生團體或自由行背包客住宿。團體房價格較便宜，唯浴室通常並不附設於客房內。

(六)套房（Suite Room）

指客房內除了臥房外，尚有客廳，有些較完善的套房配備，有酒吧、會議室、休息室等設施。因此套房若以周邊設施及裝潢等級來分，可分為下列幾種：

◆標準套房（Standard Suite）

此類套房至少有客廳與臥房等設施（**圖10-13**）。

◆豪華套房（Deluxe Suite）

是由客廳、臥房或小型會議室所組合而成，臥房的床鋪也較一般雙人床大些，如加大雙人床（Queen Size）或特大雙人床（King Size）的床型。

圖10-13　擁有客廳與臥室設施的標準套房

◆商務套房（Executive Suite）

此類套房是為商務旅客之需求而規劃設計，設備有辦公桌、傳真機、網際網路等。

◆總統套房（Presidential Suite）

此類套房使用率不高，通常作為形象廣告，提升旅館在消費市場之知名度，其套房設施、功能十分完善，裝潢、設備可說超水準，其安全性考量、專屬管家服務（Butler Service）、頂級禮賓專車才是最大特色。如晶華酒店、台北文華東方酒店及遠東國際飯店等均設有總統套房。

◆雙樓套房（Duplex Suite）

為一種樓中樓型的套房，通常上樓為臥房，下樓為客廳或辦公室。此類套房通常設在頂級豪華旅館或高級渡假別墅旅館居多，如杜拜俗稱「帆船飯店」的阿拉伯塔飯店（Burj Al Arab）。

◆閣樓套房（Penthouse Suite/ Loft）

通常設在旅館頂樓，附有陽台花園，景觀視野佳且具隱密性。

◆其他

除了上述套房外，部分旅館尚設有蜜月套房（Honey-moon Suite）或半套房（Semi-Suite）等。

三、依旅館客房位置而分

依旅館客房的立地位置而分，可分為下列幾種：

(一)向內的客房（Inside Room）

此類客房的位置通常位在樓層中間或角落，其特徵為無窗戶，視野無景觀，房價較便宜。

(二)向外的客房（Outside Room）

客房的位置是面朝外邊景觀，可遠眺街景或山水景色（圖10-14），如面海的客房（Sea-Side Room）或面山的客房（Mountain-Side Room）。

(三)連通房（Connecting Room）

指兩間毗鄰的獨立客房，但其中間有門相連者，平常將連通門關閉時即為兩間各自獨立的客房，但必要時可由內部連通門戶進出，適於親子、結伴旅遊住宿之

圖10-14　可遠眺山水景色的向外客房

大家庭或兩家庭出遊之住宿服務，此類客房另稱親子房或家庭房。

(四)鄰接房（Adjoining Room）

指兩間客房比鄰連接，但中間並無門戶可互通，即一般相鄰的客房，另稱隔鄰房。

(五)邊間房（Corner Room）

係一種座落於旅館樓層角落，擁有良好兩面採光，視野極佳，另稱轉角房、角隅房。

四、其他分類方式

旅館的客房分類除了上述幾種較常見者外，尚有特殊樓層及特殊房型之客房分類方式。分述如下：

(一)特殊樓層的客房

◆商務樓層（Executive Floor）

商務樓層客房之設備與設施均較高檔，服務也最精緻貼心。在各樓層設有樓層服務台（Floor Station/ Service Station）外，有些旅館尚提供二十四小時勤務值勤之管家服務（Butler Service）。為了區隔旅客層級，此類樓層房價也較高，另稱為「貴賓樓層」。

◆仕女樓層（Ladies Floor）

此類樓層專供女性旅客住宿使用，其裝潢設計除了以滿足女性需求提供貼心服務外，其中以安全為最重要的考量。

◆禁菸樓層（Non-smoking Floor）

目前大部分旅館均設有禁菸樓層，國內旅館公共場所，如大廳及餐廳等全面禁菸。

(二)特殊房型的客房

◆卡班拿（Cabana）

為西班牙語，其原意為茅草屋。今指靠進游泳池畔或海濱、湖濱之獨棟附有陽台之獨木屋。

◆邦加洛（Bungalow）

指渡假地區之獨立小木屋。

◆陽台房／拉奈（Lanai）

源於夏威夷地區戶外旅館造型，擁有庭院設計或陽台可供觀賞景色的客房，常見於濱海渡假旅館。

◆公寓式客房（Efficiency Unit/ Apartment-style Room）

指備有廚房設備的公寓客房，另稱廚房式客房（Kitchenette）（圖10-15）。

◆和式房（Japanese Room/ Tatami Room）

源於日本客房的設計概念，房內通常採榻榻米或木質地板的設計，其上面鋪設墊被及棉被，但通常不擺設床鋪。此類客房常見於溫泉旅館或傳統日式旅館（圖10-16），適合親子旅遊或團體旅客住宿使用。

圖10-15　備有廚房設備的公寓式客房

圖10-16　和室房常見於溫泉旅館

◆沙發床房（Studio Room）

此類客房的床鋪為沙發床。白天將它當作沙發用，晚上再將它攤開變成床鋪使用的客房。

◆小木屋（Cabin）

此類客房是以木板建造而成的獨立小木屋，大部分均位在渡假地區。

◆花園房（Loggia）

此類客房附設可供賞景的專屬花園，常見於休閒渡假旅館。

觀光視窗

旅館造型及客房設置方式

旅館的造型常因土地的限制、建築外觀美學考量，以及立地環境景觀等因素，而有不同的造型及格局規劃，如I字型、E字型、L字型及T字型等多種。樓層客房通道的客房設置方式則有單面客房（Single Loaded Plan）和雙面客房（Double Loaded Plan）等方式。單面客房另稱單排客房，常見於有優美景觀的風景區旅館，單面客房的通道寬度以1.3公尺以上為宜。雙面客房另稱雙排客房，常見於一般都會型旅館，其客房通道寬度以1.8公尺以上為宜。

第三節　旅館等級的評鑑

旅館的類別很多，其所提供的接待服務軟硬體也不同，為提升旅館服務品質及便於國際旅客辨識，目前世界各觀光先進國家均訂有旅館等級評鑑制度與標識。茲分別就我國與世界其他國家之旅館等級評鑑制度，摘述如下：

一、我國旅館等級評鑑

我國在民國71年與73年先後公布國際觀光旅館與一般觀光旅館評鑑實施辦法。民國72年辦理首度評鑑，將國際觀光旅館分為4～5朵梅花級，一般觀光旅館為2～3朵梅花級，由於成效不彰，乃於民國78年停辦，前後僅辦理過兩次評鑑。

為發展我國觀光產業，交通部觀光局乃參考美國汽車協會（American Automobile Association, AAA）對旅館評鑑制度的精神，研擬星級旅館評鑑作業，並於民國93年公布旅館等級評鑑制度，同時以「星級」標識取代「梅花」標識，並於民國98年2月正式公布實施，期使國際旅客易於辨識，以利旅宿業未來發展。

(一)我國旅館等級評鑑之目的

1.便於與國際接軌，使國際旅客易於辨識。

2.可供旅客作為選擇所需住宿旅館的參考。

3.可激勵旅館加強軟硬體服務品質，提升其品牌形象。

(二)我國旅館等級評鑑制度與標準

現行星級旅館評鑑係採自願申請、自行付費的方式辦理。為鼓勵業者參與，凡參加政府首度辦理評鑑之旅館其費用係由交通部觀光局支付。申請評鑑時，須填具星級旅館「建築設備」評鑑申請書及受評旅館基本資料表，並檢附相關證照資料送觀光局審核，再委由社團法人「台灣評鑑協會」辦理實施評鑑。觀光局於民國99年11月公布首次星級旅館評鑑結果，第一波共完成24家旅館評鑑，由觀光局頒給代表政府公信力的「星級旅館標章」（**圖10-17**），作為旅客住宿的參考指標。茲將我國旅館等級評鑑制度與標準列表說明如下（**表10-3**）：

圖10-17　星級旅館標識

表10-3　我國旅館等級評鑑制度與標準

法令依據	1.星級旅館評鑑作業要點。 2.觀光旅館業管理規則第十四條；旅館業管理規則第三十一條。
主管機關	交通部觀光局。
評鑑對象	1.觀光旅館（領有觀光旅館業營業執照者）。 2.一般旅館（領有旅館業登記證者）。
評鑑期限	每三年為一期，每年均辦理，星級標識效期三年。
評鑑項目	1.建築設備（10大項），配分計600分，分AB兩式。 2.服務品質（13大項），配分計400分。（表10-4）
評鑑方式	1.評鑑方式分為「建築設備」及「服務品質」二階段辦理，配分合計1,000分。 2.採自願申請方式辦理，費用自行負擔（唯首次辦理由交通部觀光局支付之）。 3.建築設備由四名評鑑委員評鑑，經評定為三星級者，依其申請再辦理服務品質評鑑（由評鑑委員兩名採不預警留宿受評旅館方式來評核）。

（續）表10-3　我國旅館等級評鑑制度與標準

星級等級	1.凡參加「建築設備」第一階段評鑑，而未參加「服務品質」評鑑之旅館，依其總分授予等級一至三星級；100～180分一星級，181～300分二星級，301～600分三星級。 2.參加第一階段硬體建築物設備，經評定為三星級者，始可申請參加第二階段軟體「服務品質」評鑑。 3.凡參加「服務品質」第二階段評鑑者，其軟硬體兩項加起來總分未滿600分者給三星級；600～749分給四星級；750分以上給五星級。
星級標識	1.星級標識須依規定懸掛於旅館門廳（大廳）明顯易見之處。 2.星級標識載有：中英文名稱、星級符號、效期。
附註	首次星級旅館評鑑報名時間：民國98年9月9日至民國101年12月31日止。

表10-4　星級旅館評鑑項目

「建築設備」評鑑	A式	B式	「服務品質」評鑑	
建築物外觀及空間設計	60	60	總機服務	30
整體環境及景觀	40	55	訂房服務	30
公共區域	90	70	櫃檯服務	60
停車設備	25	25	網路服務	20
餐廳及宴會設施	80	50	行李服務	20
運動休憩設施	25	10	交通及停車服務	10
客房設備	125	150	客房整理品質	60
衛浴設備	60	80	房務服務	30
安全及機電設施	70	75	客房餐飲服務	20
綠建築環保設施	25	25	餐廳服務	50
合計	600	600	用餐品質	30
＊兩階段評鑑總分合計1,000分 註：建築設備評鑑表分為A式及B式，滿分均為600分。凡選擇建築設備B式評鑑者，最高給三星級，但不得再參加第二階段服務品質評鑑。			健身設施服務	20
			員工訓練成效	20
			合計	400

餐旅小百科

我國星級旅館評鑑等級及意涵

參與建築設備等級
· 100～180分 ★
· 181～300分 ★★
· 301～600分 ★★★

參與服務品質等級
建築設備與服務品質兩項總分
· 未滿600分 ★★★
· 600～749分 ★★★★
· 750分以上 ★★★★★

★星級

代表旅館提供旅客基本服務及清潔、衛生、簡單的住宿設施。

★★星級

代表旅館提供旅客必要服務及清潔、衛生、較舒適的住宿設施。

★★★星級

代表旅館提供旅客充分服務及清潔、衛生良好且舒適的住宿設施，並設有餐廳，旅遊（商務）中心等設施。

★★★★星級

代表旅館提供旅客完善服務及清潔、衛生優良且舒適、精緻的住宿設施，並設有兩間以上餐廳、旅遊（商務）中心、會議室等設施。

★★★★★星級

代表旅館提供旅客盡善盡美的服務及清潔、衛生特優且舒適、精緻、高品質、豪華的國際級住宿設施，並設有兩間以上高級餐廳、旅遊（商務）中心、會議室及客房內無線上網設備等設施。

資料來源：交通部觀光局網站。

二、我國民宿的評鑑

為提升台灣民宿品質形象，輔導國內合法民宿業者強化其經營管理以提升服務品質，交通部觀光局特自民國100年起陸續舉辦好客民宿遴選活動，選出具有好客、友善及親切的「好客民宿」，並賦予「好客民宿，Taiwan Host」標章（圖10-18）。茲將好客民宿遴選作業摘介如後：

圖10-18　好客民宿標章

(一)遴選作業程序

◆先取得申請實地訪查資格

凡擬申請民宿評鑑的業者必須是合法民宿，且經交通部觀光局辦理的民宿輔導訓練，取得訓練證明者。

◆查核是否有違規行為

由各縣市地方主管機關確認提出申請的民宿是否有無違規行為。

◆執行訪查

由觀光局聘請專家學者、資深餐旅業者擔任實地訪查委員，前往實地訪查。

◆觀光局確認訪查結果

由觀光局召開好客民宿遴選委員會依訪查結果確認，若有存疑者則待再複查；若確認不通過者則以公文告知。

◆頒發標章、網路行銷

由交通部觀光局頒發代表「乾淨、衛生、安全、親切」的好客民宿標章，並在台灣旅宿網行銷推廣。

個案研究

清境民宿的永續經營

清境農場位於海拔1,750～2,100公尺的大草原上，綠野風情如詩如畫，具有北歐農牧景觀，故有「台灣小瑞士」之美譽，為國內外極具知名度的熱門觀光景點。

南投仁愛鄉清境農場附近民宿林立，各式招牌琳瑯滿目蔚為景點奇觀。自從《看見台灣》的紀錄片拍攝播映後，清境民宿卻成為國內新聞焦點。由於有部分民宿業者竊占國土、違反水保法而遭法院判決確定，但後來發現其中三家竟是政府國民旅遊卡特約商店，此情景如同政府縱容違規，拿人民納稅錢挹注非法業者一樣。經深入瞭解後發現其原因是由於政府部會主管單位不同，其引據的法令互異所致。內政部所謂的非法，是指民宿業者開發前未經國土開發風險評估及建物結構安全評估即取得民宿登記，因而認定清境地區合法民宿僅有四家。唯依交通部觀光局旅館業查報督導中心統計資料，清境民宿合法登記者有101家。觀光局表示民宿登記與註銷屬地方政府職權，擁有登記證的業者，始能向觀光局申請為國民旅遊卡特約的商店。

圖9-18　清境農場附近民宿林立

個案討論

1.清境民宿連日成為新聞焦點，並引發「一個合法，各自表述」的政府窘境問題，你認為其問題癥結何在？並請提出具體解決做法。

2.清境觀光產業若想要永續經營，你認為朝野間該如何來努力？

(二)實地訪查評選標準

1.舉凡建築、客房、景觀、生態、人文、體驗、運動、農特產品，接待外國遊客能力等方面特色，至少須符合兩種以上。

2.建築物及客房須符合安全、衛生兩大原則。例如：建築外觀整潔、公共區域環境清潔衛生、消防安全設備完善及為旅客投保責任險等。

3.接待服務品質良好。例如：電話禮儀、現場接待服務態度及服務人員服裝儀容整潔。

4.資訊服務公開。民宿業者能公開提供當地交通、旅遊資訊及住宿價格。

5.餐飲服務：業者必須提供早餐及未備餐的替代方案。

綜觀我國好客民宿的遴選，基本上，必須符合「親切、友善、乾淨、衛生、安心」的五大好客精神，以及整潔、隱私、安全、資訊公開等十九項評鑑指標，始能成為「好客民宿」。

三、國外旅館等級的評鑑

旅館等級的評鑑工作，國際間並無一套可共同接受的評鑑標準。旅館分級制度在歐洲較盛行，如英、法等國，其次是美加地區。至於亞太地區除了我國、中國、澳洲等國外，其他國家如日本、馬來西亞等國並無訂定任何嚴格分級制度。

事實上，歐美有許多知名旅館或國際連鎖旅館集團，如四季（Four Seasons）、卡爾登（Carlton）、凱悅（Hyatt）等，其品牌即代表一定的知名度，因此對於是否參與分級評鑑相形之下，顯得並不十分重要。易言之，旅館分級制度由於各國國情不一，評鑑單位互異，因此星級符號僅是一種形象表徵，其主要目的乃在提供國際旅客選擇所需住宿旅館之參考，同時也具有激勵旅館業者加強旅館軟硬體服務品質提升之效。茲將國內外旅館等級評鑑制度，列表摘述如下（**表10-5**）：

表10-5　國內外旅館的等級評鑑之比較

國別	標識	等級	期限	說明
中華民國	星級	五級	三年一次	分兩階段評鑑，第一階段硬體建築設備；第二階段軟體服務品質。
美國	鑽石／星級	五級	每年一次	1.以美國汽車協會（AAA）的鑽石為等級標識最為普及。 2.《富比士旅遊指南》（*Forbes Travel Guide*）則以星級為標識。
加拿大	星級	五級	每年一次	加拿大每一省均有自己的評鑑制度，並不統一。
英國	星級／皇冠	五級	每年一次或兩年一次	1.一般旅館之評鑑以英國汽車協會（Automobile Association, AA）為最主要單位，係以星星為標識較普及。 2.英國小型旅館如民宿，則以英國旅遊局（English Tourist Board, ETB）之皇冠為標識較多。
法國	星級／洋房	五級	每年一次	1.法國官方評鑑旅館等級係以星星為標識，共分五級。 2.米其林輪胎觀光部將旅館住宿部分以「洋房」為等級標識，餐飲部分則以「湯匙」為標識。 3.民宿部分以「麥穗」為標識。
澳洲	星級	九級	每年一次	每半顆星為一級，共分五星九級
南韓	無窮花級	五級	每年一次	1.無窮花為韓國國花。 2.特一、特二級為五朵花、一級為四朵、二級為三朵、三級為二朵、依次遞減。
中國	星級	五級	每年一次	二星級以下由地方政府評鑑，三星級以上涉外旅館則由中國國家旅遊局負責評鑑旅館設施、服務品質。其中以白金五星級為最高等級的涉外觀光旅館。

註：聯合國世界觀光組織（United Nations World Tourism Organization, UNWTO）就旅館設備設施來分，旅館可劃分為：豪華級、一級、二級、三級、四級。

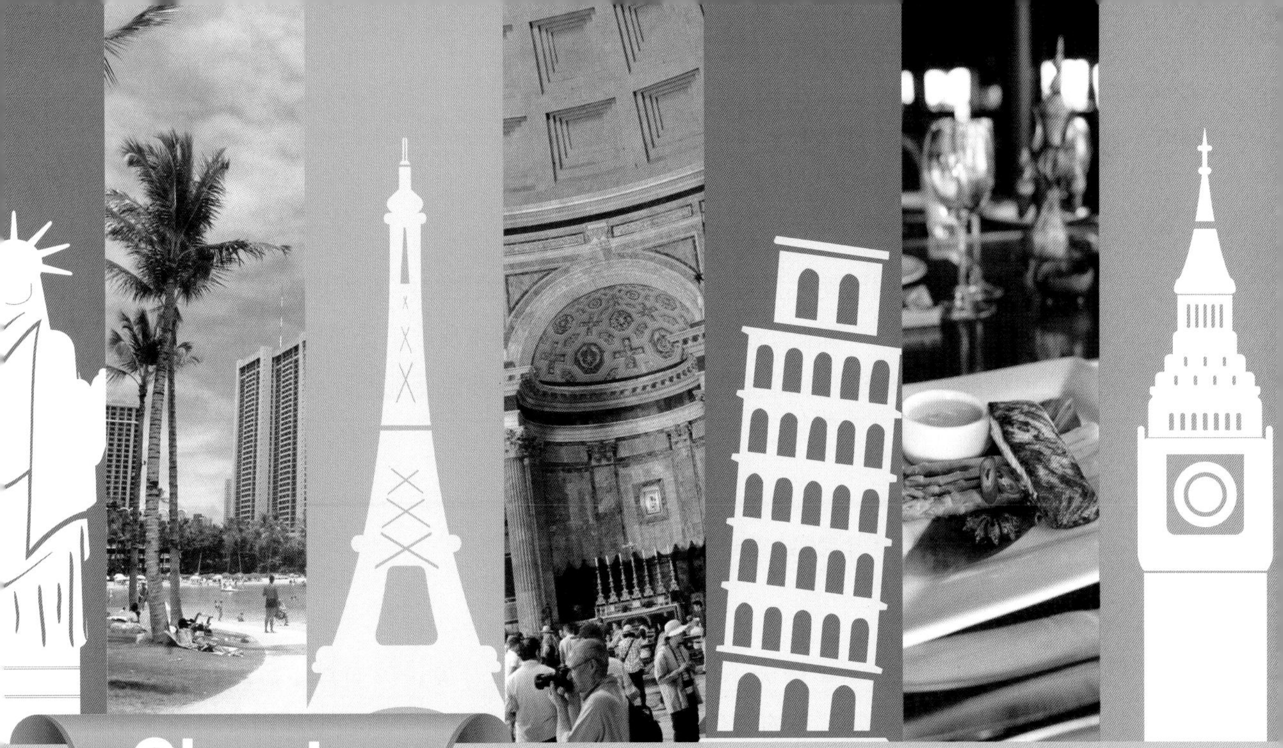

Chapter 11 旅宿業的組織與部門介紹

- 第一節　旅宿業的組織
- 第二節　旅館從業人員之職掌

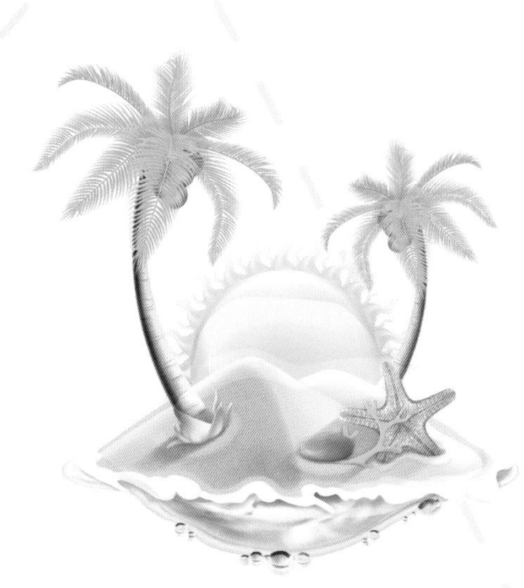

現代化的旅館已朝大型化、國際化，以及連鎖化之經營管理方式在營運。其部門組織愈來愈多、為求有效運作，均依其本身業務及旅館營運特性，建立組織系統來督導推展其業務，以達預期營運目標。因此需要每個部門同心協力集體合作始能竟事。

第一節　旅宿業的組織

目前國內旅宿業規模大小不一，營運方式也互異，因而每家旅館之組織型態與組織結構均不同。本節將先介紹旅宿業的組織原則、組織型態與結構摘述如下：

一、旅宿業組織的基本原則

旅館的種類繁多，唯組織原則都一樣，即統一指揮（Unity of Command）、指揮幅度（Span of Control）、工作分配（Jobs Assignments）及賦予權責（Delegation of Responsibility & Authority），說明如下：

(一)統一指揮

指一名員工僅適宜接受一位上級指揮，不宜同時受命於數人，以免無所適從，甚而紊亂體制失去效能。

(二)指揮幅度

指一個單位主管所能有效督導指揮的部屬人數。若是工作愈複雜、地區愈分散時，其負責監督的單位愈應該減少。但此幅度大小並無一定客觀標準，以美國為例，一位主管以一人督導一至十二人為準。不過根據美國史蒂格利茲（Horlod Stieglitz）所提出的洛克希德系統中指出最佳控制幅度為五至八人。

(三)工作分配

指按每位員工本身的個性、學識、能力等因素，分別賦予適當的工作，使其各得其所，人盡其才，以達最高工作效益（**圖11-1**）。

圖11-1　工作分配須依員工專長能力，使人盡其材

(四)賦予權責

指工作分配後，再逐級授權分層負責之意思。至於權責之劃分宜分明，權責要對等，責任要絕對，並時加控制考核，以增進工作效率，並可藉此培育主動負責的幹部人才。

二、旅宿業組織的基本型態

現代化新穎的旅館不斷問世，不但量增，且種類繁多，唯其組織型態大致雷同，主要可分為下列三種：

(一)直線式

是由上而下，宛如直線垂直而下，每位員工的職責劃分十分清楚，界線分明，部屬須服從上級所交待的任何命令，並努力認真去加以執行，每人權限職責劃分明確。

例如客務部經理之下，依序由上而下設有櫃檯主任、櫃檯組長、櫃檯接待員；餐廳部經理之下設有餐廳副理、餐廳主任、領班、服務員及服務生等。

(二)幕僚式

其特色是這些「指揮者」均是幕僚顧問性質，僅能提供各部門專業知能或改進意見，但不能直接發布或下達行政命令。易言之，這些人員之建議或指示，必須先透過各級主管人員，才可到達各部屬。如總經理祕書、特別助理、公關行銷人員均屬之。

(三)混合式

該指揮系統乃綜合上述兩種組織型態之優點，加以綜合交錯運用。目前此型式為現代企業化經營的觀光旅館最常見，且普遍為人所採用之一種。

三、旅宿業的組織與各部門的職掌

現代旅宿業的組織可歸納為兩大部門，分別為外務部門（Front of the House），簡稱「外務部」；另一個為內務部門（Back of the House），簡稱為「內務部」。

外務部門係指旅館客房部與餐飲部等兩大部門及其他對外營業單位。至於內務部門係指旅館行政管理部門與後勤支援單位而言，如工程、財務、安全、總務、人力資源、行銷業務及公共關係等部門（**圖11-2**）。

(一)旅館的外務部門（營業單位）

旅館的外務部門分為客務部、房務部、餐飲部及其他相關營業單位。

◆客務部（Front Office）

客務部俗稱前檯或櫃檯，此為旅館的神經中樞，也是旅客進住接待服務之第一線，負責旅客訂房、旅客進住遷入與退房遷出，以及各項櫃檯詢問接待事宜。茲就客務部所屬各單位之工作執掌分述如後：

1.櫃檯（Front Desk）

(1)出租客房，調配客房及旅客遷入與遷出的作業。

(2)鑰匙保管、郵電傳真、旅客留言的處理。

(3)館內、市內導遊詢問。

(4)貴重物品保管、失物招領。

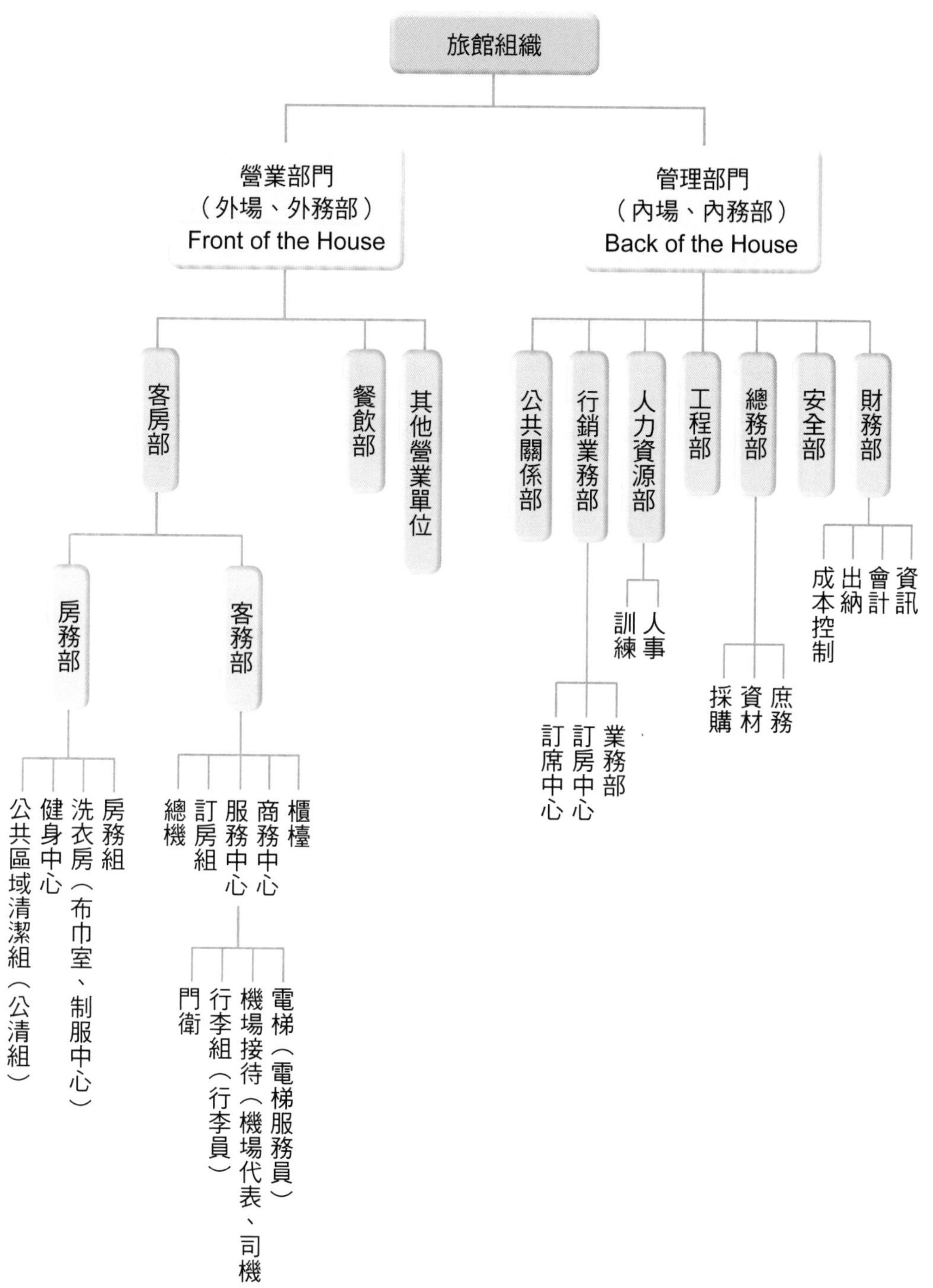

圖11-2　大型旅館組織圖

(5)外幣兌換。

(6)督導行李員、大廳接待及旅客遷入與遷出的迎賓接送服務工作。

2.商務中心（Business Center）

(1)提供商務旅客商情資訊、商務辦公設備與設施。

(2)提供商務旅客傳真、影印、網路及翻譯、記錄等祕書服務（**圖11-3**）。

(3)其他有關商務旅客之接待服務。

圖11-3　旅館商務中心

3.服務中心（Uniform Center／Concierge）

(1)引導旅客至櫃檯住宿登記，以及引導旅客進房間。

(2)協助旅客搬運行李、看管行李或行李打包等工作（**圖11-4**）。

(3)負責機場接送、代客泊車及代客叫車服務。

(4)負責傳遞旅客郵電、信件或報紙之服務。

(5)其他有關旅客之委辦服務。

4.訂房組（Reservation）

(1)負責處理旅館外的訂房業務，至於館內旅客之訂房則由櫃檯負責。通常旅館團體旅客訂房係由業務組承辦。

(2)負責訂房狀況之控管，以提高客房銷售營收。

圖11-4　旅館服務中心

5.總機（Operator）

為旅館的通信指揮中心，負責旅館內外電話的叫接服務、旅客晨喚或喚醒服務（Morning Call/ Wake-up Call），以及緊急事件之廣播。

大型旅館客務部組織如圖11-5所示。

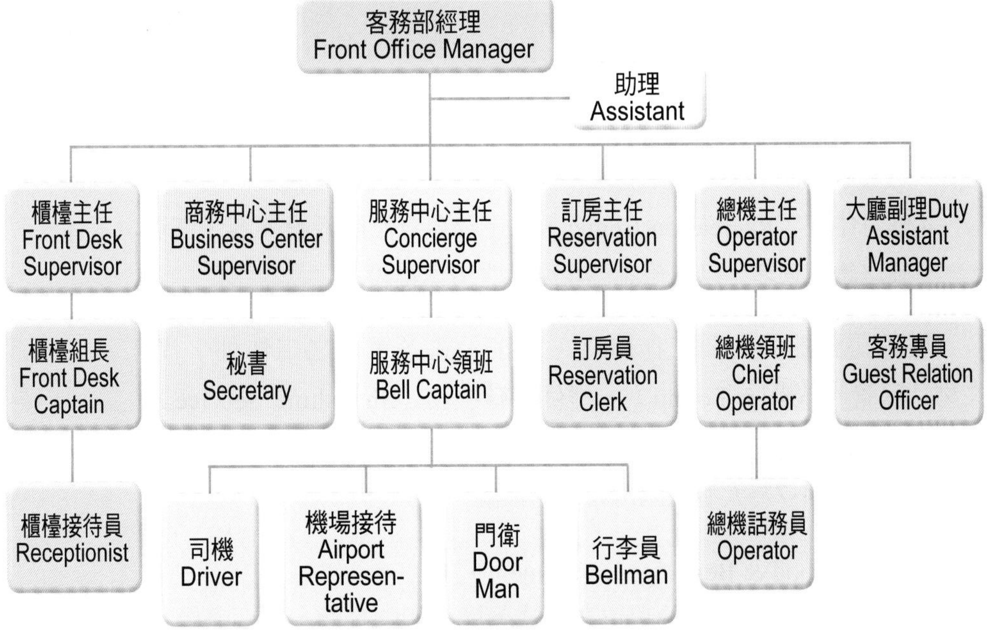

圖11-5　大型旅館客務部組織圖

◆房務部（Housekeeping Department）

房務部係旅館客房清潔維護形象包裝之重要部門，其所屬的單位主要有：房務組、公共區域清潔組、洗衣房、健身中心等。旅館房務工作之指揮協調、任務分派均在房務部辦公室，因而有「房務部心臟」之稱。茲將房務部各單位職掌摘述如下：

1.房務組／樓層服務檯（Floor Station）：負責客房房務之清潔維護，如房間、客房迷你酒吧（Mini Bar）、衛浴設備等，以及客房服務如補充備品、迎賓水果花束遞送（**圖11-6**）。

圖11-6　客房迷你吧台

2.公共區域清潔組／公清組（Public Area Cleaning）：負責旅館設備、硬體環境設施之清潔保養工作，以及旅館大廳、客用廁所及公共區域之清潔工作，如樓梯間、大廳走廊、電梯間、停車場。

3.洗衣房／布巾室（Laundry／Uniform & Linen Room）：負責旅館布巾、旅客送洗衣物、員工制服之洗滌工作以及布巾室管理。旅館為房客衣物洗燙服務稱為Valet Service。

4.健身中心（Recreation Center）：主要負責旅館附設美容、三溫暖等休閒設施之維護管理，以及旅館健身中心之清潔維護。

旅館房務部的主要工作職責，除了上述各單位之工作外，尚兼負旅客遺失物品保管（Lost & Found）、提供擦鞋服務（Shoeshine Service）、娛姆服務（Baby-sitter Service）、開夜床服務（Turndown Service）以及管家服務（Butler Service）。**圖11-7**為大型旅館房務部組織圖。

◆餐飲部（Food & Beverage Department）

觀光旅館餐飲部所轄的單位有各式餐廳，如咖啡廳、中西餐廳、宴會廳、酒吧以及客房餐飲服務（Room Service）。餐飲部主要的工作職責乃在提升旅館餐飲

圖11-7　大型旅館房務部組織圖

服務品質、提供乾淨舒適的用餐環境、落實成本控制與營收管理，以達餐飲營運目標。因此餐飲部須經常與客務部保持密切聯繫，根據所獲得的客房銷售量及每日預期進住的旅客人數來預測次日餐廳廚房之備餐數量，以及內外場人力之安排調度。

◆其他營業單位

旅館由於性質不同，因此所附設的其他營業單位也互異。一般常見的對外營業單位有休閒娛樂、高爾夫球場、購物商店街及停車場。

(二)旅館的內務部門（行政管理、後勤支援單位）

◆財務部（Finance Department）

財務部包括會計、成本控制、出納等單位，其業務相當繁重，舉凡旅館有關資金、收支及各式會計報表之編制、預算之編列，如資產負債表、年度預算，以及庫房物料盤查、稽核、財產保管等工作。

目前旅館各營業單位之會計、出納，如櫃檯出納、餐廳出納，以及負責旅館夜間查帳並製作營業日報表的夜間稽核等，均屬於財務部的管理範疇。

◆ **安全部（Security Department）**

係負責旅館之安全問題，確保旅客與旅館員工性命與財務免於受危害或損失。其工作要項很多，如門禁管制、員工上下班攜帶物品檢查，防範不肖旅客詐財、偷竊、滋事、破壞或意外事件之防患於未然，凡此安全維護事項均為此部門之職責。

◆ **總務部（General Affairs Department）**

總務部其下設有採購組、資材組、庶務組，其工作範圍極廣，舉凡旅館任何部門的物料設備採購、資材庫房管理、停車場管理、旅館公務車輛之調配維修等，以及旅館內大廳、各餐廳所需的盆花、客房盆花插飾等，均屬於其工作職責範圍。唯有些大型觀光旅館將盆花及花卉插飾工作在房務部下另設花房（Florist）專責管理（圖11-8）。

◆ **工程部（Engineering Department）**

工程部另稱工務部，負責旅館硬體設備之維修、養護等工作均為其業務範圍，如冷凍空調、升降梯、水電、木工、鍋爐、給水排水系統及消防設施。

圖11-8　大型旅館花卉裝飾有些是由房務部所屬的花房負責

◆人力資源部（Human Resources Department）

人力資源部主要職責乃負責旅館所有員工的招募、任用、考核、教育訓練、退休、撫卹、福利及上下班勤惰管理，此部門為人事室及教育訓練中心的結合體。此外，該部門尚負責新進員工的職前訓練（Orientation）、在職訓練（On Job Training）、非在職訓練（Off Job Training），以及其他各種教育訓練，其功能乃在提升人力資源之服務品質，降低旅館人事流動率。

◆行銷業務部（Marketing & Sales Department）

此部門係負責開發客源，代表旅館拜訪主要業務往來的旅行社、訂房組織、航空公司或簽約公司，負責團體訂房業務。此外，並負責分析預測市場現況及發展趨勢，並據以研擬年度行銷策略，如配合節慶研擬主題行銷。

◆公共關係部（Public Relations Department）

旅館公關部是旅館對外的發言人，負責接待國賓或重要貴賓、新聞媒體接待及發布新聞稿。公關部的職責乃負責對內公關（指員工）與對外公關，其目的乃在與員工及社會大眾建立並維持良好關係，藉以提升旅館企業形象。

第二節　旅館從業人員之職掌

旅館從業人員當中，以總經理位階最高，負責整個旅館營運成敗，統籌全局之責，須直接對董事會負責。旅館總經理經常以旅館主人身分出現在賓客面前代表旅館迎賓接待。總經理之下設有副總經理，協助總經理執行各項營運計畫之運作與考核，當總經理外出時，代表其行使各項行政職權。

總經理、副總經理之下設有各部門的經理及相關從業人員，茲就其工作職掌分述如下：

一、客務部

客務部為旅館的「神經中樞」，此部門從業人員之職責，分述如後：

(一)客務部經理（Front Office Manager, FOM）

主要負責督導旅館房間出售、訂房、住宿登記、詢問接待服務、郵電留言、鑰池保管、外幣兌換、客帳處理及總機服務；督導服務中心、門衛及旅客行李搬運、託管之責，尚須負責與旅館其他相關部門溝通協調事宜。

(二)大廳值班經理（Duty Manager／Lobby Assistant Manager）

通常旅館大廳值班經理，係由資深櫃檯人員來擔任，另稱駐店經理或抱怨經理（Complaint Manager）。其職責為在旅館大廳負責協助旅客各項問題，如旅客換房處理、緊急偶發事件或抱怨事項之處理等工作。

旅館大廳有時設有專屬辦公桌，以供應大廳值班經理處理旅客抱怨或接待詢問事宜（圖11-9）。唯大部分時間均在旅館大廳附近巡視進行走動管理，其助理為客務專員。

(三)夜間經理（Night Manager）

負責旅館夜間所有營運作業及旅館接待工作，為旅館夜間最高負責人。其主要工作為負責旅館緊急突發事件之處理、負責旅館安全維護與管理，以及審核客房營收日報表，提報住宿折扣數量及理由等工作。

圖11-9　旅館大廳值班經理專屬辦公桌

(四)櫃檯主任（Front Desk Supervisor）

主要負責督導旅館櫃檯作業，如訂房、接待、總機、出納，以及旅客進住、遷出之作業。此外，並負責櫃檯人員及其相關人員之教育、訓練及考核。

(五)櫃檯接待員（Receptionist／Room Clerk）

負責住宿旅客之住房登記、房間分配與銷售事宜、旅客進住及遷出的作業處理。此外，尚須負責旅客抱怨事項之處理及其他旅客接待服務事項。

(六)客務專員（Guest Relation Officer, GRO）

另稱大廳接待員（Lobby Greeter），其主要職責乃代表旅館及客務部經理迎接貴賓，並協助大廳經理處理旅客抱怨及偶發事件。此外，也採走動式管理，巡迴旅館大廳負責協助接待與安全事宜（**圖11-10**）。

(七)諮詢服務員（Information Clerk／Concierge）

主要負責處理旅客詢問事項之解答與服務，也負責蒐集館內與館外之相關旅遊、文教、交通等各項最新資料，以便旅客詢問服務及資訊提供。此外，協助客人代訂機票、車票等服務。

圖11-10　客務專員須在旅館大廳巡視並協助接待事宜

(八)郵電服務員（Mail Clerk）

負責旅客及館內員工信件、郵電、傳真和旅客留言之處理，以及其他旅客接待服務工作之協助處理。

(九)訂房員（Reservation Clerk）

主要負責訂房及超額訂房之處理，並掌握市場動態，作為客房銷售之參考，以提升住房率。此外，尚須負責製作預定到達旅客名單、無故未到旅客名單（No Show List）、訂房確認單，以及保證訂房（Guaranteed Reservation, GTD）之處理。

(十)金鑰匙人員（Les Clefs d'Or／Golden Keys）

資深合格服務中心主任可能是經「金鑰匙協會」認可的會員，其外套翻領上有金鑰匙交叉的標記，象徵其具有專精優質的專業能力。

(十一)夜間櫃檯接待員（Night Clerk）

主要負責製作夜間櫃檯員房間報告表（Night Clerk Room Report）、旅館當日

餐旅小百科

金鑰匙

金鑰匙（Les Clefs d'Or）源於法文，英文為Golden Keys。它係由國際旅館金鑰匙協會所頒贈給旅館大廳資深服務人員（Concierge）的一種最高榮譽徽章。

金鑰匙人員為現代旅館的禮賓司，若想榮膺此殊榮，至少須擔任旅館服務中心主任或副主管三年以上，具備三種以上的語言能力，並由兩位國際旅館金鑰匙協會正式會員的推薦，始具甄審資格。

我國已於西元1998年正式申請加入國際旅館金鑰匙協會（Union Internationale des Concierges d'Hôtels Les Clefs d'Or）為會員，同時在西元2001年正式成立中華民國旅館金鑰匙協會（Golden Keys Association of Chinese Taipei）。

圖11-11　旅館夜間櫃檯接待員

住房率等各項統計，以及查看房間狀況，是否尚有空房，以利空房之銷售，並協助客人夜間進住之登記手續及旅館訂房事宜（圖11-11）。

(十二)櫃檯出納（Front Desk Cashier, FDC）

櫃檯出納雖然任務編組是櫃檯人員，但係直屬財務部，其職責為：

1.負責辦理旅客遷出結帳手續。
2.負責旅客帳單款項之催收與處理事宜。
3.外幣兌換工作及信用卡帳目之處理。
4.旅客信用徵信調查、核對帳卡資料。
5.旅客貴重物品之保管。

(十三)服務中心主任（Concierge Supervisor）

1.負責督導服務中心人員，如行李員、門衛、電梯服務員及機場接待員之工作。
2.接受櫃檯主任之指揮，協助旅客進住及遷出之接待服務，如行李託管或搬運上下車。

3.團體旅客行李之託管、搬運服務，以及代叫車輛、泊車服務等相關工作之督導。

(十四)機場接待員（Flight Greeter/ Airport Representative）

1.代表旅館在機場迎賓及接送機事宜，為旅館派駐機場之第一線服務人員。

2.負責接待已訂房的旅客並安排司機送客人到旅館，同時尚須爭取未訂房的旅客。

(十五)行李員（Bellman/ Porter/ Page Boy）

1.旅客進住與遷出之行李搬運服務。

2.引導賓客到樓層客房之接待工作。

3.遞送物件、郵件、留言及報紙等瑣碎工作。

4.代客保管行李及代購各項客機船票之差事。

5.負責旅館大廳（Lobby）之整潔與安全維護。

6.其他旅客服務或交辦事項，如在旅館內代為尋人之工作。

(十六)總機、話務員（Operator）

1.另稱「看不見的接待員」，主要負責館內館外電話之接線服務。

2.國際電話之撥接服務與喚醒服務（Morning Call）。

3.館內廣播或緊急播音服務，以及電話費之計價等帳務工作。

(十七)門衛（Door Man/ Door Person）

1.大門迎賓，協助客人裝卸行李、開啟車門服務（圖11-12）及叫車服務。

2.維持旅館大門口之交通秩序與整潔、車輛管制及指揮停車事宜。

(十八)代客泊車員（Parking Attendant/ Parking Valet）

主要職責在旅館大門口代客泊車，同時協助住宿旅客取車服務。

(十九)電梯服務員（Elevator Starter or Girl）

1.負責電梯之整潔、安全衛生。

2.旅客搭乘電梯之接待服務，以及維護旅客之安全。

圖11-12　門衛負責迎賓並為客人開啟車門

二、房務部

房務部主要職責在維護客房與公共區域清潔、旅館住宿旅客安全及客房住宿服務等工作。本部門相關人員及其工作職責如下：

(一)房務部經理（Housekeeping Manager）

1.負責督導所屬員工確實執行客房、公共區域之清潔工作、洗衣房洗衣服務及員工制服的管理工作。

2.負責編訂房務標準作業，指導並訓練其所屬員工。

3.處理旅客抱怨事項及部屬之間的協調與溝通。

4.編製所屬員工之服勤輪班表，以及各項物品、客房備品之採購。

(二)房務部領班／樓層領班（Floor Supervisor／Floor Captain）

1.負責指導房務員正確的迎賓接待與客房服務，並負責房客抱怨之處理。

2.負責該樓層所有客房之清潔維護管理。

3.督導房務清潔員房務整理及工作分配。

4.負責該樓層客房的主鑰匙（Floor Master Key）及備品室物品之保管。

(三)房務員（Housekeeper／Room Maid／Room Attendant）

1.負責客房清潔、打掃及衛浴設備清潔工作。

2.負責旅館客房備品，如洗髮精、沐浴乳、香皂、牙膏牙刷、浴帽、梳子及刮鬍刀等備品之補給（**圖11-13**）。

3.晚班人員（Night Shift）須協助開夜床之服務（Turndown Service）。

4.負責維護樓層之安全，並留意可疑人物或客人逃帳（Skipper）。

(四)公共區域清潔人員／公清人員（House Person／Public Area Cleaner）

1.負責旅館公共區域，如大廳、洗手間、走廊、客用電梯等區域之清潔維護工作。

2.協助員工餐廳、員工更衣室、休閒中心之清潔工作。

圖11-13　客房浴室清潔及備品補充為房務員職責

(五)布巾管理員、被服間管理員（Linen Room Attendant）

1.負責住店旅客送洗衣物之洗滌事宜。

2.負責旅館所有員工之制服送洗及收發服務。

3.旅館客房及餐廳布巾之洗滌保管工作。

(六)嬰孩監護員（Baby Sitter）

嬰孩監護員主要是負責住店旅客小孩之託管照顧工作。

三、其他相關人員

旅館客房部除了上述從業人員外，尚有下列相關人員：

(一)安全人員（Security Supervisor）

1.負責來回巡查檢視住房、通道、公共區域等地方，確保旅客及員工之安全。

2.負責檢查員工上下班之隨身攜帶物品。

3.負責旅館各種災難之緊急處理及消防措施，如安全門及掛於客房門後的緊急避難指示圖檢查。

(二)夜間稽核員（Night Auditor）

1.隸屬於財務部，每日晚上23:00關帳清機，開始核對當天房帳報表交易帳目（上班時間為23:00～隔日清晨7:00）。

2.負責登記晚間尚未登記之帳目及製作客房出售日報表及營業分析統計表。

3.若發現帳目不符，須設法找出原因並提出查核報告。

(三)商務樓層接待員（Executive Floor Receptionist）

1.負責提供商務樓層旅客之住宿接待服務。

2.商務諮詢服務及資訊之提供。

四、旅館客務部與房務部專業用語

旅館客務部與房務部常見的專業用語，謹列表說明如**表11-1**。

表11-1　旅館客務部與房務部專業用語

專業名詞	說明
房間分配表（Master Arrival Report）	此表係供櫃檯人員出售及調配客房使用，通常在當天中午十二點前要完成，以利客人進住。
遷入（Check-in, C/I）	旅客進住旅館的住宿登記手續，旅館通常在下午三點始讓旅客辦理進住手續。
遷出（Check-out, C/O）	旅客遷出旅館時間為中午十二點，若超過時間會加收額外逾時房租。
散客、個別旅客（Foreign Independent Traveler, FIT）	係指團體訂房以外之旅客，如已訂房的個別旅客，或未訂房而臨時進住的旅客（Walk In）。
團體旅客（Group Inclusive Traveler, GIT）	係指旅行社團體的訂房，或公司行號以團體名義訂房之旅客。通常團體訂房以八間以上為原則，始享有特別團體優惠價。
保證訂房（Guaranteed Reservation/ GTD）	係已接受訂金，保證房間已保留。
超額訂房（Overbooking）	旅館在旺季為求提高住房率、增加營運收入，通常會依以往No Show旅客人數比率，並參酌太晚取消訂房及提早退房等三項數據，作為超額訂房的數量，一般約2～3%，此為訂房組重要職責。
無故未到（No Show, N/S）	已訂房旅客，但未事先取消訂房，也未如期進住。
空房（Vacant Room/ Ok Room）	房間整理完畢，可供銷售的客房，簡稱VR。
故障房／不堪使用（Out of Inventory, OOI）	無法在短期修復的故障房，若短期內可修復者稱為Out of Order簡稱“OOO”。
保留房（Room Blocking）	旅館預留客房給團體或VIP客人的作業方式。
請勿打擾（Do Not Disturb/ DND）	此為房門掛牌，通知旅館服務員勿打擾。
延時退房／續住（Over Stay; Late C/O）	已達退房時間，但客房尚在使用中；房客臨時延長住宿時間，而旅館事先未被告知。
拒絕旅客住宿（Walking/ Turning Away）	因房間不足，拒絕旅客住宿。
遷入未宿／外宿（Did Not Stay, DNS/ Sleep Out, SO）	旅客登記遷入後，因故離去未住宿。
續住房（Occupied Room/ Stayover Room）	房間已有房客續住使用、正在使用。

（續）表11-1　旅館客務部與房務部專業用語

專業名詞	說明
清理中的客房（On Change, OC）	房客已離開，客房正在清理中，另有旅客等待進住。
空置房（Sleeper）	本為空房，但櫃檯房間控制盤誤植為有人住宿。
太晚取消訂房（Late Cancellation, L/C）	指旅客取消訂房時間已超出旅館規定時間。
提早退房（Under Stay）	指旅客提前退房離店。
快速遷出退房（Express Check-Out）	現代旅館提供給房客最便捷的一種服務方式。
公務用住房（House Use）	此類客房為專供旅館高階主管或駐店經理使用的公務房間。
免費住宿招待（Complimentary）	旅館為了公關行銷，有時會免費招待重要客人住宿。
長期住宿客人（Long Staying Guest）	為長期住宿該旅館的客人，其價格有特別折扣，約六至七折。
未訂房的客人（Walk In）	客人未事先訂房，而直接前來辦理進住手續。
延遲帳（Late Charge, LC）	客人退房離店後，櫃檯才收到其他營業單位的帳單，無法於退房時結帳。因此須與客人聯繫，取得其信用卡授權，以完成補行入帳。
本日已售房間數（House Count）	旅館會計用語，意指當天已賣出的房間數量。
跑帳旅客（Skipper）	客人已遷出旅館，但並未辦理結帳手續。
房間狀況報表（Housekeeping Room Report）	房務員打掃整理客房以後，須將房間情況填在此表上。大部分以代號來表示客房現況： VC：Vacant & Clean，乾淨，已整理好的客房。 VD：Vacant & Dirty，已遷出，尚未整理的客房。 VR：Vacant & Ready，表示空房。 OC：Occupied & Clean，已整理，且有房客住宿的客房。 OD：Occupied & Dirty，尚未整理，有房客住宿的客房。 OOO：Out of Order，故障房，待維修之客房。

Chapter

12 旅宿業的經營概念

現代旅宿業的營運，務須先針對目標市場消費者之需求來規劃設計其商品，並事先做好市場定位，以利旅館的經營管理及品牌形象之提升，期以滿足市場多元化之需求，因應二十一世紀旅宿業營運所面臨的挑戰。

第一節　旅宿業的經營理念

旅宿業是一種為公眾提供住宿、膳食及休閒娛樂等接待服務而收取一定費用的觀光餐旅產業。易言之，旅宿業想永續經營，須靠下列正確的營運理念，始能滿足顧客需求，進而創造出顧客價值。

一、產品定位明確

旅館的產品服務屬性在觀光餐旅市場之定位須明確，如商務旅館、渡假旅館或公寓式旅館等，營運性質及目標務必十分清楚，不得有混淆不清、定位不明之現象，因為旅館產品服務定位不同，其立地位置、設施設備，甚至目標市場顧客群也互異。因此，旅宿業在興建規劃時，即須將其產品服務先予以明確定位，以利後繼之營運管理。

二、創新產品特色

旅宿業的產品服務，無論是有形或無形產品，均應力求創新，展現其特色。例如：將旅館的有形設施設備或外表建築，加以導入在地文化特色資源，期以創新產品特色。此外，也可透過專業訓練來培育旅館所需優質人力，期以營造軟體服務之產品特色，在市場上營造出產品的差異化，以利口碑行銷。

三、服務分級化

旅館的類別很多，為便於區隔不同的市場，並滿足其主要目標市場的顧客需求，旅宿業者在營運之前，即須針對其旅館產品服務方式予以分級化，期以規劃所需軟硬體設施及設備來滿足其目標客層旅客之需，並經由超值的服務來創造顧客價值。例如：經濟型有限服務的平價旅館，業者除了提供必要的住宿設施服務外，若

圖12-1　高價位的旅館產品服務須力求創意，以營造魅力

還提供免費早餐及簡單休閒娛樂服務，那就是高CP值的服務了；至於完整服務的旅館，如觀光旅館或高價位的豪華旅館，則須在其產品服務力求創意，以營造其產品服務之魅力（**圖12-1**）。

旅宿業的產品服務若未能落實分級，其營運管理及行銷策略，勢必混淆不清，更遑論發展產品特色。

四、創造品牌

品牌（Brand）係指一個名稱、符號、標誌或圖案的組合，期以作為識別某產品服務的生產者或服務者而言。今日旅宿業若想在客源短缺、競爭激烈的觀光餐旅市場爭得一席之地，勢必要自下列幾方面來創造品牌：

1.品牌定位須明確。
2.旅館建築及裝潢須具創意特色。
3.確保一致性水準的餐旅服務品質。
4.品牌行銷力求創意，管道多元化。

五、專業經營，策略聯盟

旅館從業人員最重要的任務乃在以每天的努力，創造顧客一生的回憶，進而創造顧客價值及免費且有效的口碑行銷。因此，旅館在「選才、育才、用才、留才」等，均委由專業人士或專家來負責規劃與訓練，期以提供顧客優質的創新服務。

為了強化市場知名度及競爭力，旅宿業者除了重視同業及異業策略聯盟外，更共同推展市場行銷及網路行銷，期以對抗Airbnb訂房網站在台灣打著「共享經濟」之名的鯨吞蠶食。

第二節　旅館房租的計價方式

旅館客房的房租，除了特定對象外，其房租之計價方式，一般係以停留時間、天數以及是否房租含餐費等，因而有不同的計算方式，茲分述如下：

一、房租價目表

所謂「房租價目表」（Room Tariff），係指旅館客房房租的公告價格，即客房定價（Room Rate/ Rack Rate）。此價目表除了說明旅館各等級類別客房價格外，尚詳列遷入與遷出時間、收費方式，如加床費用、服務費、稅捐等相關訊息。此外，房租價目表也象徵旅館及其客房的等級水準。此價目表不得任意更動，除非事先報請原受理機關核備。價目表須連同旅客住宿須知及避難位置圖置於客房明顯易見之處。

二、旅館房租的計價方式

旅館房租通常係以客房數為計價單位，再端視停留天數或時間長短、房租是否含餐費或享有特別優惠折扣等予以分別計價。

(一)依住宿停留時間計價

1.大部分旅館規定，係以中午十二點為旅客遷出時間（**圖12-2**）。如果延到下

圖12-2　住宿旅客遷出的時間以中午十二點為原則

午三點才遷出，則會加收三分之一房租；若住到下午六點前，則可能加收二分之一房租，至於超過下午六點，則以一天房租計算。唯一般旅館規定下午三點後始可遷入，以利房務員整理客房。

2.觀光旅館房租，一般均以住宿天數計算，如全天租（Full Day Rate）、半天租（Half Day Rate），僅部分旅館兼營短暫休息之零售業務。

(二)依房租是否含餐食而分

房租是否包含餐食在內，其計價方式如**表12-1**所示。

(三)依營運季節特性而分

旅館營運有淡季、旺季之分，尤其是位居山區、海濱的渡假旅館尤為顯著。旅館房租依季節之計價方式可分為：

1.旺季房租（In Season Rate）：旅館營運旺季，其房價係依定價出售，優惠折扣較少。此外，訂房時會要求預付訂金。

2.淡季房租（Off Season Rate）：旅館淡季時，會推出各種住房特惠專案或提供特別優惠折扣，以爭取客源。

表12-1　旅館房租計價方式

計價方式	說明
歐式計價方式（European Plan, EP）	・係指房租「只有房租費用」，不含任何餐費。 ・如我國及世界大部分國家均以此方式為多。
美式計價方式（American Plan, AP）	・係指房租含三餐在內的計價方式。 ・此類收費方式又稱為Full Pension或Bed & Board。
修正美式計價方式（Modified American Plan, MAP）	・係指房租含兩餐在內的計價方式，如早餐及午餐或晚餐，即一泊二食。 ・此類收費方式又稱為Half Pension或Demi-Pension。
大陸式計價方式／歐陸式計價方式（Continental Plan, CP）	・係指房租包括「歐式早餐」在內的計價方式。 ・歐式早餐較簡單，不含蛋類及肉類，僅供應果汁、牛奶、麵包及粥類。
百慕達式計價方式（Bermuda Plan, BP）	・係指房租包括美式早餐的計價方式。 ・美式早餐較豐盛，含蛋、培根、香腸、麵包、果汁或咖啡。

3.平時房租（Rack Rate）：旅館平時房租，通常均依房租價目表定價收費，唯為爭取客源，有時會給予住客折扣優待，或提供免費早餐。

(四)依契約合同而分

旅館為推展業務開發市場，經常會與旅行業、機關團體、公司行號簽訂契約，給予住房優惠折扣。此類契約租（Contract Rate）常見的有下列兩種：

◆ 團體價（Group Rate）

旅館通常會給予旅遊團體或參與會議團體達一定人數時，給予折扣優惠，如旅館對旅行業者均訂有團體優惠價，其價格約定價六至七折，且不另加服務費10%，至於折扣多少，端視旅行業與旅館間業務量而定。

◆ 商務契約價（Commercial Rate）

旅館為開拓客源市場，通常會與有業務密切往來的公司、機關、團體等單位簽訂契約，給予所屬成員住房房價折扣優惠，如航空公司為提供其機組員休息或過夜能享有優惠房價，則會與旅館簽訂合約（圖12-3）。

圖12-3　航空公司為提供機組人員過夜住宿，會與旅館簽約，以享有優惠的商務契約價

(五)其他優惠折扣價

旅宿業為加強公關行銷及提升其住房率，經常會運用各種價格折扣策略或特別優惠價格，此類優惠折扣價（Discount Rate）常見的計有下列幾種：

◆免費招待（Complimentary）

旅館對於某些有密切業務往來的單位主管或貴賓，有時會提供免費招待之禮遇房價。此外，對於帶領住宿團體旅客達一定人數之領隊或導遊，也會提供免費招待的房間。

◆特別優惠價（Special Rate）

此類計價最常見的是房間免費升等（Upgrade），即以更高等級房間取代原訂房間，唯房租仍以原訂房價計價，如貴賓（VIP）進住時，旅館通常會以此方式收費，以表示禮遇之意。

◆統一價格（Flat Rate/ Run of the House Rate）

統一價格另稱一律價格或均一價格，係指旅行業與旅館業者事先談妥的協定價格。通常係以除套房外的最高房租與最低房租之平均值，作為旅行業團體價格，旅館提供旅行業團體任何型態的客房，均收取此契約之協定價格，稱之為統一價格。

第三節　旅館訂房與櫃檯接待作業

旅館訂房作業與櫃檯接待服務乃客務部的重要職責。旅館訂房率高低將會影響旅館的住房率，而此住房率不僅是旅館營運績效的評估指標，也是旅館企業形象的表徵。茲將旅館訂房與櫃檯接待服務作業，介紹如後。

一、旅館的訂房作業

旅館的訂房作業基於訂房來源、訂房方式及訂房種類之互異，其工作內涵也不同，說明如下：

(一)旅館訂房的來源

◆旅行社

旅行社為旅客安排遊程、訂房或代訂客房。此類訂房旅館通常會給予約一成的佣金或給予優惠折扣價，約客房價目表的六至七折。其房租係以不加收服務費的淨價（Net Price）計價，至於付款方式則以轉公司帳（City Ledger）方式結帳，為旅館最主要的訂房來源之一（**圖12-4**）。

◆交通運輸公司

交通運輸公司如航空、輪船、鐵路等運輸公司為其旅客代訂客房，此類訂房較不確實，也無佣金支付之問題。

◆公司機關團體

一般公司機關團體因業務或開會所需而向旅館訂房。此類訂房通常會給予折扣優惠，唯端視情況而定，如是否訂有合約。

◆訂房中心／訂房網站

經由旅館組織之訂房中心或訂房網站直接訂房，如國際訂房中心施泰根貝格爾預約系統（Steigenberger Reservation System, SRS）。此類訂房旅館需給予一定比

圖12-4　旅館訂房的來源以旅行社為最大宗

例之佣金及價差作為酬勞。

◆旅客親自訂房

此類個別訂房無佣金問題，唯是否給予折扣或優惠端視旅館政策而定。

(二)旅館訂房的方式

旅館訂房的方式有書信、電話、傳真、網路以及口頭訂房等多種，分述如下：

1. 書信訂房：此類訂房最為正式，係以信函、電子郵件（E-Mail）、訂房單等作為訂房工具，如旅行社均以此類訂房方式為最常見。
2. 電話訂房：係以電話聯絡方式訂房，如一般交通運輸業、個人或機關團體之訂房，為目前最常見且最普遍使用的方式。
3. 傳真訂房：係以傳真機方式作為訂房途徑，通常會先以電話聯絡再傳真訂房。
4. 網路訂房：係運用網站訂房或旅館網路訂房作業系統直接訂房，通常會要求客人以信用卡擔保訂房，此類訂房可獲取較優惠的折扣價差，為旅館訂房的主流。

5.口頭訂房：係指旅客本人或其代理人親自到旅館，以口頭方式訂房。

(三)旅館訂房作業流程

1.接到訂房時，先查看訂房表確認是否尚有空房，若已滿而沒有空房，則須向客人委婉致歉。

2.若尚有空房，即可立即報價或開出訂房承諾書（Confirmation Letter），訂房承諾書上須詳載接受訂房的條件，並要求訂房人匯寄訂金作為訂房要件，即保證訂房（GTD）。

3.顧客同意後，即編製訂房資料卡，須詳載：旅客、訂房人姓名、遷入與遷出日期、房間型態與價格、房客出發地、班機到達時間、聯絡電話與方式等各項資料。

4.告知顧客旅館訂房代號，以利日後訂房查詢服務之需。

(四)超額訂房的作業要領

旅館為了提高其住房率，在旺季時往往會根據以往已訂房又未報到（No Show）之比率，作為決定超額訂房之數目。易言之，即旅館接受比實際可銷售房間數還多的訂房，通常約2～3%。旅館處理超額訂房的方式，其作業要領如下：

1.旅館須負擔將旅客自機場接送到其他同等級的飯店，以及次日接回本旅館之免費接送服務。

2.房間預先置放花、水果及卡片，以便次日客人接回旅館時能立即安排其進住。

3.次日須由旅館經理或副理親自前往負責接回旅館，以示歉意。

4.如果旅館只是一般房型售完，則對於已訂房且準時到達之旅客，應予以無償升等。

二、旅館櫃檯接待作業

旅館櫃檯設置的型態通常在櫃檯前面另增設一個服務詢問處，即服務中心，其設計方式可分櫃檯服務（Counter Service）與辦公桌服務（Table Service，圖12-5）兩種。一般較高級精緻的旅館係採用辦公桌服務方式為多，至於櫃檯接待作業其要領則大同小異，茲分述如下：

圖12-5　辦公桌服務方式的旅館櫃檯服務

(一)調配客房的排房原則

旅館櫃檯在調配客房時，應遵循下列排房（Room Assigning）原則：

1.先排長期住客，然後再安排短期住客。
2.先排貴賓（VIP），再排一般旅客。
3.先排團體旅客，再排散客。
4.團體旅客安排在低樓層，散客安排在高樓層。
5.團體旅客安排在鄰近電梯，散客遠離電梯位置。
6.同團或同行旅客儘量安排在一起或較靠近的房間，除非旅客另有要求。
7.大型團體應適當分布於不同樓層，且有同樣格局配置的客房，以免工作量過於集中，且可避免旅客抱怨房間大小不同。
8.常客儘量安排與上次同一房間，或不同樓層相同位置的客房。

(二)旅館住宿登記手續

旅客住宿登記的主要目的乃在獲取客人個人基本資料、分配房間、確認價格、瞭解住宿天數、遷出日期及付款方式。此外，旅客住宿登記表（卡）也是旅客與旅館間的住房租賃合約，並可作為流動戶口申報書。旅館住宿登記作業要領摘述如下：

◆一般住客、散客登記手續

1.先寒暄問候，再詢問客人是否已訂房？是否有在等待信件？

2.已訂房者，可從旅客抵達名單（Arrival List）上找出客人姓名，並立即取出該顧客資料夾（Guest Folio）。顧客資料夾內的資料計有：保留預定房間表、住房登記表、鑰匙卡，以及郵電、信件或留言。

3.幫客人填寫住房登記表。

4.若未事先訂房的顧客，則依客人要求房間種類，找出其所要的房間，再填房號於登記表上。

5.最後再與客人確認停留時間、付款方式，確認後將鑰匙及資料一起交給客人，並將旅客基本資料輸入電腦存檔，整個旅客住宿登記手續始告完成。

◆未訂房旅客進住登記手續

1.未訂房旅客與訂房旅客一樣重要，其作業要領相同，唯需要求旅客先付房租，另加10%服務費。

2.旅客如係刷卡，則需在空白信用卡付帳單上簽名即可。

◆團體旅客住宿登記

1.團體住客登記之手續係由櫃檯人員代為登記，最好將團體旅客帶到另一接待區，並將鑰匙全部交給領隊轉發客人，以免影響大廳其他客人之進出。

2.若有團體旅客進住，通常旅館須在當天中午十二點前先將房間分配好，避免大廳擁擠（圖12-6）。

第四節　旅宿業的經營方式

旅宿業的經營方式，主要可分為獨立經營與連鎖經營兩大類，茲分述如下：

一、獨立經營

獨立經營（Independent）另稱自資自營（Ownership），其特性為業主自行投資、自行經營。其產權與經營權均完全獨立，不受制於他人，業主可發揮自己的理

圖12-6 旅館須在當天中午前，將團體旅客進住的房間分配好，避免大廳擁擠

想與創意，如台北康華飯店即是。

(一)獨立經營的優點

1.自資自營，不受制於人，可發揮自己的理想與創意。

2.所有權與經營權合一，不必與經營者分享利潤。

(二)獨立經營的缺點

1.資金有限，規模不易擴大，以及欠缺品牌形象之知名度。

2.缺乏連鎖經營之行銷優勢且個人知識經驗有限，不易創新品牌。

二、連鎖經營

所謂「連鎖經營」（Chain），係指擁有兩家以上的旅館，其營運採用共同的店名、商標，或共同的標準作業模式，此類旅館稱之為連鎖旅館。茲將連鎖經營的優缺點分述如下：

(一)連鎖經營的優點

1.可提高旅館品牌形象及知名度（**圖12-7**）。

2.聯合推廣，共同行銷，行銷通路廣且具效率。

3.共同採購，可降低成本。

4.標準化作業及專業技能訓練，可提升服務品質。

5.電腦資訊系統整合，可共同訂房、分享資源。

6.可使旅館服務品質維持一定的水準，可增進客源及旅客的信賴感與忠誠度。

(二)連鎖經營的缺點

1.需多分擔一筆額外的費用，如共同行銷廣告費、訂房系統使用費或加盟費用。

2.總公司或連鎖組織對於連鎖旅館的軟硬體產品均有嚴格的要求與規定，不得任意違犯。

3.總公司擁有經營督導之權，如經營理念、人事升遷或派令等。

4.由於標準化的營運，使得連鎖旅館難以融入當地社區，也難以發揮所在地的地方文化特色。

圖12-7　國際連鎖旅館可提高知名度，行銷通路廣

三、連鎖旅館的連鎖方式

常見的連鎖旅館，其連鎖方式概可分為下列幾種：

(一)直營連鎖（Company Owned）

係由旅宿業主自行投資興建或收購現有旅館，並自行營運。業主本身是投資者也是經營者，因此擁有所有權與經營權。如本土化連鎖品牌的國賓（圖12-8）、福華、長榮、中信及福容等旅館均屬之。

此類連鎖旅館最大優點是可發揮業主的理想創意，決策自主不受制於人，成就利潤可獨享，缺點為資金及資源有限，投資風險大，自創品牌不易。

(二)管理契約（Management Contract）

管理契約的經營方式另稱「委託管理經營」，此類旅館之經營特性為旅宿業主將其旅館產業委由旅館經營公司來經營，業主須依雙方約定之契約，支付定額的管理費、獎勵金、技術諮詢費等費用。如台北君悅飯店係由新加坡豐隆集團向台北市政府承租土地興建，再以契約方式委託國際凱悅飯店集團管理即為典型範例。此外， W飯店委由萬豪集團的W飯店管理；台北老爺酒店委由日航國際旅館（Nikko）管理等均屬之。

圖12-8　高雄國賓飯店為本土化品牌的直營旅館

此類連鎖旅館的優點為業主不必擔心本身旅館管理知能不足的問題，且可從旁學習管理技巧；缺點為投資人（業主）對旅館經營無自主權，仍須承擔旅館委託經營的風險與旅館設備之折舊。此外，尚須支付定額的管理費及酬勞給旅館經營公司。

(三)租賃經營（Leasing）

租賃經營方式的旅館，其特性為經營者向業主承租旅館或建築物來經營，本身有經營權，但無所有權。如台北福容飯店是麗寶建設向台糖公司承租大樓改建。

(四)特許加盟（Franchise）

所謂「特許加盟」係指連鎖總公司（Franchisor）銷售權利給加盟店（Franchisee），同意其使用該公司組織的品牌、名稱、產品、服務，以及各項行銷廣告與業務營運作業，唯須先付費給加盟總公司，如加盟權利金、保證金以及分擔各種行銷廣告費用等，如台北喜來登飯店、寒舍艾美酒店（**圖12-9**）即是。

此類加盟旅館的優點為旅館的財務、人事及營運均為獨立，旅館可迅速提升形象與知名度，快速啟動商機，並且能提升本身經營管理能力以及服務品質。缺點是須額外多負擔加盟費、權利金、行銷廣告費以及訂房系統使用費等。此外，尚須依總部規定的作業程序營運，並須接受總部派員檢查或督導。

圖12-9　寒舍艾美酒店屬特許加盟的連鎖旅館

亞都麗緻飯店的經營理念

圖12-10　天香樓

亞都飯店成立於西元1979年，為台灣觀光餐旅服務業的典範，曾經是世界傑出旅館訂房系統之一員，目前為世界最佳旅館組織會員，更榮獲2005年十大服務業評鑑（《遠見雜誌》）榜首之殊榮，其所屬餐廳「天香樓」及「巴黎餐廳」，在2007年台北餐廳評鑑中也分別獲四顆星及特優的異國料理之佳評；天香樓（圖12-10）更摘下《2018台北米其林指南》一顆星之榮譽。

亞都飯店的成功乃在於優質的顧客服務、員工工作態度以及幹部的領導風格，而此三大要素均源於卓越的「產品服務定位」與服務管理四大信念：「每個員工都是主人」、「設想在客人前面」、「尊重每個客人的獨特性」以及「絕不輕易說不」。由於亞都開創地點及周圍環境並不佳，再加上欠缺大型豪華旅館壯觀之噴泉、廊柱、花園及夜總會表演秀，因此亞都在硬體實質條件上實難以與台北其他競爭者相抗衡，所以必須走出自己獨特的風格，以商務旅客為主要營運對象。其旅館產品服務係以提供商務旅客精緻服務之溫馨膳宿環境，作為其產品服務定位。因此，亞都飯店為堅持提供最精緻服務給商務旅客，卻寧可犧牲接待觀光團體旅客之機會，此定位決策風險在當時來說委實不小，但如今卻證明其定位策略相當成功。

亞都飯店的消費者幾乎忠誠顧客占70%，且均以口耳相傳為亞都飯店作最具效益的口碑行銷，成為其客源之一。此外，在民國70年代，來台商務旅客僅占20%，而亞都卻寧願捨棄80%之廣大客源，來專注此小眾市場。如今商務旅客已快速成長，來台觀光團體除了大陸團體觀光旅客外，均普遍下降，由此可見亞都飯店堅持提供給商務旅客最溫馨「家外之家」的定位策略相當具有遠見。

1.亞都麗緻飯店之所以能成為台灣觀光旅館業的典範，其成功之道為何？
2.亞都麗緻飯店的服務管理信念有何特色，請提出你的看法。

(五)會員連鎖（Referral）

所謂「會員連鎖」係一種會員組織型態的連鎖方式，其特性為會員之間並無總部與加盟店之分，而是經由所加入的聯合組織來策動國際行銷與訂房作業，係屬於共同訂房及聯合推廣的連鎖方式，優點為可共同行銷、共同訂房及推廣，缺點是會員間並無管理技術之移轉及層級間的約束力。例如西華飯店加入世界傑出旅館組織（The Leading Hotel of the World）、亞都飯店與君品酒店加入世界最佳旅館組織（Preferred Hotel & Resort Worldwide）為會員等均是（**圖12-11**）。

圖12-11　亞都飯店為世界最佳旅館組織會員

(六)其他

旅宿業為求永續發展，其營運策略除了上述方式外，尚有採取業務結盟（Alliances）、共同採購及廣告促銷、聯合發行住宿券等業務策略結盟。如亞洲酒店聯盟、台灣菁鑽聯盟等均是例。此外，國外旅宿業尚盛行以收購合併（Acquisitions & Mergers）來擴大其旅館企業之版圖，如台北晶華酒店收購國際麗晶酒店集團；美國萬豪酒店集團收購喜達屋集團旗下喜來登、艾美、威斯汀及W飯店等均是。

四、連鎖旅館簡介

連鎖經營為今後旅宿業營運的發展趨勢，茲以國內較知名的本土連鎖旅館及在台駐點的國際連鎖旅館品牌，摘介如下：

(一)我國本土連鎖旅館

我國本土連鎖旅館較具代表性者，列表（**表12-2**）摘述如後。

表12-2　我國本土連鎖旅館

連鎖旅館	品牌及說明
國賓飯店	台北國賓、新竹國賓、高雄國賓
福華飯店	1.台北、新竹、台中、高雄等福華飯店。 2.翡翠灣、石門水庫、墾丁等福華渡假飯店。 3.台北敦化綠園、台北天母傑仕堡、台中璞園等長住型公寓旅館。
老爺酒店	1.台北、新竹、礁溪、知本等老爺酒店。 2.帛琉老爺酒店等。
長榮國際酒店	1.基隆、台北、台中、台南等長榮桂冠酒店。 2.泰國曼谷、馬來西亞檳城及法國巴黎等長榮桂冠酒店。
雲朗集團	1.民國97年中信觀光開發公司更名為「雲朗」，旗下除了原有中信旅館系統品牌外，尚有：雲品、君品、翰品、兆品等四品牌。 2.雲品為豪華渡假旅館、君品為高級商務觀光旅館。
福容旅館集團	成立於民國70年，屬於麗寶建設公司旗下之關係企業，除自建旅館外，尚不斷併購其他旅館，而成為國內目前最大的本土連鎖旅館集團。
福泰桔子	1.係以商務旅館為其商品定位，並以橘色色系為色調，以彰顯其特色。 2.立地位置以各地火車站附近交通便捷為位址，如台北、台中、台南、宜蘭、新竹及高雄等各地之福泰桔子商務或商務酒店。
麗緻旅館集團	1.經營理念為堅持提供最優質服務給客人，每個員工都是主人，設想在客人前面，體貼入微，勝於家。 2.有兩大品牌：麗緻（Landis）與亞緻（Hotel ONE）。
晶華國際酒店集團	1.晶華國際酒店集團於民國97年正式首創國人自行設計的國際品牌「Silks」。 2.民國99年正式併購國際知名連鎖品牌——麗晶（Regent）而成為國際旅館品牌管理者及授權人。 3.現有酒店品牌為下列三種： (1)Grand Silks（晶華酒店）：頂級精緻旅館。 (2)Silks Place（晶英酒店）：渡假休閒旅館。 (3)Just Sleep（捷絲旅）：平價商務旅館。
凱撒飯店	1.民國73年墾丁凱撒飯店首創以「BOT」案興建國內第一座休閒渡假旅館。 2.民國85年國裕開發認購取得凱撒大飯店股權，擁有台北凱撒及墾丁凱撒等飯店經營權，並與國際凱撒連鎖合作。

(二)在台駐點的國際連鎖旅館品牌

茲將在台駐點的國際連鎖旅館品牌，摘介如**表12-3**所示。

表12-3　在台駐點的國際連鎖旅館品牌

連鎖旅館	品牌及說明	
洲際酒店集團（Intercontinental Hotel Group, IHG）	假日飯店（Holiday Inn）	台北深坑假日飯店。
	假日快捷（Holiday Inn Express）	係以商務旅客為主，如桃園智選、台中公園智選等假日旅館。
	皇冠假日飯店（Crown Plaza Hotels & Resorts）	渡假型旅館，如台南皇冠假日飯店。
	英迪格酒店（Hotel Indigo）	如高雄英迪格酒店
萬豪國際集團（Marriott International）	喜來登（Sheraton）	台北、新竹等喜來登飯店，係以經典高級為訴求。
	威斯汀（Westin）	以精品旅館（Boutique Hotel）為訴求。
	福朋（Four Points）	以中價位為定位，如中和、澎湖馬公福朋喜來登。
	W飯店（W Hotel）	台北W飯店，以特色奢華、重時尚、藝術為訴求。
	艾美酒店（Le Méridien）	講究歐式藝術品味的豪華旅館，如台北寒舍艾美酒店，是以「全台首家藝術飯店」定位來區隔市場。
	萬豪酒店（Marriott）	集飯店、會展中心及商場一身的商務旅館，如台北大直萬豪酒店。
	萬怡酒店（Courtyard by Marriott）	屬於郊區型旅館，如南港六福萬怡酒店。
凱悅酒店集團（Hyatt Hotels & Resorts）	君悅（Grand Hyatt）	豪華頂級酒店，以大型會議的商務旅客為主，如台北君悅大飯店。
	凱悅（Hyatt Regency）	為凱悅集團的核心品牌旅館，為現代化商務旅館，如香港凱悅、東京凱悅。
	柏悅（Park Hyatt）	以小型精緻豪華旅館為定位，重視個人貼心服務，如巴黎柏悅、上海柏悅。
	凱悅渡假村（Hyatt Resort & Spa）	為凱悅渡假型旅館，均位在觀光景點，如夏威夷、關島凱悅渡假旅館。
香格里拉酒店集團（Shangri-La Hotels & Resorts）	該集團總部在香港，其下品牌有： 1.香格里拉酒店（Shangri-La City Hotel）：為頂級豪華酒店，如台北、台南遠東國際飯店。 2.香格里拉渡假酒店（Shangri-La Resorts）。	
文華東方酒店集團（Mandarin Oriental Hotel Group）	其形象標誌為一把風扇，另稱「風扇酒店」，為亞洲知名豪華連鎖旅館品牌，如曼谷文華東方酒店、台北文華東方酒店（**圖12-12**）。該旅館是以金字塔頂端商務客群為市場定位。	
雅高集團（Accor Group）	為法國最大的酒店連鎖集團，雅高（Accor）之意為「和諧」，如台北諾富特（Novotel）華航桃園機場飯店。	

（續）表12-3　在台駐點的國際連鎖旅館品牌

連鎖旅館	品牌及說明
王子飯店（Prince Hotel）	為日本知名連鎖旅館品牌，如台北華泰王子大飯店、劍湖山王子大飯店等。
加賀屋溫泉飯店（Radium Kagaya International Hotel）	為日本著名溫泉連鎖旅館，以精緻貼心入微的「女將文化」馳名，如台北北投日勝生加賀屋溫泉旅館（圖12-13）。
大倉飯店（Okura Hotels）	為日本連鎖旅館知名品牌，如台北大倉久和飯店、日月行館。

圖12-12　以金字塔頂端商務客群為市場定位的台北文華東方酒店

圖12-13　以「女將文化」馳名的台北日勝生加賀屋溫泉旅館

第五節　我國旅宿業營運所面臨的問題

為因應二十一世紀旅宿業所面臨的激烈競爭與挑戰，旅宿業除了因應市場需求，提供新概念、新品牌產品，加強國際化、連鎖化，更須特別加強旅館本身服務品質，以建立旅館在國際間的品牌形象。

一、我國旅宿業營運所面臨的問題

我國旅宿業目前營運所遭遇的問題，概可歸納為下列幾點：

(一)旅館客源不足，客房住房率待提升

影響旅館客房收入的三大因素，分別是客房數、房租單價及客房住房率，其中客房住房率為旅館營運績效的指標，如何提升國內旅館的住房率，已成為當前最重要的課題。目前政府正積極推展「Tourism 2020 台灣永續觀光發展策略」，期以爭取更多國際觀光客來台。

唯目前陸客團大幅緊縮，而大陸自由行的旅客多以北部為旅遊重點，至於所爭取的東南亞南向旅客在台灣消費能力及停留天數均不及陸客，再加上國旅人次下滑，致使旅宿業住房率下降。政府應針對不同客源市場擬訂行銷策略，此外，旅宿業者也可加強網路行銷或採策略聯盟方式來爭取客源。

(二)旅館分布不均，市場競爭激烈

國內觀光旅館台北市占約四成，其次為桃園市、高雄市及台中市。由於旅館客源有限，旅館分布不均，再加上兩岸關係欠佳，陸團大幅減少及國民旅遊人數下降，因此造成同業間競爭相當激烈。針對此問題，旅宿業者宜先做好本身產品的市場定位，如運用平均房價（Average Daily Rate, ADR）或旅館商品特性，再據以選定目標市場來加強行銷。此外，旅宿業者可經由取得專業標章認證、加入國際或本土品牌連鎖旅館，來提升顧客忠誠度、企業知名度及國際競爭力。

(三)旅館人事流動率高，影響服務品質

旅館人力資源方面，人事流動率高，尤其是餐飲部門的基層人力為最。由於旅館基層人力資源之匱乏，以致影響旅館產品的服務品質。為有效解決此問題，旅

旅館營運績效評估的指標

旅館營運績效的好壞，其評估指標通常是以該旅館的客房住房率高低及每個可用房間收入（Revenue Per Available Room, REVPAR）為依據，至於客房平均房價則與該旅館產品價格在市場定位及所接待團體旅客多寡有關。其計算公式為：

住房率＝已出租客房總數 / 可出租客房總數×100%

平均房價＝客房出租總收入 / 已出租客房總數

每個可用房間收入＝客房出租總收入 / 可出租客房總數

範例：

揚智飯店共有客房405間，其中5間為OOO房，當天售出客房300間，住宿總收入共1,200,000元，試問該飯店當日平均房價及每個可用房間收入？

解答：

平均房價＝1,200,000 / 300＝4,000（元）

每個可用房間收入＝1,200,000 / 400＝3,000（元）

館業宜善待其員工，視員工為旅館的一種資產（**圖12-14**），唯有如此，員工始可能善待旅館的顧客。此外，業者須加強員工的教育訓練，以提升其專精的能力與精進自我的成就感，才能減少員工流失。

(四)物價上漲，租金、薪資成本增加

旅宿業係勞力密集以人為主的服務業，因此人事成本相當高，已成為旅館營運最大宗的支出，再加上物價上漲、租金提高，使得旅館營運倍加困難。針對上述問題，旅宿業者宜加強開源節流，做好成本控制。此外，也可採用利潤中心制來提升營運績效。

(五)科技文明日新月異，旅宿業營運壓力倍增

現代化科技可為旅館營運帶來契機，但也為旅宿業帶來不少困擾。由於旅館若想要現代化科技，務必投入鉅額資金與人力，唯此項費用並非一般旅館能力所

圖12-14　旅館須善待員工，並視其為旅館資產

及。此外，由於現代科技進步神速，所更新的設備不僅維護費高，折舊率及汰換率也高，因而使得旅宿業營運更加艱難。

二、我國旅宿業未來應努力的方向

為解決當前我國旅宿業營運所面臨的課題，並因應二十一世紀新競爭環境的挑戰，今後我國旅宿業應朝下列幾方面來努力：

(一)開拓多元市場

為解決旅宿業客源之不足、住房率低迷的問題，今後應設法開拓多元化市場，如主攻日韓旅客，大陸旅客為守，深化歐美市場，南進新富階層及開拓爭取郵輪市場旅客。此外，加強推展國民旅遊來擴大國內的內需市場。

(二)產品創新具特色

旅宿業的產品要創新有特色，能善用在地資源，將地方文化特色融入產品中，使其產生文化感與差異化，始能展現旅館本身獨特的魅力（**圖12-15**）。易言之，也就是使旅宿業產品更具吸引力，更具賣相，進而能吸引更多客源前來，也更

圖12-15　旅宿業的產品要創新具特色

具市場競爭力。

(三)定位明確，強化行銷

鑑於共享經濟的衝擊，如日租套房及Airbnb出租民房的網站等影響，今後旅宿業者須正視與面對。除了事先做好本身產品的市場定位外，更須針對目標市場來加強行銷，尤其是網路行銷，也因為觀光市場瞬息萬變，所以業者要放眼世界，布局全球來開拓客源。

(四)重視人力資源培訓，減少人事流動率

旅宿業營運最大的問題是人力短缺，人事流動率高，因而造成產品服務品質不穩定及人事成本徒增。因此，旅宿業須善待員工，視員工為珍貴的資產，重視人力資源之培訓，加強員工職前訓練與在職訓練。

(五)落實營運績效管理

旅宿業營運績效評估，通常是以客房住房率及每個可用房間收入（Revenue Per Available Room, REVPAR）為依據。因此，須力求提升此兩項指標，採目標管理，實施「利潤中心制」來激勵員工，使每位員工成為最佳行銷人員。例如：晶華

酒店即是例。

除了開源外，今後旅館更須加強成本控制，尤其是人事成本及能源管理之節流。

(六)旅館經營應朝向國際化、連鎖化、主題化

目前國內大部分旅宿業均屬於中小型規模，欠缺品牌與國際知名度，今後宜加強與國際知名品牌連鎖旅館合作或採同業結盟、異業結盟方式來提升市場的競爭力。為配合全球化經貿時代的來臨，大型化、主題化旅館與會議型旅館之規劃興建為刻不容緩。此外，為配合主題深度定點旅遊的主題旅館逐漸受重視，如配合「鐵馬旅遊」而出現的「單車旅館」即是。

(七)重視環保綠建築、能源管理，善盡企業社會責任

我國已於民國97年正式推動綠建築標章、環保旅館標章（**圖12-16**）、溫泉標章以及防火標章等認證。旅館業應積極取得環保旅館之標章，重視能源管理，減少消耗性備品之使用（**圖12-17**）。此外，尚須主動關懷社會福址、參與公益活動，或協助所在地社區之綠化、美化等工作。

圖12-16　環保旅館標章

圖12-17　減少消耗性備品之使用

我國環保旅館認證

為提升我國餐旅產業的綠色形象，強化環境效益，目前我國正積極推動環保旅館認證。茲摘介如下：

一、適用對象

凡領有主管機關核發之觀光旅館業營業執照、旅館業登記證或民宿登記證之業者，其中包括公務部門附屬旅館。

二、審核方式

凡申請環保旅館的業者，須針對環保旅館認證的規格標準檢附相關證明資料提出申請，再由審核委員會現場查核，並依其審核通過的規格標準項目多寡，分別授予所符合等級的環保標章使用證書。

三、審核項目

審核項目主要依下列八大類，再細分必要性及選擇等三十八項指標來分別查核。茲就八大類審核項目摘介如下：

1.企業環境管理。
2.節能措施。
3.省水措施。
4.綠色採購。
5.一次用產品減量與廢棄物減量。
6.危害性物質管理。
7.實施垃圾分類、資源回收。
8.汙染防制。

四、環保標章種類

1.金級環保旅館：通過審核必要符合項目及選擇項目者。
2.銀級環保旅館：通過審核必要符合項目及選擇項目50%以上者。
3.銅級環保旅館：通過審核必要符合項目者。

PART 3 自我評量

一、解釋名詞

1. Resort Hotel
2. B & B
3. Condominium Hotel
4. Boutique Hotel
5. Span of Control
6. Front of the House
7. Room Service
8. Concierge
9. Overbooking
10. Green Labeling

二、問答題

1.旅館的功能有哪些？試述之。

2.旅館的商品為何？其本身具有哪些特性？

3.商業性旅館與渡假性旅館有何不同？試比較其不同點。

4.請解釋下列旅館的營運特色：

(1) Casino Hotel

(2) Parador

(3) Residential Hotel

(4) Boutique Hotel

5.試述國內外旅館等級評鑑之等級劃分方式。

6.旅館組織的基本原則有哪些？試述之。

7.旅館櫃檯工作的主要任務有哪些？

8.旅館房務部之主要工作職掌為何？試述之。

9.旅館夜間櫃檯接待員（Night Clerk）其工作職責為何？試述之。

10.旅館櫃檯接待員在安排客房表時，其排房的基本原則為何？

11.旅館為增加旺季的營運收入，往往會採用超額訂房方式，試問其作業要領為何？

12.旅館加盟連鎖經營已成為一種時代潮流，試分析此營運方式之優缺點。

13.旅館房租的計價方式，若依房租是否含餐食而分，可分為哪幾種方式？並加以說明其特性。

14.如果你是旅館的業務主管，請問你會採取哪些因應措施來提高旅館在淡季的住房率或營運收入？

15.未來旅宿業在經營管理上所面臨的問題有哪些？試述之。

PART 4

旅行業

單元學習目標

- 瞭解旅行業的定義、商品與特性
- 瞭解旅行業的類別與種類
- 瞭解旅行業的組織與部門職責
- 瞭解旅行業的正確營運理念
- 瞭解旅行業的產品類別
- 瞭解旅行業的內部作業概況
- 培養航空票務的基本知能
- 培養導遊、領隊帶團的專業知能

Chapter

13 旅行業的定義與特性

隨著時代的變遷與人類科技文明的進步，人們生活水準因而提升，愈來愈重視生活品質與休閒遊憩活動，尤其是自民國90年政府實施週休二日以來，旅遊之風因而盛行，且蔚為一種時代潮流。

第一節　旅行業的定義

旅行業是一種介於觀光旅客與觀光餐旅產業供應商之間的仲介服務業，依觀光旅客之需求來研發或提供所需的系列產品服務。因此旅行業係觀光餐旅產業的仲介服務業，也是觀光餐旅產業的連結者與推動者。

一、國外旅行業的定義

旅行業又稱為旅行代理店或旅行社，英文稱之為Travel Agent或Travel Service。

根據美洲旅遊協會（American Society of Travel Agents, ASTA）對旅行業所下之定義為：「An individual or firm which is authorized by one or more principals to effect the sale of travel and related services.」，其意思係指旅行業乃是個人或公司行號，接受一個或一個以上「法人」之委託，去從事旅行銷售業務，以及提供有關服務謂之旅行業。這裡所謂的法人，係指航空公司、輪船公司、旅館業、遊覽公司、巴士公司與鐵路局等等而言。

二、我國旅行業的定義

根據我國「發展觀光條例」第二條，對旅行業所下的定義，係指經中央主管機關核准，為旅客設計安排旅程、食宿、領隊人員、導遊人員、代購代售交通客票及代辦出國簽證手續等有關服務而收取報酬之營利事業。

關於旅行業的主要營運業務，根據「發展觀光條例」第二十七條之規定為：

一、接受委託代售海、陸、空運輸事業之客票或代旅客購買客票。

二、接受旅客委託代辦出、入國境及簽證手續。

三、招攬或接待觀光旅客，並安排旅遊、食宿及交通（**圖13-1**）。

四、設計旅程、安排導遊人員或領隊人員。

圖13-1　旅行業為旅客安排旅遊景點

五、提供旅遊諮詢服務。

六、其他經中央主管機關核定與國內外觀光旅客旅遊有關之事項。

前項業務範圍，中央主管機關得按其性質，區分為綜合、甲種、乙種旅行業核定之。

非旅行業者不得經營旅行業業務，但代售日常生活所需國內海、陸、空運輸事業之客票，不在此限。

第二節　旅行業的特性

旅行業係屬於觀光服務業，也是觀光系統中的觀光媒體之一，但其本身乃位居觀光仲介產業之居中地位，因此旅行業除了服務業之特性外，更兼具居中仲介服務之獨特性，分述如後：

一、源於服務業的特性

旅行業源於服務業的特性，可分為下列幾方面：

(一)供給彈性小，可變性大，服務具異質性

旅行業的商品為勞務與專業知識結合之創新服務，其供給不但彈性小，產品變化性又大，會因人、因時、因地之不同而變。

因此旅行業商品之品質欠穩定性，較不容易完全掌控到零缺點，因而容易引起顧客的不滿與抱怨。其因應之道，除了加強內部作業標準化之控管外，還要加強人力之培訓與在職教育，嚴格執行考評，做好全面品質管制。

(二)旅遊商品無法儲存，且具不可觸摸性

旅遊商品係無形的，無法事先鑑賞實物，須事先付費後才可享用體驗其品質。因此，顧客資金風險意識高，間接造成商品銷售不易。此外，旅遊產品並非實物，無法儲藏，須在特定期間使用，否則即為損失，無法留到下次再銷售。

例如機位、客房，若當天沒有銷售出去，則無法再賣，變成一種損失。再加上旅遊商品無法觸摸，且須先付費，對於商品之銷售也較困難。因此旅行業除了要加強銷售能力，做好行銷管理外，更要積極追求卓越，創立獨特品牌，建立企業良好形象，以爭取顧客之信賴及忠誠度。

(三)旅遊商品同質性高，且具不可分割性

旅遊商品為服務性、知識性產品，因此同質性（Parity）高、競爭性強，須賴自創之服務品牌始能提高競爭力（**圖13-2**）。此外，由於部分旅遊商品係一種遊程組合，無法分割零售，且其生產與消費乃同時發生。

例如遊程銷售出去是一種生產，而遊客參加旅遊活動則為一種消費行為，此二者無法分割開。因此旅行業要特別加強與顧客間之互動行銷，始能提供優質的服務。

(四)旅遊商品重視品質及服務人才

旅行業員工素質與專業知能之良窳攸關其服務品質，因此須重視旅遊服務人才之培訓。例如除了加強其旅遊專業常識、外語能力、溝通協調技巧等知能外，對於其服務態度、敬業精神以及緊急事件危機處理能力，均要特別予以加強，否則難以提高產品服務品質。

圖13-2　旅遊產品同質性高

二、居中仲介服務的特性

在整個觀光系統中，旅行業係位居極重要的觀光媒體地位，介於觀光客與觀光產業之間，從事旅遊仲介服務銷售工作，因而塑造出旅行業獨特的特性。分述如下：

(一)旅遊相關產業供給服務的僵硬性

旅行業上游觀光產業如旅館業、交通運輸業，其房間、客機船票容量均有限，且無法臨時趕工增產，每逢旺季則產生一房、一票難求之窘境（**圖13-3**）。

由於旅行業上游供應商所能提供的商品服務缺乏彈性，使得旅行業在業務推展上深感不便，有時候甚至一票難求。因此旅行業作業人員對於事前之評估要特別加以注意，否則會造成營運作業困難及重大損失。

(二)旅遊需求的季節性與不穩定性

人們觀光旅遊需求深受天候季節變化，以及民俗節慶或假期等社會人文季節之影響（**圖13-4**），因而有淡季與旺季之分。如每逢寒暑假或春節假期，國人均

圖13-3　旅遊產品相關產業供給具僵硬性

圖13-4　旅遊需求具季節性，圖為日本櫻花季吸引大批人潮

習慣外出旅遊，使得機位或旅館房間取得不易，而成為旅遊旺季。反過來說，其他時段則為淡季。此外，旅遊需求也容易受到外部環境，如政治、經濟、社會及天災、疫情等因素之影響，極具敏感性與不穩定性。

為減少旅行業淡季之損失，可運用各種行銷策略加強推廣促銷優惠活動，或配合其他民俗節慶活動，如嘉年華、音樂季或熱氣球活動等，辦理套裝組合遊程產品，期以創造需求。

(三)旅遊需求富彈性

旅遊市場需求除了受到機位、匯率及簽證之影響，更容易受到旅遊商品價格與顧客本身經濟所得之增減所影響，因而需求彈性大。

由於旅遊商品本身價格高低，會影響到顧客購買意願之強度大小，因此旅遊商品之定價要特別注意市場之需求。當市場需求低時，則須以降低成本方式來推動低價位商品，或是採取增加額外旅遊之方式，如增列自費行程等來降低售價。

(四)旅行業競爭性激烈

旅行業競爭性大的主要原因係來自兩方面：其一為上游商品供應事業體間相互之競爭，如觀光地區之競爭、航空公司之間的相互競爭；另一者為網路旅行業及旅行業同業本身之相互競爭。

為提升旅行業本身之競爭力，務必加強營運管理，透過優質的產品服務來創造顧客之滿意度，如提供即時有效率的旅遊諮詢服務及資訊。此外，還要設法降低營運成本，提高品牌市場知名度，以爭取客源市場。

(五)旅行業具專業化與整體性

旅遊產品要確保優質品質與消費者旅遊安全，則有賴旅行業各部門專業人員憑其豐富專業知能，相互密切合作，精心規劃設計外，尚須全團成員共同配合，始能順利完成整個旅遊行程，因此它是一個整體性之行業。所以旅行業除了要加強各部門本身之專業知能與實務能力外，更要重視部門與部門之間的溝通協調，強化組織之內聚力與合作默契，始能發揮功能。

Chapter

14 旅行業的類別與旅行社的種類

第一節　旅行業的類別

第二節　旅行社的種類

第一節　旅行業的類別

旅行業之類別基於各國國情及法令不一，因而旅行業的類別也不同。本節分別就我國及當今觀光產業較具特色之地區或國家，如歐美、日本及中國等之旅行業類別摘述如後：

一、我國旅行業的類別

我國旅行業依其資本額、保證金及營業項目之不同，可分為綜合旅行業、甲種旅行業以及乙種旅行業等三種。僅就其主要業務介紹如後：

(一)綜合旅行業

1.接受委託代售國內外海、陸、空運輸事業之客票，或代旅客購買國內外客票、託運行李。

2.接受旅客委託代辦出、入國境及簽證手續。

3.招攬或接待國內外觀光旅客，並安排旅遊、食宿及導遊（**圖14-1**）。

圖14-1　安排國人海外旅遊為綜合及甲種旅行業主要業務

4.以包辦旅遊方式或自行組團，安排旅客國內外觀光旅遊、食宿及提供有關服務。

5.委託甲種旅行業代為招攬國內外觀光旅遊有關業務。

6.委託乙種旅行業代為招攬國內團體旅遊業務。

7.代理外國旅行業辦理聯絡、推廣、報價等業務。

8.設計國內外旅程、安排導遊人員或領隊人員。

9.提供國內外旅遊諮詢服務。

10.其他經中央主管機關核定與國內外旅遊有關之事項。

(二)甲種旅行業

1.接受委託代售國內外海、陸、空運輸事業之客票，或代旅客購買國內外客票、託運行李。

2.接受旅客委託代辦出、入國境及簽證手續。

3.招攬或接待國內外觀光旅客，並安排旅遊、食宿及導遊。

4.自行組團安排旅客出國觀光旅遊、食宿及提供有關服務。

5.代理綜合旅行業招攬國內外觀光旅遊業務。

6.代理外國旅行業辦理聯絡、推廣、報價等業務。

7.設計國內外旅程、安排導遊人員或領隊人員。

8.提供國內外旅遊諮詢服務。

9.其他經中央主管機關核定與國內外旅遊有關之事項。

(三)乙種旅行業

1.接受委託代售國內海、陸、空運輸事業之客票，或代旅客購買國內客票、託運行李。

2.招攬或接待本國觀光旅客國內旅遊、食宿及提供有關服務（**圖14-2**）。

3.代理綜合旅行業招攬國內團體旅遊業務。

4.設計國內旅程。

5.提供國內旅遊諮詢服務。

6.其他經中央主管機關核定與國內旅遊有關之事項。

茲將我國各類旅行業之不同點列表說明如**表14-1**。

圖14-2　台中國家歌劇院為國內旅遊重要景點之一

表14-1　我國各類旅行業之比較

項目＼分類		綜合旅行業	甲種旅行業	乙種旅行業
業務特性		1.辦理包辦旅遊 2.辦理國內外觀光旅遊業務 3.代理外國旅行業辦理聯絡、推廣、報價等業務	1.自組國內外觀光旅遊業務 2.辦理國內外觀光旅遊業務 3.代理外國旅行業辦理聯絡、推廣、報價等業務	1.辦理國人國內旅遊業務 2.承攬綜合旅行業委託之國內旅遊業務
資本額	總公司	3,000萬元	600萬元	300萬元
	每一分公司增資	150萬元	100萬元	75萬元
保證金	總公司	1,000萬元	150萬元	60萬元
	每一分公司	30萬元	30萬元	15萬元
註冊費	總公司	資本總額千分之一		
	每一分公司	增資額千分之一		
經理人數	總公司	一人以上		
	每一分公司	一人以上		

（續）表14-1　我國各類旅行業之比較

項目		分類	綜合旅行業	甲種旅行業	乙種旅行業
保證金	責任保險		1.意外死亡每人200萬元 2.意外事故醫療費每人10萬元 3.家屬前往處理善後費用國外10萬元，國內10萬元 4.證件遺失損害賠償每人2,000元		
	履約保險	總公司	6,000萬元	2,000萬元	800萬元
		分公司	增400萬元／家	增400萬元／家	增200萬元／家
	具觀光公益法人資格履約保險	總公司	4,000萬元	500萬元	200萬元
		分公司	100萬	100萬	50萬
TQAA基金	永久基金		10萬元	3萬元	1.2萬元
	聯合基金	總公司	100萬元	15萬元	6萬元
		分公司	3萬元／家	3萬元／家	1.5萬元／家
附註	TQAA為中華民國旅行業品質保障協會之英文簡稱，全名為Travel Quality Assurance Association。				

二、歐美旅行業的類別

旅行業創始於英國，博大於美國。茲就歐美旅行業之類別，分述如後：

(一)躉售旅行業

躉售旅行業（Tour Wholesaler）是以信譽、品質與服務來設計自己專有品牌形象之遊程，大部分為適合大眾旅遊（Mass Tour）的制式行程，再委由同業代為推廣銷售，並以定期包機或承包郵輪方式來降低成本吸引同業客源。

此類旅行業擁有雄厚財力與專業企劃人才，並能深入市場調查研究，再針對消費市場旅客需求來研發特殊興趣（或主題）遊程（Special Interest Tour）。每當新產品推案前，均會招待同業辦理熟悉旅遊（Familiarization Tour, FAM Tour）。

躉售旅行業的主要業務可分為遊程躉售與機票躉售等兩種，均由專業部門負責產品研發設計，再以擴大行銷通路、以量制價方式營運，此類旅行業乃計畫旅行之先驅。

觀光視窗

熟悉旅遊

「熟悉旅遊」係指躉售旅行業者為推展新行程，或有新旅遊市場開發成功，準備順利推廣時，均會先辦理此新行程旅遊來招待同業，以利爾後代為推廣。

(二)遊程承攬旅行業

遊程承攬旅行業（Tour Operator），是以精緻服務品質來建立公司形象，並透過行銷網路直銷給旅客，或批發給零售旅行業代售。英國約有一半以上的海外旅行團係經由此類旅行業所銷售的，其營運性質與我國綜合旅行業一樣，具有遊程躉售業、零售業之雙重地位，唯其量產規模不如躉售旅行業，營運風險也較小（**圖14-3**）。

(三)零售旅行業

零售旅行業（Retail Travel Agent）其營運性質則類似我國甲種旅行業之業務。主要為代售躉售旅行業或遊程承攬旅行業之制式全備商品，或航空公司研發之旅遊商品。

圖14-3　海外旅行團為遊程承攬旅行業主要業務之一

此類旅行業的特色為規模小、人員少、營運成本低、家數最多且分布最廣，最能直接提供消費者個別化的精緻服務產品，其客製化（Customization / Custom-made）程度也最高。

(四)特殊旅行業

所謂「特殊旅行業」（Special Travel Agency），係指獎勵旅遊公司、會議規劃公司等類型之旅行業而言，其主要商品大部分屬於訂製式或稱裁剪式的遊程（Tailor-made Tour）為主。

◆獎勵旅遊公司（Incentive Travel Planner / Incentive Tour Company）

獎勵旅遊公司另稱為「獎勵公司」，此類公司係一種專為客戶規劃、組織、推廣，由客戶公司出錢或補貼的旅遊方式，以激勵員工或顧客之方案的專業性公司，如南山人壽、中國安麗等公司獎勵員工的海外之旅。

獎勵公司可分為三類，即提供顧客開發規劃、推廣及執行獎勵旅遊活動的全服務公司（Full-Service Company）；僅負責銷售獎勵旅遊商品而不參與規劃獎勵方案之實踐型公司（Fulfillment Company），以及附屬於旅行社內部專司獎勵性旅遊業務的獎勵旅遊部門（Incentive Department）。

◆會議規劃公司（Convention Planner / Meeting Planner）

會議規劃公司係指專門為旅客安排規劃會議相關事宜及活動之專業公司。此類會議展覽產業也是我國「二十一世紀台灣發展觀光新戰略」的重要項目，希望經由會議（Meeting）、獎勵旅遊（Incentive）、大型會議（Conference / Convention）、展覽（Exhibition）等四方面來推展「會議展覽產業」，並取前述四項業務的英文名稱字首MICE作為會議展覽產業之簡稱。此類工作為會議規劃公司主要業務之一。

三、日本旅行業的類別

日本旅行業分為第一種、第二種及第三種等三類旅行業。分述如下：

(一)第一種旅行業

另稱「一般旅行業」，為日本旅行業當中規模最大者，類似我國的綜合旅行業。其主要業務是經營日本本國旅客或外國旅客在日本國內的旅遊或海外的旅遊，以及其他各種型態的旅遊業務，如包辦旅遊。

(二)第二種旅行業

另稱「國內旅行業」，其主要業務僅能經營日本本國旅客或外國旅客在日本國內的旅遊業務（**圖14-4**），唯不得經營國外旅遊，其性質類似我國乙種旅行業（僅能經營國人在國內的旅行業務，但最大的不同是我國乙種旅行業不得接待來台外國旅客旅遊業務）。

(三)第三種旅行業

另稱「旅行業代理店」，其主要業務是以代理上述兩種旅行業的旅遊業務為主。由於所代理業務之不同，因此可分為「一般旅行業代理店」及「國內旅行業代理店」。

四、中國大陸旅行業的類別

中國大陸旅行業其主管機關為國務院所屬國家旅遊局，依其業務經營管理範圍可分為兩類：

(一)國際旅行社

此類旅行社可招徠或接待外國旅客、華僑、香港、澳門、台灣等地旅客以及大陸人民在大陸之旅遊活動（**圖14-5**）。其主要業務包括入境旅遊、出境旅遊以及

圖14-4　第二種旅行業專營日本國內觀光旅遊業務

圖14-5　接待港澳、台灣及外國旅客在大陸旅遊為國際旅行社的業務

國內旅遊等業務，類似我國甲種旅行業。

(二)國內旅行社

此類旅行社僅能負責招徠接待大陸人民在國內的旅遊業務，其性質類似我國的乙種旅行業。

第二節　旅行社的種類

我國旅行業依法規而分，可分為綜合、甲種、乙種三種旅行業，唯旅行業者為滿足旅遊市場之實際需求，在實務經營上，卻拓展出多種不同的經營型態，摘述如下：

一、依旅行業管理規則而分

我國「旅行業管理規則」第三條，將旅行業分為綜合旅行業、甲種旅行業及乙種旅行業三種，上述旅行業已於前一節介紹過，在此不再贅述。

二、依旅行業所經營實務而分

依旅行業實際經營的主要業務性質等實務而分，概可分為下列幾種旅行社：

(一)海外旅遊產品躉售旅行社

海外旅遊產品躉售旅行社（Outbound Tour Wholesaler）係以籌組研發各類團體套裝旅遊行程為主力產品，並供下游零售旅行社代銷，此為綜合旅行社主要業務之一。此類旅行社的主要特色為：遊程設計研發能力強，同時量販銷售機動力要大，通路要廣。

海外遊程有長短線之分，長線飛行在四小時以上，如歐美（**圖14-6**）、紐澳、南非等；短線如東南亞、東北亞及大陸線等，業者可能僅以其中一項為主軸，但也有長短線均承做，端視業者本身經營能力及專長等而定。

(二)自產自銷旅遊產品之旅行社

係指自行籌組規劃出國團體（Outbound Tour），直接向消費者招徠，有時為因應市場競爭，也會採取聯合幾家旅行社共同合作操作出國團體旅遊業務（**圖14-7**），吾人稱為PAK（Package）。此類旅行社係屬於甲種旅行業主要業務型態之

圖14-6　國人歐洲旅遊屬長線旅程

圖14-7　為因應市場競爭，旅行業者會採共同合作聯合出團的方式承攬海外旅遊業務

一。由於直接對消費者銷售之直客能力強，也兼銷售綜合旅行業的遊程產品。此外，此類旅行社在票務方面的服務也很專業。

(三)海外簽證業務中心

海外簽證業務中心（Visa Center）簡稱為簽證中心，係專門處理各種團體簽證手續及各類相關簽證代辦業務。由於各國簽證作業不一，且須相當專業知識與人力，因此有些海外旅遊團體量大的旅行社，或長線歐洲團之團簽業務，均委由此中心之旅行社來代辦，以減少本身工作量之負荷。

簽證中心係將各家旅行社所委辦之簽證，將各零星件數予以集中彙整統一送件，以節省各旅行社在送簽作業上人力、物力、時間等各方面資源之浪費。

(四)票務中心

票務中心（Ticketing Consultation Center）係以票務銷售為主的旅行社。此類旅行社的主要業務是以承銷各家航空公司之機票，而非僅代理一家航空公司的客票業務，故另稱「分代理」而非總代理。其營運特色是代理數家航空公司，以量制價作為營運主軸。

此類旅行社係專售機票的躉售業務，透過與航空公司簽約，取得一定期間機票銷售代理，承諾承銷定期定量的機位，藉以取得票價之折扣優惠，再銷售給其他旅行社。

(五)海外旅館代訂業務中心

海外旅館代訂業務中心（Hotel Reservation Center）的旅行社，其主要業務係專門為國內之團體或個人代訂世界各地之旅館。通常均代理多家旅館系統且在各地取得優惠之合約價格，再銷售給國內旅行社或旅客，消費者付款後持「旅館住宿券」如期自行前往住宿即可。在今日商務旅遊盛行的時代，此類旅行社乃應運而生。

(六)代理推廣之旅行社

代理推廣之旅行社（Ground Tour Operator, Local Agent），通常係代理海外旅行社或國外觀光團體在台的業務，如東南旅行社代理日本公社在台業務即是。此類業務是綜合與甲種旅行社主要業務之一。

(七)航空公司總代理

所謂「航空公司總代理」（General Sales Agent, GSA）本身是旅行社，因取得國外航空公司的授權，代理該航空公司在台之票務、業務推廣等經營權，如機票銷售、訂位以及各相關業務之處理，如金界旅行社代理土耳其航空業務即是（**圖14-8**）。

航空公司總代理，通常以離線（Off-line）航空公司及外籍航空為多。此類旅行社所收取的超額佣金（Overriding Commission），通常是銷售額的3～9%。如果機票銷售量達到航空公司所規定之數量時，航空公司通常會給予另一筆獎金作為數量獎勵（Volume Incentive），或稱量化獎金獎勵。

(八)接待外人來台旅遊的旅行社

此類旅行社係以專門接待來台旅客旅遊為其業務主軸，此為目前國內綜合與甲種旅行社主要業務之一。目前國內接待來台旅客業務（Inbound Tour Business）之業者，大致上可分為英語系、日語系、韓語系、海外華僑以及大陸人士來台觀光等類。

圖14-8　航空公司總代理為旅行社營運類型之一

(九)專營國民旅遊的旅行社

專營國民旅遊業務（Local Excursion Business）的旅行社，另稱「Domestic Travel Agent」。自民國90年政府實施週休二日以來，國民旅遊市場已成為極具吸引力之旅行業營運焦點。國內早有若干旅行社係以國民旅遊為其營運主體業務，如乙種旅行社。目前也有部分旅行社與航空公司、高鐵、台鐵或台汽公司合辦籌組套裝旅遊產品（**圖14-9**）。

(十)網路旅行社

網路旅行社（Internet Travel Service / Online Travel Agent）另稱「網站旅行社」，此類旅行社的產品服務或行銷通路均鎖定在網路上與顧客互動之經營方式。

依規定，網路旅行社之網站內容須先向交通部觀光局報准備查，其網站首頁應載明：

1.網站名稱及網址。

2.公司名稱、種類、地址、註冊編號及代表人姓名。

3.電話、傳真、電子信箱及聯絡人。

圖14-9　觀光列車屬於套裝旅遊產品之一

4.經營之業務項目。

5.會員資格之確認方式。

網路旅行社接受旅客線上訂購交易者，應將旅遊契約登載於網站，於收受全部或部分價金之前，應將其銷售商品或服務之限制、確認程序、契約終止、解約或退款事項向旅客據實告知。當收取價金後，依規定須將旅行業「代收轉付收據憑證」交付旅客收執。如國內易飛網（ezfly）、易遊網（ezTravel）以及燦星旅遊網（Star Travel）均屬於此類旅行社。

綜上所述，旅行社的種類除了依觀光法規可分為綜合、甲種及乙種旅行社外，其餘實務經營上的分類，有些係同時或部分出現於同一家旅行社的營業範疇，也有些旅行社係僅專精於某一項業務，端視旅行社經營者之專長、能力、經驗以及各種經營策略而定。

個案研究

燦星旅遊

燦星國際旅行社簡稱燦星旅遊（Star Travel），該公司成立於2003年2月，為國內資本額最大的網路旅行社，其員工總數達450人。根據「ARO網路測量研究資料庫」的資料統計，該公司在國內各網路旅行社當中成長神速，領先群雄。

該公司本著「誠信、超值、舒適」的營運理念，致力於發展下列營運策略：

一、提供全方位旅遊服務

應消費者需求，提供一全方位的整合旅遊服務，從訂購前的目的地景點、產品價格、簽證等旅遊資訊的蒐集，到訂購中的產品訂位、開立、繳款等專業服務，以及行程中購物、交通、天氣、匯率等資訊的查詢與服務，甚至回程後的售後服務，因此燦星旅遊網的成立可提供消費者全方位的旅遊服務。

二、建置一站購足的綜合旅遊網

燦星旅遊網的團隊中擁有國內機票、國外個人機票、國外團體機票、國內訂房、國際訂房、國內外團體旅遊、國內外團體自由行、國內外航空公司自由行、郵輪假期、主題式專案旅遊、國內火車旅遊、海外遊學、國內主題樂園門票、歐日國鐵票、簽證、觀光護照與保險等旅遊產品開發、遊程設計、行銷推廣等，具有網路旅遊行銷與旅遊網站建置經驗，可快速開發與建立一站購足（One Stop Shopping）的綜合旅遊網站。

三、扮演個人旅遊提供者的角色

網際網路的建置，便於消費者自行上網蒐集旅遊資訊及服務自己，使得個人旅遊成本能大幅降低。燦星旅遊網工作團隊在過去幾年都是扮演著個人旅遊產品服務提供者之先驅，此乃該公司旅遊網得以迅速建立品牌形象的主要原因，也是其未來營運發展的重點方向。

四、重視顧客關係管理

燦星旅遊網相當重視會員服務，深耕顧客關係管理，擁有完善的會員資料庫，可提供客人一對一的線上服務，藉以落實互動行銷。此網站資料庫之運用技術與經驗，足以引領同業。此外，為強化顧客及其會員服務，也設立實體店面的營運據點，期以加強顧客服務。

個案討論

1.燦星國際旅行社的營運策略當中，你認為何以深受時下自由行或自助旅行者所肯定？

2.燦星旅遊與雄獅旅遊此兩大旅行社的產品服務，其最大不同點為何？

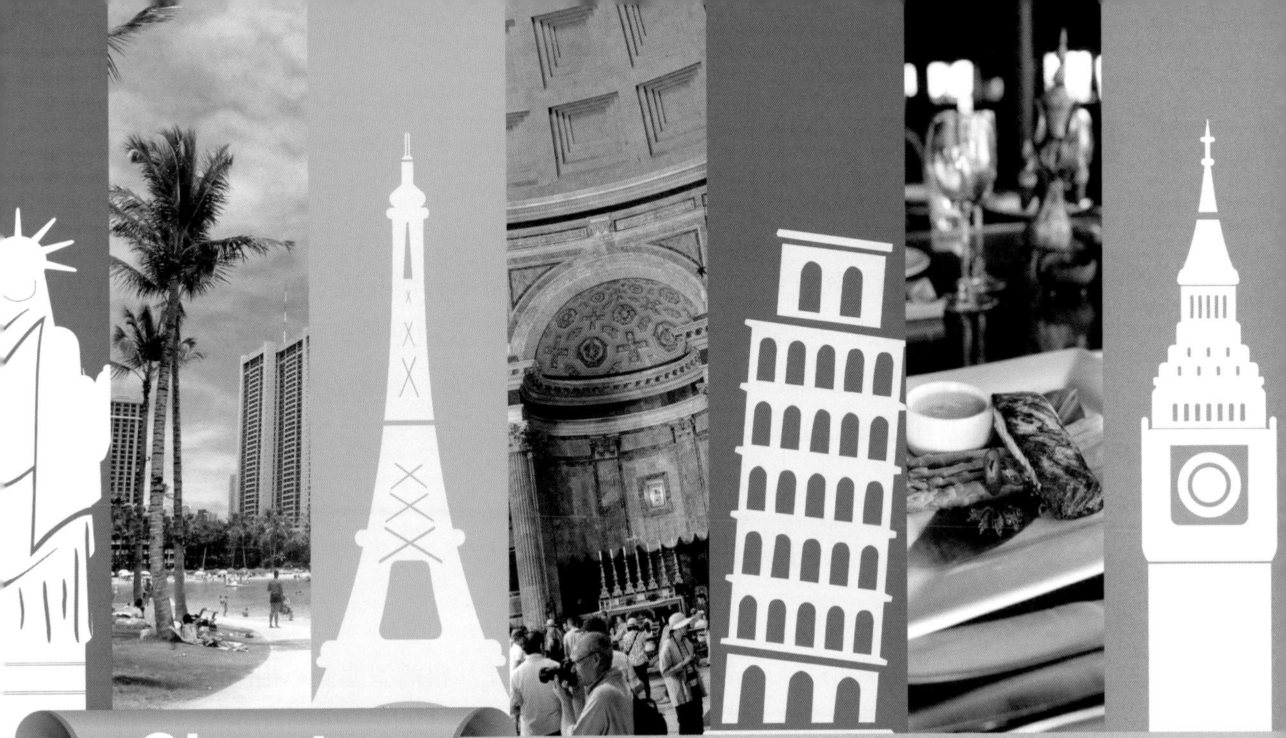

Chapter

15 旅行業的組織與部門介紹

- 第一節　旅行業的組織
- 第二節　旅行業從業人員的職掌

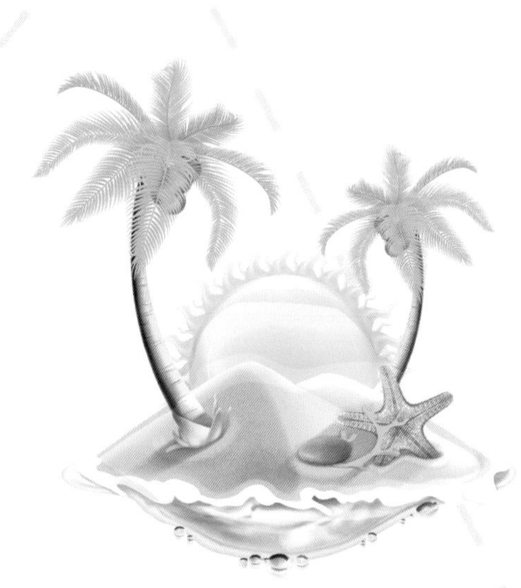

旅行業的組織及其設立，涉及其未來的實際營運管理及法令規範，因此旅行業的組織型態與規模，均端視其營運項目、營運方式及重點營運項目所需軟硬體多寡而定。旅行業內部組織之架構，一般係以產品、功能、作業程序或專案矩陣組織來作為部門及其從業人員職掌之區分。

第一節　旅行業的組織

旅行業的規模大小不一，營運性質互異，因此其組織型態並不相同。一般而言，旅行業的組織編制可概分為海外旅遊部、國內旅遊部以及管理部等部門，其組織結構逐漸趨向扁平化、產品化之組織型態發展。茲就旅行業的組織（**圖15-1**），摘述如下：

一、海外旅遊部

海外旅遊部之下，一般設有業務部與產品部此兩大營業部門。說明如下：

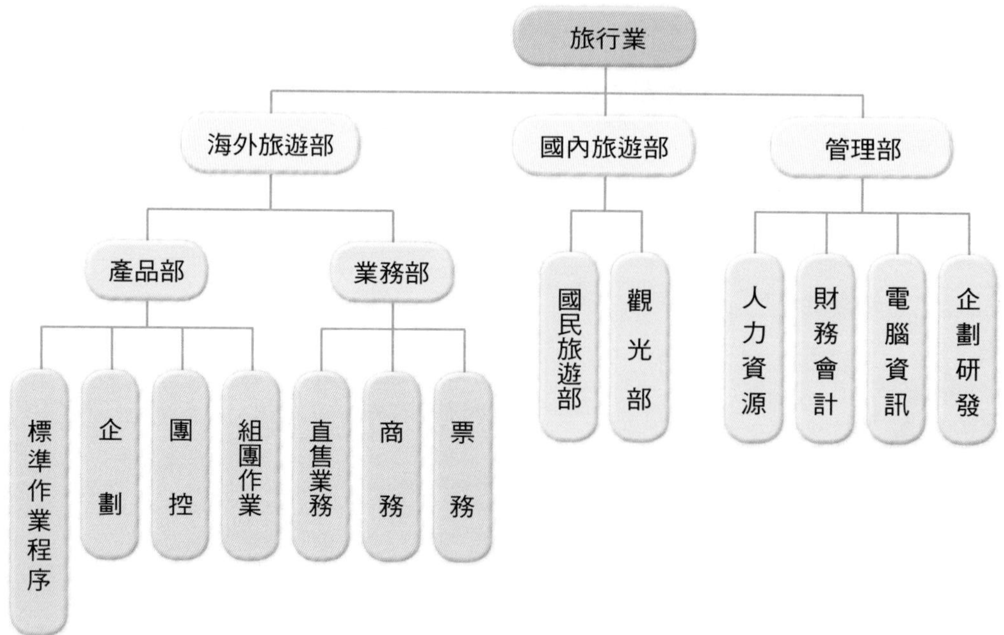

圖15-1　旅行業組織

(一)業務部

主要職責為負責將產品部門研發的遊程產品在市場上銷售，並提供全套旅遊服務。本部門人員須熟悉出國手續、產品內容及售價，俾以隨時解說促銷，此部門又稱「客戶服務部」，主要工作為票務、商務及直售業務。

◆票務（Ticket）

主要職責為負責有關機票購票、訂位及其他相關服務，如電子機票或協助處理團體開票、旅館訂房工作。有些以票務為營業重點之旅行社則單獨設立票務中心，負責公司所有一切票務工作。

◆商務（Business）

主要職責為負責提供旅客個別出國購票、訂房及其他出國證照手續服務。因為電子商務時代的來臨，使商務部門的工作愈加重要。

◆直售（Retail）

此部門另稱直客部，係將訂製式遊程或代理綜合旅行業之產品直接銷售給客戶，或提供客戶護照、簽證等各種旅遊服務。此部門為目前綜合及甲種旅行業極重要的業務部門（**圖15-2**）。

圖15-2　直售為綜合及甲種旅行業重要營業部門

(二)產品部

主要職責為負責公司產品——遊程之開發設計與估價、國外訂團作業、導遊及領隊培訓、特殊遊程安排及線控，此部門電腦檔案資訊要相當完善，能隨時組裝設計成新產品或個別產品。此部門一般設有下列單位：

◆組團作業（OP）

主要工作為掌控公司旅遊產品參團旅客之作業進度，以及旅客相關資訊之掌控與聯繫工作，藉以充分掌控旅行團出國前之準備作業，以及回國後之資料準備製作。有時還兼辦簽證及票務工作，此業務另稱「OP作業」，為Operationist之簡稱。

◆團控（Tour Control）

主要工作為負責參團旅客之證照、航班、機票等業務之執行確認與追蹤，確時控管旅客人數之異動。此外，尚需與海外代理商保持密切協調，以利做好團控職責。

◆企劃（Tour Planning）

企劃一般係指遊程企劃、負責研擬規劃公司旅遊產品的市場定位，並針對市場需求將產品適時調整與修正（**圖15-3**），以爭取市場之占有率及提升公司企業形象。

◆標準作業（SOP）

為提升旅遊產品之服務品質，並建立良好品牌形象，旅行業對於其產品之研發、規劃、行銷、推廣及其各部門作業均予以訂定各項標準作業，如作業規範即是例（有些大型旅行業，因業務量大，將訂團作業移出產品部，另設「作業部」）。

二、國內旅遊部

國內旅遊業務（Domestic Travel Business）在大型旅行業如綜合、甲種旅行業，均會分別設置觀光部（涉外部）及國民旅遊部等部門，以利推展其國內旅遊業務之營運事宜。茲摘介如下：

圖15-3　旅遊行程規劃須考量市場需求，適時調整與修正

(一)觀光部／涉外部（Inbound Division）

主要職責為負責接待來華觀光客，並安排旅遊、交通、食宿及導遊接待工作。本部門為旅行業相當重要的部門，其導遊人員之外語能力與觀光專業知識須相當豐富（**圖15-4**）。

(二)國民旅遊部（Domestic Division）

主要職責為負責國內旅遊之業務，本部門業務人員須相當精明能幹，且能獨立全方位作業，如自行接洽生意、估價，甚至帶團，經常須由一人全攬。此部門經常接受委辦公司員工之獎勵旅遊（Incentive Tour），所以領團人員的訓練比國外領隊重要。

三、管理部

大型旅行業目前相當重視企業研發、電腦資訊、財務會計及人力資源，因此分別設立相關部門來推展此工作。

圖15-4　國內旅遊業務由國民旅遊部負責

(一)企劃研發部

主要職責為負責公司國內外遊程規劃、產品包裝及旅遊資訊製作等所有旅遊產品之設計研發，以及各種DM宣傳廣告、旅訊、刊物、旅遊書籍之編輯與美工。

(二)電腦資訊部

主要職責為負責公司產品、行程製作、產品上網及更新維護，以及公司電腦資訊系統資料庫之管理與維護工作。如負責研發旅行業與同業間（Business To Business, B2B），以及旅行業與顧客間（Business To Customer, B2C）等電子商務（Electronic Commerce, EC）聯繫工作。

(三)財務會計部

主要職責係負責旅行業各項財務管理及會計作業，如財產購置及其維護管理、成本控制、利潤中心制之作業，以及員工薪資發放、會計報表製作等等業務。

(四)人力資源部

主要職責係負責旅行業人力之甄選、任用、考評、勤惰管理，以及人員之教育訓練等人力培訓工作均為其主要工作。

第二節　旅行業從業人員的職掌

旅行業的從業人員除了部門行政業務人員外，係以部門經理、領隊人員及導遊人員最為重要，茲分別就其職責摘述如下：

一、旅行業經理人

旅行業經理人必須是一位全方位的管理人，首先他必須熟悉整個旅行業之業務，此外還須具備領導統御及溝通協調的能力。同時對整個旅遊產品市場有高度敏銳的分析判斷能力，始能順利推展業務，達成營運目標。

(一)旅行業經理人的工作職掌

1.擬定公司各部門的營運目標與營運計畫。

2.擬定公司各種標準作業流程，例如票務作業、訂房作業、導遊及領隊作業程序規範均是例。

3.負責員工的招募、遴選、考核與訓練。

4.擬定旅遊產品的設計與規劃。

5.旅遊市場之調查分析研究；旅遊趨勢與旅遊風險之評估。

6.旅行業營運成本之控制及營運績效的考核。

7.負責各部門間之溝通協調工作。

8.定期召開內部會議，修正營運方向，檢討得失。

(二)旅行業經理人的任用資格

旅行業經理人應具備下列資格之一（**表15-1**），經交通部觀光局或其委託之有關機關、團體訓練合格，發給結業證書後，始得充任。若訓練合格，但連續三年未在旅行業任職，應重新參加訓練合格後，始得擔任經理人工作。此外，旅行業經

表15-1　旅行業經理人任用資格

經歷＼學歷	大專畢或高等考試及格	高中職畢、普考及格或同等學歷	無學歷限制
旅行業代表人	二年	四年	–
海陸空客運業務單位主管＊	三年	–	–
旅行業專任職員＊	四年	六年	十年
領隊、導遊＊	六年	八年	–
大專院校主講觀光專業課程	二年	–	–
觀光行政機關業務部門專任職員	三年	五年	–
註：表列人員有「＊」註記者，依規定如為大專或高中職觀光科系畢業者，得依應備之年資減少一年。			

理人應為專任，不得兼任其他旅行業之經理人，不得自營或為他人兼營旅行業。

(三)旅行業經理人任用資格之限制

旅行業經理人不得有下列情事，否則不能任用：

1.曾犯「組織犯罪防制條例」規定之罪，經有罪判決確定，服刑期滿尚未逾五年者。

2.曾犯詐欺、背信、侵占罪經受有期徒刑一年以上宣告，服刑期滿尚未逾二年者。

3.曾服公務虧空公款，經判決確定，服刑期滿尚未逾二年者。

4.受破產之宣告，尚未復權者。

5.使用票據經拒絕往來尚未期滿者。

6.無行為能力或限制行為能力者。

7.曾經營旅行業受撤銷或廢止營業執照處分，尚未逾五年者。

二、領隊人員

所謂「領隊」，係指執行引導出國觀光旅客團體旅遊業務而收取報酬之服務人員（**圖15-5**）。領隊之英文名稱很多，常見的有：Tour Leader、Tour

圖15-5　引導國人出國旅遊為領隊的職責

Conductor、Tour Manager、Tour Escort及Tour Director等多種。

(一)領隊的類別

領隊人員應受旅行業之僱用或指派，始得執行領隊業務。領隊可分為下列兩種：

◆外語領隊

係指領有外語領隊執業證，且以英、日、法、德、西班牙語為專長之領隊，得引導國人出國，含大陸、港澳地區。

◆華語領隊

另稱大陸領隊，係指領有華語領隊執業證，且以大陸、香港、澳門等地為主要團體旅遊目的地之領隊，但不得執行其他出國旅遊業務。

(二)領隊的工作職責與任務

領隊之工作自團體出發至結束，其工作範圍主要有：出國前準備作業、全程隨團服務及回國結團作業等三方面。其主要職責為確實執行串聯公司所安排的行程，以維護團體旅客之安全與權益，確保優質的旅遊服務品質。領隊的主要任務有下列幾項：

◆確保公司在海外遊程的服務品質

領隊帶團在外係代表公司，是公司形象表徵，也是旅遊服務的第一線工作人員，其任務不僅只是將團體旅客帶出國交給當地的導遊人員而已，還需要依據公司與旅客所簽訂的合約，善盡履約之監督與執行，藉以維護公司之信譽與形象，並保障旅客應有之權益。

◆緊急事件之處理，團體旅客之仲裁

旅行團旅客成員複雜，再加上團體在外旅遊途中所涉及的事務繁冗，許多偶發意外或緊急事件勢所難免，如受傷、遺失物品或旅客之間的旅遊糾紛等，此時領隊人員須發揮應變能力，當機立斷，站在維護旅客權益之立場或不傷雙方和諧之妥適方式來處理。依交通部觀光局規定，若發生重大緊急事件，最遲須於二十四小時內向觀光局報備。

◆隨時隨地提供旅客所需之人性化及時服務

人在異鄉，團體旅客因語言、文化、風土民情之不同而產生許多適應不良之困擾，如溝通障礙、迷路或脫隊等情事，此時領隊便是他們的支柱與救星。領隊在此時須發揮最大服務熱忱，本著同理心來為他們提供適時的溫馨服務。

(三)領隊應備的基本條件

1.豐富的旅遊專業知能與良好的外語表達能力（**圖15-6**）。
2.高尚的情操與恢宏氣度。
3.活潑幽默、敬業樂群的誠懇服務態度。
4.隨機應變，能扮演各種不同角色。
5.健康的身心，強健的體魄。
6.儀態端莊，儀容整潔。

(四)領隊的任用資格與條件

1.凡高中職以上學校畢業，或高考、普通檢定考，或初級考試及相當等級特種考試及格有證明文件者，均得參加考選部主辦的領隊人員考試。
2.領隊人員考試及格，取得考試院核發的考試及格證書，再經交通部觀光局訓練合格，始得申請領隊執業證，有效期間三年，期滿得申請換發。

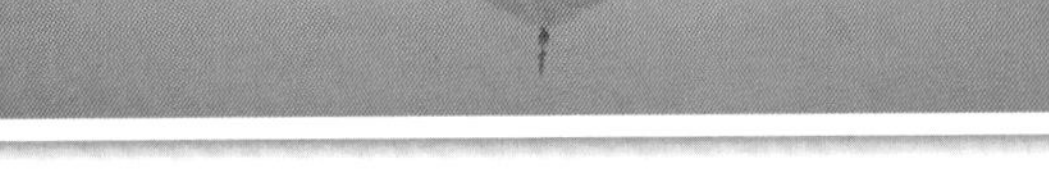

圖15-6　領隊應具備豐富的旅遊專業知能

3.若連續三年未執行領隊業務，則須重新參加訓練結業，始能再取得執業證。

4.經華語領隊人員考試及訓練合格，參加外語領隊人員考試及格者，於參加職前訓練時，其訓練節次，予以減半。

三、導遊人員

所謂「導遊人員」（Tour Guide），係指執行接待或引導來本國觀光旅客旅遊業務而收取報酬之服務人員（**圖15-7**）。

(一)導遊的類別

導遊人員應受旅行業之僱用、指派或受政府機關、團體之招請，始得執行導遊業務。依接待對象導遊可分為下列兩種：

圖15-7　負責接待來台旅客觀光為導遊的職責

餐旅小百科

中國大陸的導遊人員

一、地區導遊（Local Guide）

簡稱「地陪」，導遊接待工作之範圍僅限在特定的城鎮或觀光地區，不得越區執行導遊工作，又稱「地方陪同」。

二、全區導遊（Through Guide）

簡稱「全陪」，是指在中國大陸各地區均准許執業的導遊人員。全區導遊之學識及專業素養為大陸所有各類導遊之中最好的人員，又稱「全程陪同」。

三、特殊導遊（Special Guide）

另稱「定點陪同」，是指在某些特殊旅遊地點擔任解說之嚮導，如博物館及國家公園之解說員。

◆外語導遊

應依其執業證登載語言別，執行接待或引導使用相同語言之來台觀光旅客旅遊業務，並得執行接待或引導大陸、香港、澳門地區觀光旅客旅遊業務。

◆華語導遊

接待以華語為主要語言之來華觀光旅客，如中國大陸、港澳地區人士，或使用華語之國外觀光旅客旅遊業務。

(二)導遊的工作職責

導遊人員的主要職責乃負責接待及引導觀光旅客旅遊，並提供專業知能與服務，使觀光客有賓至如歸之感，從而享有美好的遊憩體驗。因此，導遊的主要職責有下列幾項：

1.熟悉接待觀光旅客的作業要領，並事前做好各項準備，如蒐集資料、瞭解整個行程安排及旅客背景資料等。
2.提供觀光旅客所需之旅遊資訊。
3.引導觀光旅客介紹各地風景名勝或歷史文物古蹟。
4.安排遊程及負責解說翻譯。
5.為觀光旅客安排膳宿、娛樂及相關門票入場券。
6.負責保障旅客安全及適時提供必要的服務。唯不含為旅客保管證件、護照。
7.負責自機場接機至旅客離境，此期間之各種接待工作與服務。

(三)導遊應備的基本條件

導遊人員除了須有合法之執業證照外，本身尚須具有一些基本素養與工作能力。茲摘述如下：

1.服務工作時，具有國家民族觀念與高尚情操，並熟悉國際禮儀，善盡職責做好國民外交。
2.具有淵博的學識與溝通協調能力，熟悉國內各觀光景點之內涵（**圖15-8**）、地方文化特色及交通狀況。
3.具有敬業精神與服務的熱忱，才能贏得觀光客的掌聲與佳評，也能提升自己國家在國際上的形象。

圖15-8　導遊須熟悉國內旅遊景點特色

4.具有宏揚我國文化，維護國家形象與安全之體認。

5.導遊人員是觀光產業第一線工作人員，為國民外交之尖兵，要特別留意自己的儀態與穿著，並培養健康的身心。

華語導遊實務須知

為因應大陸人士來台旅遊之需求，負責導遊接待的人員為達賓至如歸，贏得陸客之掌聲與好評，首先必須做好迎賓的功課，即設法先瞭解大陸團客源市場之屬性與需求，然後再針對其特性設法提供其所需之旅遊資訊與資源。

例如大陸沿海的旅客較少見到高山峻嶺，因此對於阿里山、太魯閣等景觀最為嚮往；內陸人士則較偏愛野柳、東北角等之岩岸海景。飲食生活習慣方面，大陸北方人口味重，喜愛油脂肉類；南方人偏味甜，喜愛茶飲，尤其是阿里山高山茶為陸客最愛。

(四)導遊人員的任用資格與條件

導遊人員之任用資格與條件如下：

1.凡高中職以上學校畢業，或高考、普通檢定考或初等考試及相當等級特種考試及格有證明文件者，均得參加考選部主辦的導遊人員考試。
2.導遊人員考試及格，取得考試院核發的考試及格證書，且經交通部觀光局或委託單位訓練合格領取結業證書後，再向觀光局申請導遊執業證，有效期間三年，期滿得申請換發。
3.若連續三年未執行導遊業務，則須重新參加訓練結業，始能再取得執業證。

(五)領隊與導遊之比較

茲將領隊與導遊人員之特性列表說明如**表15-2**。

四、旅行業主要營運部門從業人員的職責

旅行業主要營運部門概可分為海外旅遊部與國內旅遊部等兩大部門，通常依其營運規模及實際業務需求設置適當人員，以利業務正常運作。

(一)海外旅遊部

海外旅遊部通常包括產品部及業務部等單位，其主要從業人員及職責分述如下：

◆產品部人員

1.企劃員（Tour Planner, T/P）：負責研發公司旅遊產品、遊程開發與設計，以應旅遊市場之需，並能掌握最新市場動態及發展趨勢，以利修正或組裝新產品。
2.線控員（Route Controller, R/C）：負責協調、聯繫公司各旅遊產品，及旅遊路線所需之資源的配合，以利公司產品之運作。
3.團控員（Tour Controller, T/C）：負責出國團體旅客之證照辦理、航空班機確認，並與相關單位之聯繫與追蹤，以確實掌控旅客出國團體之最新資訊。
4.控團員（Operationist, OP; O/P）：負責旅行社海外遊程產品之參團旅客出團作業進度之控管，並負責與參團旅客聯繫接洽相關參團事宜，如出團前之準備作業、出國說明會等事項。

表15-2　領隊與導遊人員特性之比較

<table>
<tr><th colspan="2">特性</th><th>領隊人員</th><th>導遊人員</th></tr>
<tr><td colspan="2">服務範圍及對象</td><td>出國觀光客</td><td>來華觀光客</td></tr>
<tr><td colspan="2">管理法源</td><td>發展觀光條例、旅行業管理規則、領隊人員管理規則</td><td>發展觀光條例、旅行業管理規則、導遊人員管理規則</td></tr>
<tr><td colspan="2">管理機關</td><td colspan="2">交通部觀光局</td></tr>
<tr><td rowspan="5">考試科目</td><td>口試</td><td>免口試</td><td>1.以所選定之外語個別口試
2.華語導遊免口試</td></tr>
<tr><td rowspan="4">筆試</td><td>1.領隊實務（一）
•領隊技巧
•航空票務
•急救常識
•旅遊安全與緊急處理
•國際禮儀</td><td>1.導遊實務（一）
•導覽解説
•航空票務
•急救常識
•旅遊安全與緊急處理
•國際禮儀
•觀光心理與行為</td></tr>
<tr><td>2.領隊實務（二）
•觀光法規
•入出境相關法規
•外匯常識
•民法債篇旅遊專節與國外定型化旅遊契約
•兩岸人民關係條例
•兩岸現況認識
•香港澳門關係條例（華語領隊加考）</td><td>2.導遊實務（二）
•觀光行政與法規
•兩岸現況認識
•兩岸人民關係條例
•香港澳門關係條例（華語導遊加考）</td></tr>
<tr><td>3.觀光資源概要
•世界歷史
•世界地理
•觀光資源維護</td><td>3.觀光資源概要
•台灣歷史
•台灣地理
•觀光資源維護</td></tr>
<tr><td>4.外語
英語、日語、法語、德語、西班牙語（五選一）</td><td>4.外語
英語、日語、法語、德語、俄語、義大利語、西班牙語、韓語、泰語、越南語、印尼語、馬來語及阿拉伯語（十三選一）</td></tr>
<tr><td colspan="2">執照取得</td><td colspan="2">領隊或導遊人員申請執業證，應填具申請書，檢附有關證件向交通部觀光局或其委託之有關團體請領使用</td></tr>
<tr><td rowspan="3">培訓</td><td>類別</td><td colspan="2">職前訓練、在職訓練</td></tr>
<tr><td>連續三年未執業</td><td colspan="2">應重新參加訓練，結訓後始可換領執業證</td></tr>
<tr><td>校驗</td><td colspan="2">執業證照有效期限三年，期滿應向觀光局申請換發</td></tr>
</table>

◆業務部人員

1.業務代表或業務員：主要職責為負責將旅行社產品部所研發的遊程產品在市場直售或批售，並提供全套的旅遊服務，如代辦出入境手續、產品內容解說等等服務工作。

2.票務人員：主要職責係負責有關機票之購票、訂位、退票或開立電子機票，並協助處理出團之團體開票或旅館之訂房工作。業務較大的旅行社另成立票務中心及訂房中心。

3.商務部人員：主要職責係負責提供個別旅客，如商務旅客或自由行旅客的旅遊行程安排、規劃，並代訂房、購票及辦理出入境手續。

(二)國內旅遊部

國內旅遊部通常包括國民旅遊部與觀光部等兩大單位，介紹如下：

◆國民旅遊部人員（簡稱國旅部）

主要職責係負責國內國民旅遊業務之生意招攬、接洽、估價，甚至負責帶團工作（**圖15-9**）。國旅部人員往往必須能全方位獨立作業，並爭取接受委辦公司員工的獎勵旅遊業務。

圖15-9　一級古蹟——赤崁樓為國內旅遊熱門景點

◆觀光部人員

主要職責係負責接待來華觀光客，並安排旅遊、交通、食宿及導遊接待工作。此部門為旅行業相當重要的單位，其人員之外語能力與專業知能須相當豐富，始能勝任愉快。

個案研究

雄獅旅遊集團

雄獅旅行社成立於1977年，前身為「東亞旅行社」，後來更名為「寶獅旅行社」，1993年始正名為今日的「雄獅旅行社」。該旅行社歷經多年的努力，員工總數高達2,580人，營業額超過200億元，曾膺選台灣千大企業服務第一大獎、新加坡旅遊局創意大獎及ISO9002全方位品質認證。該公司旗下有12家分公司及4家旅行社。此外，在美洲、大洋洲及亞洲等共設有61個服務據點，除了提供旅遊相關產品服務外，更致力多元化發展、全球整合行銷並建置旅遊網站提供線上服務，其E化能量在旅行業界傲視群雄，在當今旅遊網路市場更獨占鰲頭。該旅行社不僅聚焦網路虛擬旅行社之研發，更重視實體店面的門市部規劃設計，期藉由與顧客面對面的貼心服務，使無形產品服務有形化，進而提供顧客良好的服務體驗，以利口碑行銷。

「雄獅旅遊」在王文傑及凌瓏董事長夫婦辛勤深耕下，本著誠信務實原則及「Enjoy Lion, Enrich Life」理念，將傳統旅遊服務業最先導入網路虛擬通路，並發展引領業界的資訊科技通路技術，再經由實體店面與虛擬網站的整合行銷其多元化的產品服務，如今已成為國內最大的旅遊集團及知名的旅遊領導品牌，並繼續朝文化創意、生活產業之路邁進，期以達到成為全球華人旅遊生活服務品牌之終極目標。綜觀該公司成功的經營理念，可歸納如下：

一、顧客服務（Customer Focus / Human Touch & High Tech）

重視顧客服務體驗及滿意度，無論在產品特色設計研發或顧客接觸互動之服務作業流程中的每一環節，均力求盡善盡美，重視顧客需求與感受。

二、誠信正直（Integrity & Reliability）

堅守誠信原則，以誠信正直作為職場互動之企業道德及員工與顧客互動之商

業倫理。該公司王董事長認為唯有顧客的信賴，旅行社始具成長的利基。

三、熱情分享（Passion & Sharing）

重視人才培育，提供員工在職訓練及完善學習環境，鼓勵員工經驗傳承與分享，發揮文化創意理念及專長，以提升並滿足公司員工自我成就。

1.「雄獅旅遊」之所以能成為當今國內最大旅遊集團及知名旅遊品牌，其原因為何？

2.雄獅旅遊集團的經營理念當中，你認為哪一項為最重要？為什麼？

Chapter

16 旅行業的經營概念

第一節　旅行業的營運理念

旅行業是一種介於消費者與觀光相關產業間的仲介服務業，其主要商品為遊程及旅遊相關服務。因此，旅遊產品創新和優質服務提供，乃旅行社營運成敗的關鍵。茲將旅行業正確的營運理念摘述如下：

一、優質的專業化服務

(一)講究誠信原則

誠信原則為觀光餐旅從業人員職業道德中，最為重要的一項。「人無信不立」，尤其是旅行業從業人員更應信守承諾，確實履行遊程行程及旅遊契約內容，不得任意更改，始能贏得顧客信賴與好評。

(二)重視旅遊安全

旅遊安全為維繫旅遊服務品質的基本要件。因此，旅行業在產品服務設計上，須特別注意旅遊安全維護，並依規定替旅客投保責任保險，並建立緊急意外事故處理之標準作業流程及培養從業人員的緊急應變處理能力。

(三)專精的團隊服務

唯有專精的專業旅遊服務人力，如領隊、導遊及導覽人員等團隊合作，始能建構並提供旅客完美的旅遊體驗，創造旅遊多元價值。

二、創新的遊程產品及品牌化

(一)遊程產品特色化

為形塑遊程產品的差異化，須將遊程注入地方文化特色，賦予其生命力及活力，例如原住民的部落觀光或媽祖文化祭等遊程產品之設計等均屬之。

(二)推展體驗觀光

為創新旅行社的品牌形象，可推展在地旅遊、生態旅遊、綠色旅遊及關懷旅

圖16-1　旅行業推展在地旅遊、生態旅遊，形塑專業品牌形象

遊，形塑旅行業的專業品牌形象（**圖16-1**）。

三、爭取多元化客源市場

國內旅行業大部分屬於中小型規模，其中以小型企業組織為大多數，再加上其產品及業務屬性同質性太高，因此在有限客源市場之下，競爭激烈。為解決此問題，除了旅行業產品定位須明確外，更須積極拓展下列客源市場：

(一)國際客源

1.加強行銷，以日韓主攻、大陸為守、南進布局、歐美深化為原則。

2.開發郵輪市場及銀髮族市場之分眾市場旅遊產品服務。

(二)國旅客源

1.擴大國內國民旅遊市場，爭取國旅或學校畢業旅行之客源。

2.開發特色觀光活動遊程商品，強化吸引力。旅行業須在地化，融入地方，以發展深具地方文化特色的產品，來爭取客源。

四、企業結構調整，產業優化

(一)組織結構效率化

1.為強化企業本身的市場競爭力，須將組織編制扁平化、功能化，力求服務效率化、優質化，期以提供消費者即時的諮詢與方便有效率的服務。

2.加強人才培育，獎優汰劣。例如：導遊人員外語能力訓練，培育多國語文專業人才。

(二)產業轉型，策略聯盟

1.透過合併、合資或策略聯盟來共同開發市場，強化市場競爭力，如旅行業與交通運輸或餐旅業間的異業結盟。

2.透過產業轉型，提升企業品牌形象及市場知名度。

五、強化資訊科技之電子商務運用

資訊科技已大幅改變今日旅行業的營運模式，藉由資訊科技的運用，業者可以跨地域、市場和同業、消費者或相關產業聯繫與交流，可獲得更直接的有效訊息。此外，也可提升內部作業效率，減少人力作業的成本耗費。今後旅行業宜加強資訊網站之運用與創新策略。

(一)EC通路

EC（Electronic Commercial）通路，為旅行業、航空公司或其他觀光業者所經營的電子商務網站。例如：雄獅旅行社全球資訊網及燦星旅遊網等均屬之（**圖16-2**）。

(二)內容網站

內容（Content）網站是以藉提供豐富觀光旅遊訊息為主，來吸引消費者前往該網站蒐集查詢相關資料，再利用機會向消費者介紹其代辦或銷售的旅遊產品服務，期以達到電子商務的銷售目的。

(三)旅遊社群

旅遊社群係由一群志同道合的網友在網路聊天室所組成的團體，此類團體成

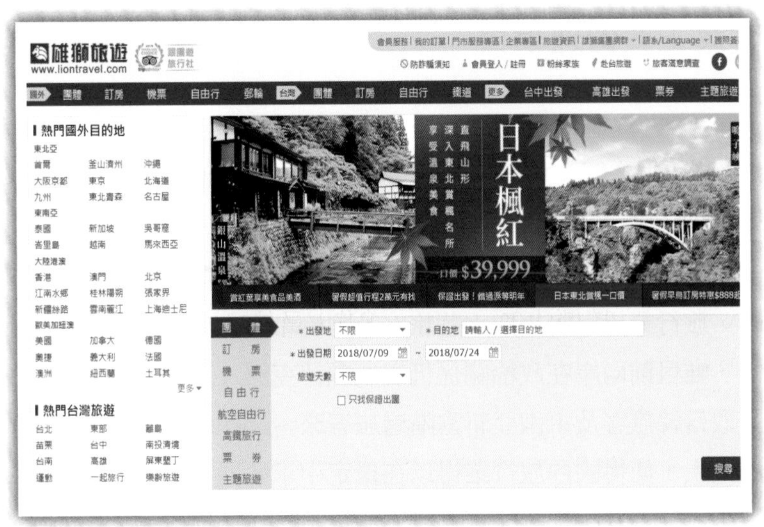

圖16-2　雄獅旅行社網站

員的同質性及忠誠度通常較高，因此旅行業的業務人員可從該族群網路留言版及聊天室中獲取一手資訊，並及時解答其問題或提供其所需旅遊產品的相關諮詢服務，以贏得分眾市場消費群之信賴與好感，此乃旅行業創新的價值。

第二節　我國旅行業的營運概況

我國旅行業的營運概況，可分別自旅行業的分布、主要營運項目、規模、財務狀況及其申請設立程序等各方面來加以探討。

一、旅行業的分布

根據交通部觀光局2018年5月的統計資料，台灣地區各類旅行業若以總公司統計，其總數計有3,049家，其中以甲種旅行社占絕大多數，高達87%，其次為乙種旅行社，而以綜合旅行社為最少。

台灣地區的旅行業大部分均遍布於大都會區，其中以台北市為最多，其次為台中市、高雄市以及桃園市。由是觀之，台灣地區的旅行業以甲種旅行社為最多，且均集中在少部分都會區，同業間在市場上的競爭相當激烈。

二、旅行業主要營運項目

我國旅行業之營運項目主要以安排國人出國之海外旅遊為最大宗（**圖16-3**），其次為接待來華觀光旅客，其餘為票務業務及國內旅遊，此現象可從甲種旅行業之數量得到印證。

唯自民國97年7月，政府全面開放大陸人士來台觀光，以及民國100年6月開放陸客自由行，旅行業界已將爭取大陸旅客及回流台商之旅遊接待安排，列為主要營運項目之一，唯目前兩岸在政治關係仍有瓶頸待克服，連帶影響兩岸觀光交流，政府已積極爭取日韓旅客及東南亞新富階層旅客來台，如越南、泰國、印尼、緬甸及菲律賓等國人士，使得國內旅行業得以在穩定中求發展。

三、旅行業的規模

目前國內旅行業大部分仍停留在中小企業及家族式經營管理的型態，究其原因不外乎下列幾點：

1.旅行業本身資金短缺，公司財力欠雄厚，僅仰賴少量固定資產即進入市場營運。若想擴大規模則須增置人力，並加以培訓，此龐大的人事費用支出，實非其能力所能負擔。

圖16-3　海外旅遊業務為旅行業營運之主軸

2.旅行業營運收益，其機會所得比例甚高，因此對於員工之任用較重視忠誠度及裙帶之關係，因此公司內之要職均委諸於自己親信的家族成員，而這些家族成員之能力畢竟有限，因此公司想要擴大經營委實不易。

四、旅行業的財務狀況

旅行業營運費用之支出項目計有：人事費、宣傳公關費、房租、稅金、辦公用品暨辦公設備、電話傳真及網路費、郵資、運費及保險費等項，其中以人事費之薪資成本最高，約占55～60%之多，再加上龐大的廣告宣傳費支出，實際上旅行社之利潤空間極有限，平均淨利約2～3%，其中以綜合旅行社較好，小型旅行社次之，至於中型旅行社之利潤則最少。

因此，旅行業為求永續經營，必須自本身營運規模之體質來改善，朝向大型化經營或小型化精緻路線等極大化或極小化之兩極化方式來營運，並以提供優質的服務品質來建立企業品牌形象。

五、旅行業的申請設立程序

依據「旅行業管理規則」之規定，旅行業設立採許可制，旅行業者須依規定先申請籌設、辦理公司登記、繳納保證金及註冊費完成註冊登記後，取得觀光局旅行業執照，經向觀光局報備開業後，始得正式營業。茲將旅行業申請籌設、註冊的流程（**圖16-4**）摘述如下：

(一)申請籌設準備

◆ 申領註冊登記相關表格

申請人先向交通部觀光局業務組領取有關申請設立的相關表格，如申請書、旅行業設立登記事項表等文件表格備用。

◆發起人籌組公司

股東人數規定，有限公司一人以上；股份有限公司二人以上。如為政府或法人股東一人所組織之股份有限公司，則不受二人以上的限制。

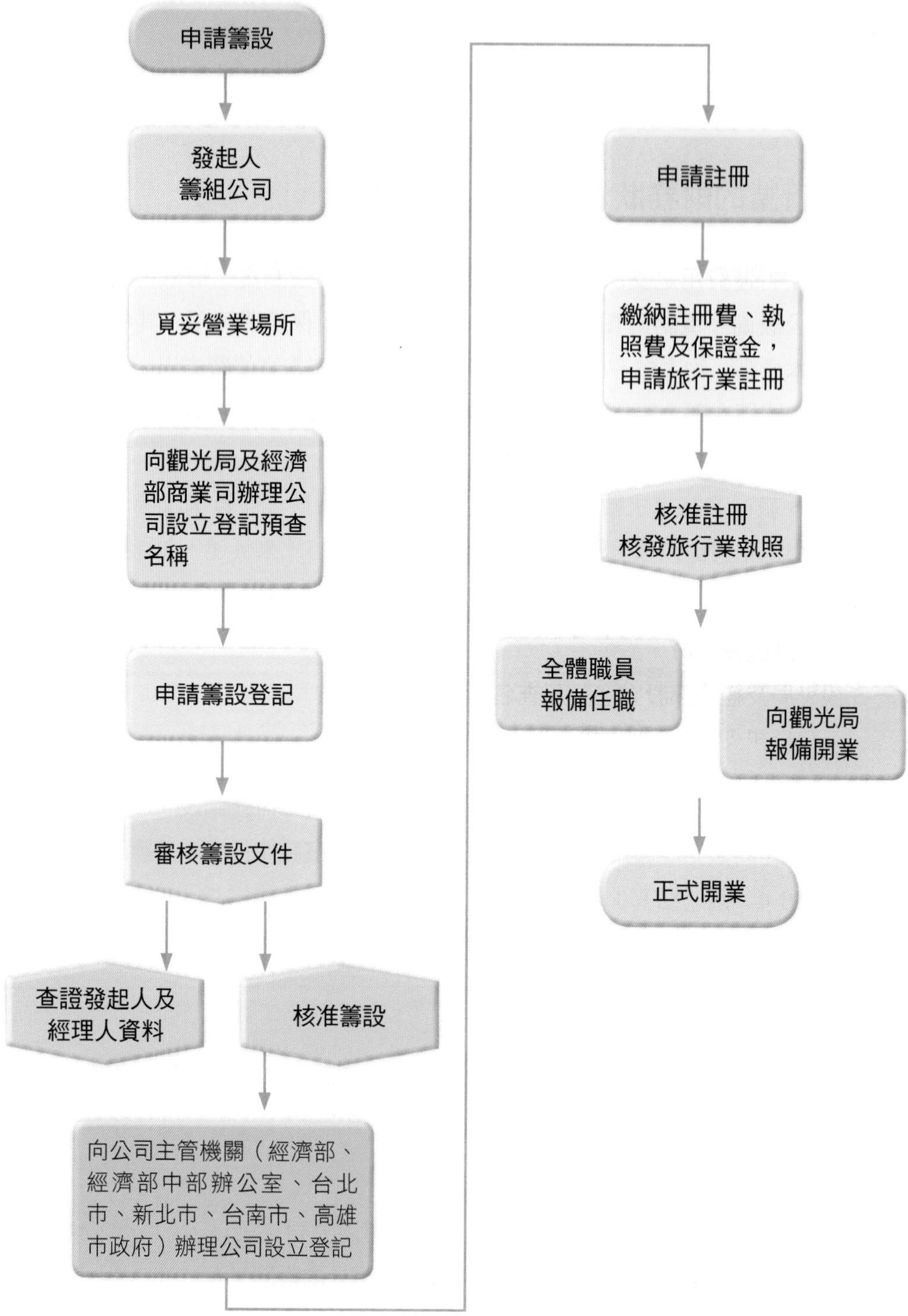

申請籌設
↓
發起人
籌組公司
↓
覓妥營業場所
↓
向觀光局及經濟部商業司辦理公司設立登記預查名稱
↓
申請籌設登記
↓
審核籌設文件
↓
查證發起人及經理人資料
核准籌設
↓
向公司主管機關（經濟部、經濟部中部辦公室、台北市、新北市、台南市、高雄市政府）辦理公司設立登記
↓
申請註冊
↓
繳納註冊費、執照費及保證金，申請旅行業註冊
↓
核准註冊
核發旅行業執照
↓
全體職員報備任職
向觀光局報備開業
↓
正式開業

圖16-4　旅行業申請籌設、註冊的流程

◆覓妥營業場所

旅行業營業場所須符合都市計畫法及土地使用分區之規定。得先向所在地各縣市政府查詢，以免產生困擾。

◆辦理公司設立登記預查名稱

須先向觀光局及經濟部商業司申請預查名稱，以防公司名稱侵犯其他公司權益，如公司名稱發音相同者或旅行業受撤照處分未滿五年者，其公司名稱均不得使用。

(二)正式申請籌設登記

申請人備妥相關籌設文件後，再向觀光局正式提出申請。應備文件計有：

1.籌設申請書一份。
2.外國人投資者應檢附經濟投資審議委員核准投資函。
3.經理人結業證書、身分證影本各一份及名冊兩份。
4.經營計畫書一份。
5.觀光局及經濟部設立登記預查名稱申請表。
6.全體發起人身分證明文件。
7.營業處所之建築物所有權狀影本及租賃合約書或屋主同意書。

(三)觀光局審核、核准籌設

觀光局審核各項文件資料，並經查照符合相關規定後，始函復准予籌設。

(四)辦理公司設立登記

旅行業經核准籌設後，應於兩個月內依法向經濟部商業司辦妥公司設立登記，並向觀光局申請旅行業註冊，若因正當理由可申請延長兩個月，逾期即撤銷設立之許可。

(五)繳納註冊費、執照費及保證金申請註冊

旅行業者辦妥公司設立登記後，應立即向觀光局正式申請註冊，其應備文件及手續為：

1.旅行業註冊申請書。

2.會計師資本額查核報告書暨其附件。

3.公司主管機關（經濟部、經濟部中部辦公室、台北市、新北市、台南市、高雄市政府）核准函影本、公司設立登記表影本各一份。

4.公司章程正本（所營事業須註明「營業範圍以及交通部觀光局核准之業務範圍為準」）。

5.營業處所全景（含市招及門牌）照片。

6.營業處所未與其他營利事業共同使用之切結書。

7.旅行業設立事項卡。

8.註冊費按資本總額1/1000繳納。

9.保證金：綜合旅行業新台幣1,000萬元；甲種旅行業新台幣150萬元；乙種旅行業新台幣60萬元。

10.執照費新台幣1,000元。

11.經理人、董事如任職其他旅行社，應辦妥前任職公司離職異動。

(六)核准註冊、核發旅行業執照

觀光局經評估核可後，始正式核發旅行業執照。

(七)全體職員報備任職，向觀光局報備開業

利用網路申報系統，向交通部觀光局或直轄市觀光主管機關辦理「旅行業從業人員異動」；同時須檢附下列文件向觀光局報備開業：

1.旅行業開業申請書。

2.旅行業履約保證保險保單及保費收據影本。

(八)正式開業

旅行業應於取得旅行業執照後，一個月內開業。至於公司名稱之標識，須經領取旅行業執照後，始得懸掛。

第三節　旅行業的產品類別

旅行業的主要商品是服務，它是依旅客需求再從相關旅遊事業體來安排或提供旅遊服務，並將此無形的旅遊服務予以具體化而成為有形的組合性遊程產品。

一、個別旅遊服務

個別旅遊服務為旅行業最主要的基本產品服務方式，它是針對旅客個人的旅遊需求而量身製作提供服務，此類旅遊服務型態係屬於訂製式旅遊服務（Tailor-made Tour Service）。其優點為行程較有彈性，個人在行程安排上享有較大自主空間，唯價格較高，有別於團體旅遊服務。常見的個別旅遊服務方式有下列幾種：

(一)海外個別旅遊（Foreign Independent Travel / Foreign Individual Travel / Tour, FIT）

此類旅遊服務其遊程係由旅行業針對旅遊者如散客需求或興趣而為其事先安排設計之遊程，其原則為人數在九人以下，以滿足其旅遊的動機與目的（圖16-5），因此其性質與自助旅行不同。

圖16-5　海外個別旅遊針對旅客需求而設計

(二)商務旅遊（Business Travel）

此類旅遊服務係針對商務旅客之需而提供各項商務服務，如訂機位、訂房間、機場接送，並順道為其安排觀光渡假旅遊。此類產品只要旅行業所提供的服務品質好，顧客的忠誠度也較高。

(三)自助旅行、背包旅行（Backpacking Travel）

自助旅行另稱背包旅行，其行程安排與規劃等均由旅客依自己的喜好與需求來執行。旅行社僅從旁協助並提供旅遊資訊服務供其參考。易言之，旅行社的角色僅站在資訊服務提供，以協助其順利成行而已。此類旅行自主性高，唯風險較大。

(四)自由行（Independent Travel / Semi-individual Travel）

所謂「自由行」，另稱之為「半自助旅行」，係一種由旅行社或航空公司所企劃銷售的新興旅遊產品，如市面上常見「機票加酒店」的行程即是（**圖16-6**）。此類行程的特色計有：

1.出發日期固定、行程內容由自己決定，自主空間大。

2.行程基本上包含機票與住宿飯店，有些產品內容尚包含附早餐、機場接送等

圖16-6　「機＋酒」的行程為典型自由行行程

服務。

3.目的地有專人駐守協助。

4.兩人即可成行。

5.出國手續如護照、簽證、機票等旅行文件均由旅行社代辦妥當。

二、團體旅遊服務

團體旅遊服務係目前國內各大知名旅行社最重要的產品服務方式，其市場需求量也最大。通常係採套裝全備式的遊程為主，如團體套裝全備旅遊（Group Inclusive Package Tour, GIPT）或簡稱團體全備旅遊（Group Inclusive Tour, GIT）。此類團體全備旅遊通常係採現成式旅遊服務（Ready-made Tour Service）為主，至於少部分特別團體則會要求依其需求或興趣採用訂製式旅遊服務。

(一)團體全備旅遊的構成要件

1.需有基本人數及共同的行程（圖16-7）。

2.共同的定價及固定的費用。

3.行程事先安排，並須事先購買。

圖16-7　團體全備旅遊需有基本人數及共同行程

(二)團體全備旅遊的特性

1.以量制價，團費較低。

2.完善的事前規劃與安排。

3.個別活動的彈性較低。

4.服務精緻化不足。

5.專人照料免除旅遊困擾。

6.時間許可下，團員可參加額外的自費旅遊行程（Optional Tour）。

(三)團體全備旅遊的類別

◆觀光團體全備旅遊（Group Inclusive Package Tour, GIPT）

目前國內旅行業所推出的各類團體旅遊，係以觀光為目的的全備旅遊產品為最大宗，也是旅行業團體旅遊最主要的業務。此類旅遊產品業者操作的純熟度較高，因此產品異質性較低，所以價格乃成為市場銷售之重要手段。

◆特殊興趣團體全備旅遊（Special Interest Package Tour）

此類產品為順應市場需求，區隔特定市場族群，乃針對各種不同興趣需求之市場來設計，以滿足其特殊動機需求，如海外遊學團、親子團、整型美容瘦身醫療團及高爾夫球團等主題或深度旅遊均是例。此類產品之特性為：

1.須有專業知識。

2.成本利潤較易掌控。

3.目標市場不明確。

4.營運風險較高。

◆獎勵旅遊

此類產品係企業為激勵其員工或回饋其經銷商、消費者，而以「旅行」作為獎賞或回饋之一種促銷激勵手段。

三、其他旅遊服務

1.代辦出入境手續：指海關、證照檢查與檢疫等三者而言。

2.代辦旅行文件：指護照、簽證、預防接種證明書（Shot），簡稱PVS。

3.代替客人辦理出國護照（Passport）、簽證（Visa）及機票（Ticket），即所謂PVT等事宜。

4.經營包機團（Charter Air Transportation）、航空貨運（Air Cargo）或經營遊覽車租賃業務。

第四節　旅行業的內部作業

旅行業內部作業為旅行業經營管理實務最重要的一環，其主要工作計有：遊程產品的設計、入出境手續以及團體作業等內部作業，茲摘述如下：

一、遊程設計研發作業

遊程為旅行業最主要的服務產品，也是旅行業銷售的主要商品。它係將抽象、不可觸摸的無形產品服務予以具體化、有形化，以利激發旅客購買慾，便於旅遊市場行銷。

(一)遊程的定義

依據美洲旅遊協會對遊程之定義為：「遊程是事先規劃完善的旅行節目，其中包括交通工具、住宿、遊覽及其他有關的服務。」

(二)遊程的種類

遊程的種類其分類方式很多，摘介如下：

◆依安排方式而分

1.現成式遊程（Ready-made Tour）：此類遊程中列有旅行路線、時間、住宿地點、旅行條件、價格等內容，它係以大量生產、大量銷售為原則。目前旅行業觀光團體全備旅遊均屬此類遊程（**圖16-8**）。

2.訂製式遊程（Tailor-made Tour）：此類遊程通常係依照旅客之需求、興趣及旅行條件而特別規劃設計之遊程。由於它是量身製作，沒有特定標準規格而無法量產，因而其價格費用較高，唯能享有較大的自主空間，行程彈性較大。

圖16-8　觀光團體全備旅遊為現成式遊程

◆依是否有領隊隨團服務而分

1.領隊隨團服務的遊程：團體旅遊自出發到行程結束，全程均有領隊沿途照料之遊程。

2.個別遊程和無領隊服務的團體遊程：此類遊程通常僅由目的地接待旅行社代為安排服務，其行程係依照其個別需求及旅行條件來規劃，因而較富彈性，唯價格較高。

◆依旅遊目的地及類型而分

1.海外遊程（Outbound Tour）：係指安排國人出境旅遊之行程規劃，如日本北海道之旅、星馬六日遊等均是。

2.接待來華旅客遊程（Inbound Tour）：係指專為接待來華觀光旅客而安排設計的遊程。

3.國民旅遊遊程（Domestic Tour）：係指專為安排國人在境內旅遊而設計的行程，如墾丁二日遊、龜山島賞鯨之旅等均是。

◆其他

1.依遊程時間而分，計有：市區一日或半日觀光、夜間觀光（**圖16-9**、**圖16-10**）、郊區遊覽等多種遊程。

2.依遊程特殊目的而分，可分為：特殊興趣遊程、會議或商務遊程等。

圖16-9　觀光巴士

圖16-10　夜間觀光活動節目

(三)遊程設計的原則

遊程設計須能滿足消費者的需求，並能考量相關資源之配合，尤其是相關法令及旅客安全等（**圖16-11**）均應有整體性的考量，以作為遊程設計重要的原則，分述如下：

圖16-11　水上活動須考慮遊客安全

◆針對市場需求研發遊程產品

遊程設計之前，務必要先進行市場調查分析與客源區隔，同時找出所需的目標市場，再針對此市場之需求來設計開發不同的遊程組合產品。

◆航空公司與目的地代理商的考量

係指對航空公司與遊程目的地代理商之選擇，以及相關簽證之考慮而言。例如所選擇的航空公司票價是否合理、航線班次是否理想、機位供應是否足夠，以及其配合度等均是考量的重點。

◆公司本身能力與資源的考量

遊程設計研發須考慮公司本身的人力、物力，針對公司在生產、銷售等各方面的特質來選擇優勢強項發揮，儘量避開本身能力或資源較薄弱的環節。例如公司擅長的是國民旅遊，則儘量研發此領域的各類遊程產品組合，期以取得市場上的優勢。

◆產品未來發展性的考量

遊程研發時，必須考慮此遊程產品的生命週期，是否具有持久性與發展性等因素，均須加以綜合分析評估。

◆競爭者的考量

遊程產品開發須耗費一段時間，因此旅行業在研發遊程產品時，除了須注意目前市場上現有競爭者外，更要留意潛在的競爭對手，始能出奇制勝。

◆旅遊安全性的考量

任何美好的遊程均係以旅遊安全為最高指導原則。所有行程的安排規劃，應以維護旅客安全為前提，否則一旦發生旅遊安全意外事件，則先前一切辛勞終將成為泡影。

我國於民國98年7月起，發布施行新修正之「國外旅遊警示分級表」，由原三級（黃、橙、紅）改為四級，分述如下：

- 灰色警示：表示提醒注意。
- 黃色警示：表示特別注意旅遊安全，並檢討應否前往。
- 橙色警示：表示高度小心，避免非必要旅行。
- 紅色警示：表示不宜前往。

二、入出境手續

所謂「入出境手續」，係指旅客進出一國之國境，所需完成的一切手續，其中包括：海關（Customs）、證照查驗（Immigration）、檢疫（Quarantine）等三項，簡稱為「CIQ」。其順序為：入境時，旅客先填入境登記表，若來自疫區旅客須先檢疫，然後檢查護照簽證，最後為海關行李檢查；出境時，其程序則相反，即海關、證照查驗，然後為檢疫。

(一)海關

就入出境旅客而言，海關的主要職責是檢查旅客個人隨身行李檢查，其規定如下：

◆我國海關出境規定

1. 每人攜帶現金限額，外幣總值美金一萬元、人民幣二萬元（超額須向海關申報）、新台幣十萬元（超額須向中央銀行申報），凡超額攜帶者均須走紅線海關通關。
2. 攜帶黃金出口不限，但總額超過美金二萬元者，應向經濟部國貿局申請輸出許可證。
3. 攜帶自用行李，不得有禁止及管制物品。

觀光視窗

e-Gate自動查驗通關

為加速旅客入出境證照查驗通關之效率，目前我國及部分先進國家如美國等，均開始運用現代電子科技來進行身分識別，將旅客雙手指紋及容貌輸入建檔，即可經「e-Gate」自動查驗通關（圖16-12）。

圖16-12　自動查驗通關專用道

◆我國海關入境規定

1.旅客攜帶外幣現金入境不限制，唯超過美金一萬元或等值外幣者，於入境時須先申報，否則超額部分會沒入。若攜帶新台幣則以十萬元為限，若超過限額在入境前須先申報核准。至於人民幣則以二萬元為限，超額部分須先申報並自行存關，出境時再攜出。

2.免稅攜帶菸酒限額為：雪茄二十五支或捲菸二百支（一條菸）或菸絲一磅；酒類（不限瓶數）一公升為限。菸、酒免稅，唯以年滿二十歲旅客為限。

3.生鮮水果嚴禁攜帶入境。

4.個人自用行李一組之完稅價格新台幣一萬元以下。

5.其他物品完稅價格總值新台幣二萬元以下者，入境旅客攜帶自用酒類以五公升為限。

(二)護照

所謂「護照」，係指一國政府的主管機構（通常是外交部）所核發的一種證件，據以證明護照持有人之身分、國籍，並允許其離開或通過國境前往他國從事合法活動之一種證明文件。我國護照可至外交部領事事務局或外交部雲嘉南、南部、東部辦公處辦理，護照效期至少需在六個月以上，始可申辦出國。我國護照可

餐旅小百科

隨身攜帶物品之液體規定

1.手提行李內攜帶液體、噴霧劑及凝膠狀物體，如以容器裝妥，且每樣不超過100毫升，可放入隨身手提行李中。

2.這些容器須以透明、附有拉鍊之塑膠袋妥為裝載，塑膠袋總容量不得超過1公升（20×20公分），此類塑膠袋，每位乘客只允許攜帶一個。

3.歐盟地區規定，如果在機場免稅店或機上購買任何液體、噴霧劑及凝膠狀物體，必須密封在免稅品專用透明袋，未達目的地之前不得拆開此透明袋，該袋為ICAO的標準紅邊專用袋。

分為下列三種：

1.外交護照（Diplomatic Passport）：適用對象為外交官及其眷屬或負有外交任務者，其效期為五年。

2.公務護照（Official Passport）：凡因公派駐國外之人員及其眷屬，適用此護照，其效期為五年。

3.普通護照（Ordinary Passport）：凡中華民國國民均適用，其效期為十年；未滿十四歲者五年；役男效期五年。

(三)簽證

簽證係指一國政府發給持外國護照或旅行證件的人士，允許其合法進出國境內的證件謂之。迄今全球已超過一百三十個國家（含美國）給予我國民免簽證或落地簽證。

◆我國簽證的種類

目前我國簽證計有四種，如**表16-1**所示。

◆國際間簽證的種類

國際間簽證主要可區分為下列兩大類：

1.移民簽證（Immigrant Visa）：專供申辦永久居留之移民簽證。

表16-1　我國簽證的種類

種類	適用對象	效期
外交簽證（Diplomatic Visa）	針對持用外交護照，如外國正副元首、總理等重要官員，或持用旅行文件而有外交任務者，如外交信差	五年
禮遇簽證（Courtesy Visa）	針對外國卸任正副元首、總理、外交部長或國際知名人士	五年
停留簽證（Stay Visa/ Visitor）	適用於持用外國護照或外國政府所發之旅行文件者，其效期在半年以上	六個月以下
居留簽證（Resident Visa）	適用於持用外國護照或外國政府核發之旅行文件者（入境後十五天內須辦理外僑居留證）	六個月以上

2.非移民簽證（Non-immigrant Visa）：常見的有下列幾種：

(1)依簽證性質而分：

- 觀光簽證（Tourist Visa）。
- 商務簽證（Commercial Visa）。
- 落地簽證（Visa Granted Upon Arrival / Visa On Arrival）：抵達後再辦簽證。
- 免簽證（No Visa / Visa Free）。
- 過境簽證（Transit Visa）。
- 過境免簽證（Transit Without Visa, TWOV）。
- 打工渡假簽證（Working Holiday Visa）
- 登岸證（Shore Pass）。
- 電子旅行授權簽證（Electronic Travel Authority Visa, ETA Visa）。
- 電報簽證（OK Board）。

(2)依入境次數而分：

- 一次入境簽證（Single Visa）。
- 重入境簽證（Re-entry Visa）。
- 多次入境簽證（Multiple Entry Visa）。

(3)依入境人數而分：

- 個人簽證（Individual Visa）。
- 團體簽證（Group Visa / Collective Visa）。

(4)其他類——申根簽證（Schengen Visa）。

觀光視窗

申根簽證

申根簽證係歐洲聯盟（European Union）部分國家代表在1985年6月於盧森堡的小城——申根，簽署一份單一簽證的公約即所謂「申根公約」，其宗旨為申根會員國人民可自由進出往來；外籍人士持有任一申根會員國核發之簽證，可以在有效期間內多次進入申根會員國，而不須再另外申請簽證。目前台灣民眾可憑中華民國有效護照，免簽證自由進入歐洲三十五個適用申根簽證的國家和地區，半年內可停留九十天。

(四)檢疫

世界衛生組織（WHO）規定的檢疫法定傳染病有七種：霍亂（Cholera）、狂犬病（Rabies）、炭疽病（Anthrax）、鼠疫（Pest，另稱「黑死病」）、黃熱病（Yellow Fever）、嚴重急性呼吸道症候群（SARS）以及H5N1等新流感。各國政府在各國機場、港口均設有檢疫所，對入出境旅客及機船執行檢疫工作。

為避免疫情病毒擴散，各國政府對於入出境旅客，尤其是前往或來自疫區的旅客，均要求檢查預防接種證明書，由於此健康證明書之外表封面為黃顏色，故另稱之為黃皮書（Yellow Book）。

三、旅行業內部團體作業

海外旅遊業務為我國旅行業最重要的營運主軸，也是旅行業最主要的業務與財源。茲就目前我國各大旅行業內部團體作業流程（圖16-13）摘述如下：

(一)前置作業

前置作業係團體作業的預備工作，依旅遊市場需求，配合公司營運目標，擬定出國計畫，其目的乃確保旅客團體順利出團，以達公司營運目標。其主要工作為：擬定年度出團計畫、預定年度機位、建立團體檔案，以及選擇海外代理商等工作。

(二)參團作業

參團作業另稱合團作業或組團作業，主要工作為接受旅客參團受理報名、旅客收件作業及旅客資料建檔。如綜合旅行業其業務屬躉售業，因此其客源主要係經

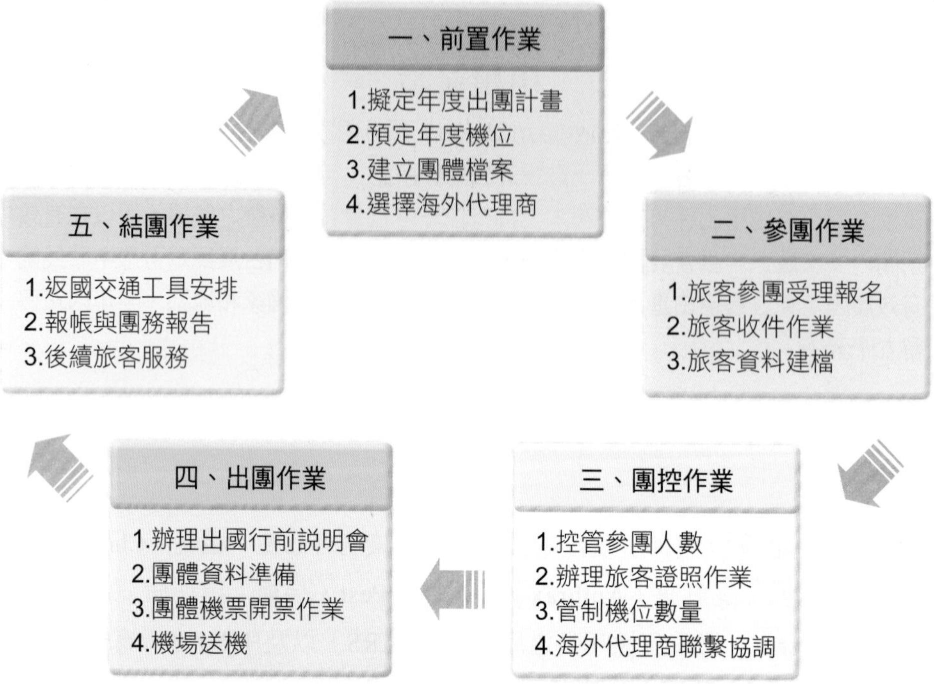

一、前置作業

1.擬定年度出團計畫
2.預定年度機位
3.建立團體檔案
4.選擇海外代理商

二、參團作業

1.旅客參團受理報名
2.旅客收件作業
3.旅客資料建檔

三、團控作業

1.控管參團人數
2.辦理旅客證照作業
3.管制機位數量
4.海外代理商聯繫協調

四、出團作業

1.辦理出國行前說明會
2.團體資料準備
3.團體機票開票作業
4.機場送機

五、結團作業

1.返國交通工具安排
2.報帳與團務報告
3.後續旅客服務

圖16-13　旅行業內部團體作業流程圖

由同業銷售管道而來，所以須將參團旅客旅遊目的相同的各參加團體，予以分類整理，隨時加以控管，只要參團人數達到預定員額即可準備出團。

(三)團控作業

團控作業是否健全，將攸關整個團體出國作業之品質，甚而決定其是否能順利出團。其主要工作乃確實控管旅客人數之異動、旅客證照簽辦，以及機位、旅館、交通工具安排與確認，並且與海外代理商協調聯繫。

(四)出團作業

出團作業係旅行業內部團體作業流程最為重要的階段。因為組團之目的就是要出團，如何做好出團作業為當今旅行業極重視之要務。其主要工作為辦理出國行前說明會、團體資料準備、開票以及機場送機等工作。

(五)結團作業

結團作業係指如團體返國交通工具安排、領隊報帳與團務報告等作業。

第五節　旅行業與航空公司

航空公司為旅行業產品原料的主要供應商，也是極為重要的營運夥伴，其彼此間的業務關係密不可分。因此任何一位旅行業新進人員均須具備基本航空業務之常識，才能面對未來工作之挑戰。

一、航空票務的認識

(一)電子機票（Electronic Ticket, E-ticket）

目前國際航空業依國際航空運輸協會（International Air Transport Association, IATA）的規定自西元2008年6月1日起，全球航空業一律改用電子機票。此機票係在西元1998年，由英航首創，它與傳統紙本機票的最大差異乃是本身並非實體機票，其機票號碼僅十三位數。旅客前往機場辦理登機手續時，僅憑一張電子機票或刷卡購買所持之信用卡與持卡人的護照或身分證告知櫃檯電腦訂位紀錄（Passenger Name Record, PNR）的號碼，即可辦理登機劃位手續（**圖16-14**），即便遺忘電腦訂位號碼，也可由電腦購買紀錄中讀取訂位資料，而不必擔心機票遺失申請補發的困擾。此外，電子機票僅一張電腦列印的紙張，也較符合目前環保政策。

圖16-14　旅客搭機須先辦理登機劃位

(二)電子機票的內容項目

一般電子機票所使用的格式、欄位均依據國際航空運輸協會（IATA）所頒布的規定辦理，其格式內容項目均以英文列印，唯國內電子機票有些是採用中英文並列，其主要欄位內容摘述如下（圖16-15）：

1.旅客姓名欄（Passenger）。
2.發行電子機票的航空公司名稱（Issuing Airline）。
3.發行電子機票的代理旅行社名稱（Issuing Agent）。
4.發行日期（Issue Date）。
5.機票號碼（Ticket Number）。
6.航協編號（IATA Number）。
7.遊程代號（Tour Code）。
8.行程資料（Itinerary），如起飛與到達的時間、地點、機艙等級、行李限重等。
9.機票限制及條款（Endorsement / Restriction），如不可背書轉讓（Non-endorsable）、不可更改行程（Non-reroutable）或不可退票（Non-refundable）等。機票若限制愈多，往往是特惠票價，其價格較便宜，如廉價航空（Low-Cost Airline）不能退票或更改行程，行李託運、機上餐食或視聽娛樂等需另外付費。
10.機票計算（Fare Calculation）。
11.票價、稅金、費用、總計（Fare、Taxes、Charges、Total）。
12.登機注意事項（Notice）。

(三)機艙等級

1.特等艙（代號：P；40公斤之免費行李託運）。
2.頭等艙（代號：F；40公斤之免費行李託運）。
3.商務艙（代號：C；30公斤之免費行李託運）（圖16-16）。
4.經濟艙（代號：Y；20公斤之免費行李託運）（圖16-17）。

ELECTRONIC TICKET PASSENGER ITINERARY/RECEIPT 電子機票/旅客行程收執聯

CUSTOMER COPY 顧客聯

Passenger 旅客：
Name Ref 姓名相關備註：
Customer No 客戶編號：
FOID 證件號碼：
Abacus Booking Ref 電腦代號：EIIMUM
Frequent Flyer No 航空公司會員號碼：CX1522056990

Ticket No 機票號碼：0439750016085
Issue Date 開票日期：13APR10
Issuing Airline 開票航空公司：DRAGONAIR HONG KONG
IATA No 旅行社IATA號碼：34301890
Issuing Agent 開票旅行社：0CG8AYA
Tour Code 特價銷售代碼：KH7CGFF500

DAY 日	DATE 日期	FLIGHT 航班		TIME 時間	CITY/TERMINAL 城市/航站/ STOPOVER CITY 停留城市	CLASS 艙等/ STATUS 狀態/ STOP 停留	EQP 機型/ FLYING TIME 飛行時間/ SERVICES 服務
WED 三	14APR10 4月14日	KA437	DEP 出發	1505	KAOHSIUNG 高雄(KHH)	ECONOMY 經濟艙/V CONFIRMED 機位OK	
			ARR 抵達		HONG KONG 香港(HKG)		

DRAGONAIR-HKG REF 港龍航空 電腦代號：

FARE BASIS 票價基準 BEE3M4 — **NVA 以下日期之後無效** 14JUL10 — **BAGGAGE 免費行李數** 20K

DRAGONAIR-HKG RESERVATION NUMBER (KAOHSIUNG)
港龍航空 訂位電話 (高雄(KHH))：(886 2) 27124567

DAY 日	DATE 日期	FLIGHT 航班		TIME 時間	CITY/TERMINAL 城市/航站/ STOPOVER CITY 停留城市	CLASS 艙等/ STATUS 狀態/ STOP 停留	EQP 機型/ FLYING TIME 飛行時間/ SERVICES 服務
WED 三	14APR10 4月14日	KA604	DEP 出發	1740	HONG KONG 香港(HKG)	ECONOMY 經濟艙/V CONFIRMED 機位OK	
			ARR 抵達		XIAMEN 廈門(XMN)		

DRAGONAIR-HKG REF 港龍航空 電腦代號：

FARE BASIS 票價基準 YOW2 — **BAGGAGE 免費行李數** 20K

DRAGONAIR-HKG RESERVATION NUMBER (HONG KONG)
港龍航空 訂位電話 (香港(HKG))：(852) 3193-3888

ARUNK

DAY 日	DATE 日期	FLIGHT 航班		TIME 時間	CITY/TERMINAL 城市/航站/ STOPOVER CITY 停留城市	CLASS 艙等/ STATUS 狀態/ STOP 停留	EQP 機型/ FLYING TIME 飛行時間/ SERVICES 服務
SUN 日	18APR10 4月18日	KA436	DEP 出發	1240	HONG KONG 香港(HKG) TERMINAL 1 第一航站	BUSINESS 商務艙/J CONFIRMED 機位OK NON-STOP 直飛	AIRBUS 330 空中巴士 330 01HR(小時)30MIN(分鐘) LUNCH 午餐
			ARR 抵達	1410	KAOHSIUNG 高雄(KHH)		

DRAGONAIR-HKG REF 港龍航空 電腦代號：KLNQW

FARE BASIS 票價基準 BEE3M4 — **NVA 以下日期之後無效** 14JUL10 — **BAGGAGE 免費行李數** 20K

DRAGONAIR-HKG RESERVATION NUMBER (HONG KONG)
港龍航空 訂位電話 (香港(HKG))：(852) 3193-3888

Form of Payment 付款方式： INV/AGT34301890

Endorsement/Restriction 機票條款： NONEND/NONRERTG/NONREF

Fare Calculation 機票計算： KHH KA HKG227.42KA XMN Q4.25 182.96/-HKG KA KHH Q4.25 227.42NUC

圖16-15 電子機票

圖16-16　商務艙

圖16-17　經濟艙

二、機票票價的種類

機票的票價種類，基本上可分為普通機票（Normal Fare）、優待機票（Discounted Fare）與特別機票（Special Fare）三大類。普通機票的效期為一年，可更改或退票，優待機票與特別機票有特別限制，效期較短，不可背書轉讓或更改退票。茲將機票票價的種類，說明如**表16-2**。

表16-2　機票票價的種類

類別	種類	說明
普通機票	全票 （Full Fare/ Adult Fare）	適用年滿十二歲以上之旅客。
優待機票	兒童票 （Children Fare, CH）	適用年滿二歲至未滿十二歲之旅客，其票價為全票之一半，又稱為半票。
	嬰兒票 （Infant Fare, INF/IN）	• 適用出生後十四天，至未滿二歲之嬰兒，價格為全票的十分之一。 • 此機票無座位（NS），若同時帶兩位嬰兒，其中一位須買兒童票。
	領隊優惠票 （Tour Conductor's Fare）	領隊所帶之團體人數為十至十四人享有半票一張；十五至二十四人團體則有免費機票（Free of Charge, FOC）一張；三十至三十九人團體則享有免費機票二張。
	代理商優待票 （Agent Discount Fare, AD Fare）	凡國際航空運輸協會會員之旅行業員工，任職滿一年以上，可申購四分之一票價之優惠票，另稱Quarter Fare。
特別機票	老人優待票 （Senior Citizen Fare）	凡年滿六十五歲以上之國人可購買國內線老人票，票價為全票之一半，期限為五天至六個月。
	團體全備旅遊票 （Group Inclusive Tour Fare, GIT Fare）	須達固定人數標準才能享有特別優惠，如GV25。GV表示全備旅遊票，25係表示參團人數須二十五人。
	旅遊票 （Excursion Fare）	具有一定有效期間，如YEE30，表示效期為三十天。

三、航空電腦訂位系統

航空電腦訂位系統（Computer Reservation System, CRS），在國內較常見者，計有下列三種：

(一)阿巴卡斯（Abacus）

係以亞洲市場為主的航空電腦訂位系統（CRS）。目前我國大部分旅行業均以此為主，作為航空票務的全球配銷系統（Global Distribution System, GDS），約占國內市場70%以上。訂位時須輸入五大要素，即所謂的PRINT：

P代表訂位者聯絡電話（Phone Field）

R代表簽收者（Received From）

I代表行程（Itinerary）

N代表旅客姓名（Name Field）

T代表機票期限資訊（Ticket Field）

(二)阿瑪迪斯（Amadeus）

係以歐洲市場為主的航空電腦訂位系統。Amadeus為全球最大的航空電腦訂位系統，其訂位五大原則——SMART，即：

S代表行程（Schedule）

M代表旅客姓名（Name）

A代表訂位者地址（Address）

R代表行程路線（Route）

T代表機票號碼（Ticket）

(三)伽利略（Galileo）

係以北美、歐亞市場為主的航空電腦訂位系統。

四、世界三大飛航區

國際航空運輸協會（IATA）於1945年成立於古巴哈瓦那，並將總部設在加拿大蒙特婁。該會為統一管理並解決航運倫理、航空票價及航班時刻表等區域性航空市場問題，乃將全球分成三大飛航交通區。

1.TC-1（美洲區）：西起白令海岸，東至百慕達，含美國、波多黎各、維爾京群島。此區即為第一大區域（Area 1）。

2.TC-2（歐非區）：西起冰島，東至伊朗德黑蘭，包括摩洛哥、阿爾及利亞及俄羅斯烏拉山西側。此區即為第二大區域（Area 2）。

3.TC-3（亞澳紐區）：西起俄羅斯烏拉山東側，東至南太平洋大溪地，包括亞洲、南太平洋群島及紐澳。此區即為第三大區域（Area 3），如台灣、香港、日本、韓國、澳洲（**圖16-18**）均屬之。

五、世界領空的航權

國際民航組織（International Civil Aviation Organization, ICAO）總部設在加

圖16-18　澳洲屬TC-3區域。圖為澳洲雪梨港灣大橋

拿大蒙特婁，其成立宗旨乃在協助開闢新航線、訂定航權及入出境手續之國際標準。該組織在西元1944年的「芝加哥協定」及西元1946年「百慕達會議協定」中，將世界領空航權（Freedom of the Air）分為：「過境協定」（如第一、第二航權等兩種）與「空中運輸協定」（如第三至第九航權等七種）兩類，共計九種航權（**表16-3**）。

表16-3　世界領空的航權

航權種類		航權特性
過境權	第一航權（First Freedom）：飛越權	指一國航空公司有飛越他國領空之航權，但前提為不得降落停留。
	第二航權（Second Freedom）：技術降落權	指一國航空公司有權降落至他國，補充油料或保養，並不是為載客或卸貨。
空中運輸權	第三航權（Third Freedom）：卸載客貨權	指一國航空公司有權在他國降落，以卸旅客、貨物、郵件，但不得裝載客貨之航權。
	第四航權（Fourth Freedom）：裝載客貨權	指一國航空公司有權在他國接貨載客返回本國之航權。
	第五航權（Fifth Freedom）：貿易權	指本國航空公司自本國飛出之客貨機，有權在各簽約固定航線之國家間卸載或裝載客貨、郵件飛往其他國家之航權，為目前最普遍的航權。
	第六航權（Sixth Freedom）：裝載權	指一國航空公司有權自他國裝載客貨飛經本國，再運往其他國家。此航權為第三、第四航權之結合。
	第七航權（Seventh Freedom）：經營權	指第三國航空公司經允許下，得在其他兩國間經營裝載或裝卸客貨、郵件之航權。

（續）表16-3　世界領空的航權

航權種類		航權特性
空中運輸權	第八航權（Eighth Freedom）：他國境內營運權	指一國航空公司可在他國境內兩個或以上機場接載乘客、貨物往返，但機上的客貨須以該航空公司本國為飛航起點或終點。
	第九航權（Ninth Freedom）：完全境內營運權	指一國航空公司可在他國同意下，在該國經營客貨班機業務之營運，唯其航線不須以本國為飛航起點或終點，此為本航權與第八航權的不同點。唯各國為保護其本國航空公司，其國內航線均僅限本國籍航空公司始可經營，因此這種航權又稱限制航權（Cabotage）。

六、航空站、航空公司及城市代號

旅行業的團體作業及遊程研發，均須熟悉國內外航線主要航空公司、航空站及城市的代號（**圖16-19**），茲摘述如下：

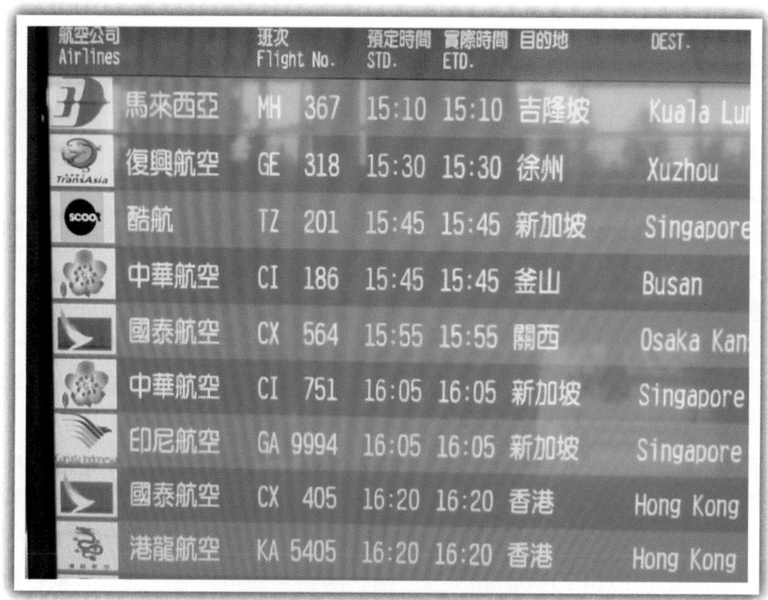

圖16-19　機場班機時刻表

(一)我國航空站

目前除了桃園國際航空站及高雄國際航空站經營國際航線外，台中、嘉義、台南、花蓮、台東、馬公與金門等國內機場，亦奉行政院同意開放飛航國際包機業務。2008年起，由於兩岸直航的開啟，台北松山機場開闢了與上海、杭州、廈門、重慶、大連、成都、深圳及海口等對外航線。此外，2010年10月底松山機場與日本東京羽田機場恢復對飛；2010年6月增加往上海虹橋機場航班；2012年4月增加首爾金浦機場航線，建構台北松山、上海虹橋、東京羽田、首爾金浦的東北亞「黃金四角」航線。

(二)國內外航空公司代號

我國國際機場常見的航空公司及其代號，摘介如**表16-4**所示。

表16-4 航空公司代號

國籍	航空公司	IATA代號	英文全名	備註
台灣	中華航空	CI	China Airlines	
	長榮航空	BR	Eva Airways	
	立榮航空	B7	UNI Air	兼營國內航線
	華信航空	AE	Mandarin Airlines	兼營國內航線
	遠東航空	FE	Far Eastern Air Transport	兼營國內航線
	台灣虎航	N/A	Tigerair Taiwan	廉價航空，由華航與新加坡欣豐虎航合資經營
	星宇航空	UV	Starlux Airlines	預定2020年首航
日本	全日空航空	NH	All Nippon Airways	
	日本航空	JL	Japan Airlines	
	樂桃航空	MM	Peach Aviation	廉價航空
	香草航空	JW	Vanilla Air	廉價航空
南韓	大韓航空	KE	Korean Air	
	韓亞航空	OZ	Asiana Airlines	
	釜山航空	BX	Air Busan	廉價航空
	易斯達航空	ZE	EastarJet	廉價航空

（續）表16-4　航空公司代號

國籍	航空公司	IATA代號	英文全名	備註
香港	國泰航空	CX	Cathay Pacific Airways	
	港龍航空	KA	Hong Kong Dragon Airlines	
	香港航空	HX	Hong Kong Airlines	
澳門	澳門航空	NX	Air Macau	
新加坡	新加坡航空	SQ	Singapore Airlines	
	捷星亞洲航空	3K	Jetstar Asia Airways	廉價航空
	酷航航空	TZ	Scoot	廉價航空
	欣豐虎航	TR	Tigerair	廉價航空
馬來西亞	馬來西亞航空	MH	Malaysia Airlines	
	亞洲航空	D7	AirAsia	廉價航空
泰國	泰國國際航空	TG	Thai Airways	
菲律賓	菲律賓航空	PR	Philippine Airlines	
	宿霧太平洋航空	5J	Cebu Pacific Air	廉價航空
越南	越南航空	VN	Vietnam Airlines	
阿拉伯聯合大公國	阿聯酋航空	EK	Emirates	
美國	聯合航空	UA	United Airlines	
	達美航空	DL	Delta Air Lines	
中國	中國國際航空	CA	Air China	
	中國南方航空	CZ	China Southern Airlines	
	中國東方航空	MU	China Eastern Airlines	
	上海航空	FM	Shanghai Airlines	
	廈門航空	MF	Xiamenair	
	深圳航空	ZH	Shenzhen Airlines	
	四川航空	3U	Sichuan Airlines	
	春秋航空	9C	Spring Airlines	廉價航空
	吉祥航空	HO	Juneyao Airlines	廉價航空

(三)世界主要城市代號

世界主要城市代號摘介如**表16-5**所示。

表16-5　世界主要城市代號

城市	代號	城市	代號	城市	代號
台北	TPE	新加坡	SIN	法蘭克福	FRA
高雄	KHH	吉隆坡	KUL	阿姆斯特丹	AMS
東京	TYO	檳城	PEN	巴黎	PAR
大阪	OSA	曼谷	BKK	倫敦	LON
札幌	SPK	雅加達	JKT	紐約	NYC
首爾	SEL	峇里島	DPS	西雅圖	SEA
香港	HKG	馬尼拉	MNL	洛杉磯	LAX
澳門	MFM	胡志明市	SGN	舊金山	SFO
北京	BJS	河內	HAN	檀香山	HNL
上海	SHA	關島	GUM	拉斯維加斯	LAS
成都	CTU	雪梨	SYD	多倫多	YTO
福州	FOC	羅馬	ROM	溫哥華	YVR
廣州	CAN	維也納	VIE	蒙特婁	YUL
深圳	SZX	柏林	BER	杜拜	DXB

PART 4 自我評量

一、解釋名詞

1. Travel Agent
2. FIT
3. Tailor-made Tour Service
4. Backpacking Travel
5. CIQ
6. TWOV
7. ICAO
8. IATA
9. AD Fare
10. FOC

二、問答題

1. 旅行業的商品其品質為何欠缺穩定性？如果你是旅行業者，針對此問題你會如何來解決？
2. 我國旅行業有哪幾種？試就其資本額與主要業務比較之。
3. 旅行業經理人的任用資格是否有學歷限制？試述之。
4. 領隊與導遊的類別可分哪幾種？試詳述之。
5. 一般而言，旅行業的組織其主要營運部門有哪些？試列舉之。
6. 旅行業經營的旅遊商品可分為哪幾種？試述之。
7. 何謂「遊程」？並請說明遊程設計須考量哪些原則？
8. 試說明我國現行護照與簽證的種類？
9. 目前我國各大旅行業內部出團團體作業流程為何？試摘述之。
10. 何謂「電子機票」？並請說明電子機票與傳統紙本機票之差異。
11. 關於目前飛機機艙之等級及其免費託運行李限制如何？試述之。
12. 常見的機票票價可分為哪幾種？試摘述之。
13. 目前全球航空電腦訂位系統CRS主要可分為幾大系統？試摘述之。
14. 根據國際航空運輸協會之劃分，全球分為哪幾大飛航區？
15. 目前世界領空航權可分為幾種？試詳述之。

PART 5

觀光餐旅相關產業

單元學習目標

- 瞭解休閒遊憩活動的類型
- 瞭解觀光遊樂業發展所面臨的課題
- 瞭解博奕娛樂業發展的影響
- 瞭解會議展覽產業的發展策略
- 瞭解國內遊覽車管理之問題及解決之道
- 瞭解現代郵輪套裝產品服務之類型
- 培養觀光餐旅產業的專精能力

Chapter 17

休閒遊憩、觀光遊樂業及博奕娛樂業

休閒遊憩是人們日常生活中不可或缺的一環，可調劑人們身心、鬆弛工作壓力與生活緊張。休閒遊憩與觀光旅遊均為現代文明之產物，可個人參與或團體共同體驗。由於休閒遊憩為人們所重視，使得觀光休閒遊憩與觀光遊樂產業也不斷發展。

第一節　休閒遊憩的基本概念

休閒遊憩活動是人們追求真善美生活品質的指標，也是人類增進身心健康、怡情養性益智之不二法門。但是休閒遊憩活動的提供或參與，均須經事先妥善規劃設計，以及經過學習並培養所需的技巧，休閒遊憩活動的品質才能提升。

一、休閒、遊憩的意義

(一)休閒（Leisure）

所謂「休閒」，係指工作以外可自由支配運用的時間，由自己選擇所喜愛的活動來調劑身心、抒解工作壓力。因此「休閒」事實上包括下列兩項概念：

◆時間概念的「休閒」

指人們生活時間、生理所必要的時間以及勞動、工作與社會義務行為所需時間以外，可自由運用的殘餘時間。

◆活動概念的「休閒」

指在休閒時間內所從事的活動行為，也就是休閒活動。此活動可以是靜態，如聽音樂、看報紙；休閒活動也可以是動態的，如登山、滑雪、園藝或旅遊（**圖17-1**）。

(二)遊憩（Recreation）

1. 遊憩是一種有目標導向的行為，其目的乃在利用休閒時間來從事一種有益身心的娛樂或育樂活動，以滿足個人生理、心理或社會的需求。
2. 遊憩具有育樂、娛樂的性質，可恢復元氣體力的娛樂或戶外遊憩活動，其目的乃在抒解工作壓力與消除疲勞。

圖17-1　參觀植物園也是一種休閒活動

二、休閒遊憩資源

(一)休閒遊憩資源的定義

所謂「休閒遊憩資源」，係指凡能促進吸引遊憩之對象，且能提供舒適愉快活動的設施、空間等所有資源。如各類遊憩區、主題樂園、國家公園及歷史文物遺址等均屬之。

(二)休閒遊憩資源的類別

為有效管理利用及保育遊憩資源，以達永續經營之目的，乃將此資源依其特性、目的、等級標準予以分類，介紹如下：

◆ 美國戶外遊樂局（ORRRC）的分類

美國戶外遊樂局於1962年將全美遊憩區依經營目標之不同，予以分為下列六區：

1.高密度遊憩區：係一種遊憩需求使用者導向的遊憩區，如都會公園、社區公園、鄰里公園。

2.一般戶外遊憩區：係一般風景區，如郊區風景名勝或半日、一日遊之景點。

3.自然環境區：係指具有天然景觀之地質、地形、氣象或野生動植物景觀的地區，如風景特定區。

4.特殊自然區：係指具有特殊自然景致的地區，如特殊氣象、地形、地質或生物景觀的遊憩區，例如日出（**圖17-2**）、夕陽、雲海、天然湧泉、鐘乳石及乳穴等。

5.原始地區：係指未經人為因素干擾或破壞的原始形態或處女林地，如遠離人類文明的高山、叢林、熱帶雨林等。

6.歷史文化遺址：係指具有歷史價值之古蹟、歷史文物，例如古代林園、陵寢、城堡、古道及古戰場等。

◆我國觀光遊憩區的分類

我國觀光遊憩區依開發模式，將國內遊憩區分為下列十區：

1.風景特定區。

2.國家公園。

3.森林遊樂區。

4.主題遊樂區。

5.商業遊憩區。

圖17-2　日出即景

6.河流遊憩區。
7.都市公園。
8.河濱公園。
9.休閒農場（**圖17-3**）。
10.休閒渡假中心。

圖17-3　休閒農場

三、休閒遊憩活動的型態

休閒遊憩活動型態基本上可區分為活動型、停留型及目的型等三種不同的型態。茲分述如下：

(一)活動型

所謂「活動型休閒活動」，是指遊憩者在休閒期間所從事的休閒活動，並不局限在某固定地區或僅使用某一種特定遊憩資源而已，而是去享受各不同景點、不同資源遊憩型態，以體驗互異的情境樂趣。

此類型休閒活動類似跑馬燈之走馬看花，每一景點大約僅停留駐足一至二小時，即立刻前往另一據點遊憩。時下一般青少年或年輕族群較喜歡此類型休閒活動。

(二)停留型

是指遊憩者利用二天以上的假期前往某規模較大且有完備膳宿設施的遊憩據點過夜停留，並以該據點為軸心，前往附近或鄰近地區景點觀光，以追尋多元化、多樣化的休閒遊憩體驗。

(三)目的型

是指遊憩者僅以某特定景點作為休閒遊憩之主要目的地，並以此滿足其休閒遊憩之心理需求。可分為下列兩型：

◆社區型休閒活動

通常是以其住家、工作或上課地點附近，可在步行距離內從事的休閒遊憩活動。

◆區域型休閒活動

通常是前往距離其日常生活居住地較遠的地方從事休閒遊憩活動，但一般以當天往返不過夜為原則。

四、休閒遊憩活動的類別

休閒遊憩活動的類別，若依活動內容主體而分，可歸納為下列五大類：

(一)陸地型休閒活動

主要是以山岳、地形、地質及動植物景觀為主要活動訴求，其所衍生之活動方式有登山、健行、滑草、騎馬、溜冰、滑雪、騎自行車或協力車、露營、野餐、烤肉、球類運動，以及各項參觀或觀賞自然生態（**圖17-4**）或人文景觀活動。

(二)水上休閒活動

水上休閒活動可分為海岸型、海濱型、溪流型與湖泊型等四大類。茲分述如下：

圖17-4　阿里山自然生態步道景觀

◆海岸型休閒活動

主要係以搭乘輕便遊艇、帆船、玻璃底遊艇及渡輪等為工具，以觀賞海上或海岸景觀為主的休閒活動。

◆海濱型休閒活動

是以海灘活動或浮潛為訴求的休閒方式，如潛水、滑水、衝浪、游泳、海水浴、水上摩托車、拖曳傘、磯釣及海釣等均屬之。

◆溪流型休閒活動

此類型活動主要有溯溪、獨木舟、划船、釣魚及游泳等。

◆湖泊型休閒活動

主要係以划船、垂釣、風帆船、水上腳踏車及水上摩托車或環湖渡輪為主。

(三)空中休閒活動

主要有飛行傘、滑翔翼、拖曳傘、熱氣球及輕航機等方式的休憩活動。

(四)混合型休閒活動

是結合上述活動中兩種或以上之休閒活動，如拖曳傘係結合水上及空中兩種休閒特性之活動方式。

(五)機械性休閒活動

係以現代科技產品為休憩之主要工具及目的，可分為下列幾大項：

◆軌道式機械休閒活動

計有雲霄飛車、單軌電車及小火車等軌道式機械方式之活動。

◆迴轉式機械休閒活動

此類活動在各主題遊樂園最為常見，如飛行船、咖啡杯、旋轉木馬及離心輪等均是例。

◆吊纜式機械休閒活動

常見的有空中纜車（**圖17-5**）、空中吊籃及摩天輪等懸吊式之活動。

圖17-5　日月潭空中纜車即景

第二節　觀光遊樂業

由於經濟繁榮，人們生活品質提升，再加上教育文化水準提高以及休閒時間增加，人們對於休閒遊憩活動的需求愈強烈，為滿足人們追求真善美的生活品質，觀光遊樂業乃應運而生。

一、觀光遊樂業的定義

觀光遊樂業（Tourism Recreation Industry）另稱觀光娛樂業或觀光休閒遊憩業。由於其營業涉及範圍甚廣，因此國內外所下的定義不一。摘述如下：

(一)我國觀光法令所下的定義

1.依我國交通部觀光局所頒布的「發展觀光條例」第二條第十一款所下的定義：「指經主管機關核准經營觀光遊樂設施之營利事業」，易言之，所謂「觀光遊樂業係指經主管機關核准在風景區經營機械、水域、陸域或其他經觀光主管機關核定之遊樂設施的營利事業。」

2.依「發展觀光條例」第三十五條規定，經營觀光遊樂業者，應先向主管機關申請核准，並依法辦妥公司登記後，領取觀光遊樂業執照，始得營業。

(二)依行政院主計處「中華民國行業標準分類」的定義

依行政院主計處所頒布「中華民國行業標準分類」，是將運動、娛樂、休閒服務業及其支援服務等行業均歸入戶外遊憩事業類別。易言之，所謂「觀光遊樂業」是一種戶外遊憩業，其範圍包括主題樂園、遊樂園、運動場館業、娛樂業及視唱業等。

(三)實質上的定義

所謂「觀光遊樂業」係指經交通部觀光局主管機關核准在風景區經營機械遊樂設施、陸域遊樂設施、水域遊樂設施或其他經核定的遊樂設施，且依規定領有交通部觀光局核發的觀光遊樂業執照，始夠資格稱為合法觀光遊樂業。

觀光視窗

觀光遊樂業的要件

1.須經交通部觀光局核准在案。
2.取得公司登記證。
3.取得觀光遊樂業營業執照。

二、觀光遊樂業的特性

觀光遊樂業是一種休閒服務業，除了具本身事業的獨特性外，尚兼具一般觀光休閒服務業的特性。

(一)投資成本大，營運風險高

觀光遊樂業所投資的休閒娛樂設施或主題樂園，其營運規模所需投入資金甚鉅（**圖17-6**），但投資回收率卻很慢，再加上後續的場地設施設備維護費及人力資源成本等龐大支出，更增營運資金之風險。

圖17-6　主題遊樂園投資成本及風險高

(二)產品生命週期有限，市場需求彈性大

觀光遊樂業所經營的主題樂園、遊樂園或戶外遊憩設施設備，均有一定的使用年限，因此，除了須定期維護保養以確保其安全性及耐用性外，尚須定期汰舊換新或增添擴充新設施產品，以滿足市場多樣化、多元化的遊樂需求，期以確保目標市場之客源不會流失。

(三)公共性及地理性

觀光遊樂園或主題樂園大部分均位在風景區或觀光地區，其立地位置，須考量交通的可及性與便利性。此外，觀光遊樂業所提供給遊客使用的公共性觀光休閒遊憩設施，須特別注意加強安全維護措施，以善盡保護消費大眾之企業責任。此外，更須依規定投保責任保險，以維護旅客生命財產之權益。

(四)季節性及變動性

觀光旅遊活動之供需，常受自然季節與人文節慶或假期之影響，因而深受淡旺季之影響。例如：每逢旺季或假日，熱門觀光景點、遊樂園或遊樂設施等，通常人滿為患。此外，觀光遊樂業易受外部經營環境之影響，如社會政經因素或天災人

禍等不確定因素之影響，致使觀光遊樂業之營運遭受波及。例如：台灣民俗村因受到九二一大地震影響，而導致遊客銳減，最後停業。

(五)專業性

觀光遊樂園、主題樂園或遊樂設施之規劃及經營管理，其作業甚為繁瑣複雜，須有專業經營團隊如遊憩設施設計規劃專家、景觀規劃師、營運管理專家及財務管理專家等專業人力共同合作始能竟功。

(六)擴充性

觀光遊樂業的營運規模及其所銷售的商品，無論在質與量等各方面均具有相當擴充的彈性。觀光遊樂業為滿足遊客休閒遊憩體驗，除了原有遊樂設施外，尚會增闢餐飲美食中心、購物商店（**圖17-7**）或其他休憩設施，以強化觀光吸引力。例如：台中后里麗寶樂園前身是月眉育樂世界，接手經營後還增建福容大飯店、麗寶Outlet Mall購物中心及不斷擴充增添軟硬體設施服務，來吸引遊客。

三、觀光遊樂業的類別

觀光遊樂業的分類方式，若依營運目的而分，可分為商業性與非商業性兩大類，前者以私人企業為多，後者以政府公部門為多，如國家公園等。目前市面上較常見的分類方式，是以其功能來作為分類，摘述如後：

圖17-7　購物商店街

(一)娛樂型觀光遊樂業

此類型觀光遊樂業主要是提供娛樂表演秀或娛樂活動的場地供遊客觀賞、體驗或娛樂消費。例如：夜總會、歌舞表演場、舞廳或卡拉OK等均屬之。

(二)運動型觀光遊樂業

此類型觀光遊樂業主要是提供各式各樣的體育與體育活動等動態休閒活動之場所。例如高爾夫球場、滑雪場、滑草場、賽車場、攀岩場及露營場等均是。

(三)展覽型觀光遊樂業

此類型觀光遊樂業主要是以提供各類靜態展覽場所為主要業務。此類觀光遊樂業計有公營與民營兩種，唯以公營較多，且較具規模。例如故宮博物院、台北市市立美術館、國立自然科學博物館、台灣鹽博物館以及國立台東海洋生物展覽館等均是。

(四)遊樂園型觀光遊樂業

針對遊樂園展示主題來分，可分為下列六種：

1.自然賞景型：此類遊樂業經營主題是以自然景觀美景觀賞為訴求，其人工設施或人為造景，係以結合該園區自然景致之遊憩體驗而規劃設置，如小人國主題樂園。

2.文化育樂型：此類遊樂業是以展現當地或世界各地歷史文化或民俗藝術為主要訴求，經由民俗文物展、民族舞蹈表演或歷史文化民俗活動等來彰顯主題特色，具有寓教於樂之功，潛移默化之效。例如：夏威夷玻里尼西亞民俗文化村、日本豪斯登堡荷蘭村（**圖17-8**）以及我國九族文化村等均是例。

3.海濱遊憩型：此類遊樂業是以海水浴場、水上活動及其海濱相關動態與靜態活動為主要特色。例如：高雄西子灣海濱遊憩體驗及新北市福隆海水浴場之水上活動等均屬之。

4.動植物展示型：此類遊樂業是藉動態或靜態的方式來展示各類珍貴的野生動植物生態環境，有些遊樂園尚有動物表演秀，例如新加坡的鳥園、植物園及台北木柵動物園等均屬之。

5.海洋生態型：此類遊樂業是運用各類型海洋生態環境之動態與靜態展示來吸

圖17-8　日本豪斯登堡荷蘭村

引遊客。如野柳海洋世界、花蓮遠雄海洋公園（**圖17-9**）及屏東海洋生物博物館等均是。

6.綜合遊樂園型：此類遊樂業是結合陸域、水域或機械娛樂活動設施之綜合

圖17-9　花蓮遠雄海洋公園

體，例如迪士尼主題樂園（Disneyland Theme Park）即為典型綜合遊樂園。

7.其他：除了上述遊樂園外，尚有景觀花園型、森林遊樂型、科技設施型及機械娛樂設施型等多種主題遊樂園。

四、我國觀光遊樂業未來應努力的方向

觀光遊樂業之成長與否，端視當地消費人口及消費能力等因素而定。唯隨著台灣青少年消費人口的減少、政府公有觀光休閒遊憩區增長，以及近年經濟成長的趨緩等因素，再加上國內觀光遊樂業同質性高，競爭激烈，使得未來營運倍加艱辛困難。

為有效解決我國觀光遊樂業發展所面臨的困難課題，今後須從下列幾方面來努力：

(一)滿足遊客好奇嘗鮮需求，不斷投資創新

觀光遊樂業想吸引遊客回流，避免新鮮感不再而人氣退燒，必須不斷創新、不斷再投資更新設備，以滿足遊客爭鮮需求及耳目一新。例如：香格里拉樂園邀文創團隊打造竹編屋等生活美學文創元素，打造旅宿體驗，也是一種新穎嘗試。

(二)滿足遊客多元需求，講究多元化機能

傳統的遊樂區已難以滿足現代遊客多元化的需求，現在的遊樂業經營趨勢是要能提供遊客多元化功能需求，讓消費者能滿足食衣住行育樂等「一站購足」之需求，使遊客能停留一至三天供作為定點渡假中心。

(三)主題定位明確，結合地方文化特色

現代遊樂業除了大型化、企業化營運外，其遊樂園定位須明確，並能結合當地文化，加入獨特文創元素，期以吸引遊客體驗，促進在地消費進而在市場立足。

(四)產業轉型，產品優化

傳統老牌遊樂業黃金年代不再，須力圖優化轉型以利永續經營。例如：西湖渡假村近年轉型為綠色環保教育及養生領域、火炎山渡假村轉型為宗教聖地。至於

苗栗香格里拉樂園是以產品服務優化來吸引遊客體驗，如打造旅宿體驗平台，有助當地觀光升級及觀光消費。

(五)重視家庭旅遊市場之開發

國內遊樂園的主要市場為青少年學生群。但根據國外專家調查顯示，「家庭」才是主題遊樂園的主要核心市場，如迪士尼樂園的主要市場就是家庭（**圖17-10**）。因此，今後國內遊樂業須塑造家庭旅遊環境，強化家庭市場之開發。

(六)採取吸睛定價策略

遊樂區的門票定價策略須具人性化及吸引力。基本上須考量消費者的消費能力及意願。因此，可採兩種方式：(1)一票到底之優惠價；(2)低門票價格，設施服務另計。

圖17-10　迪士尼樂園主要市場就是家庭親子遊

個案研究

迪士尼主題樂園

西元1955年華特．迪士尼將米奇、米妮等卡通電影中的人物、情境、魅力、色彩及娛樂等元素予以結合，並運用其卡通電影中魔幻般的神奇藝術設計技巧，在美國洛杉磯成功開創首座「迪士尼樂園」，為世人塑造出充滿歡樂、感動與驚喜的主題遊樂園。迪士尼主題遊樂園之誕生，不僅開啟全球遊樂園之先河，其經營理念也被各國遊樂園經營者奉為圭臬。

迪士尼樂園除了將其卡通王國重新賦予新生命外，更引進三度空間的現場表演、乘騎設施及販賣店。華特．迪士尼對於其主題樂園的基本思維是銷售品質、服務與表演。因此，為強調其服務品質，迪士尼是將遊客視為客人而非消費者；將其所有工作人員均視為表演團隊，而非雇員。迪士尼要求其全體工作人員站在顧客立場來審視這項事業，對每一位遊客，他們有責任為其創造一個難忘的經驗。為貫徹其對服務品質的承諾，迪士尼對其員工特別設計一套服務的模式：

- 由微笑開始
- 以客為尊
- 展開與客人的接觸
- 創新服務
- 感謝結尾

個案討論

1.迪士尼主題樂園的經營理念，其基本思維為何？
2.請針對迪士尼主題樂園的服務模式，談談你的感想與建議。

第三節　博奕娛樂業

博奕娛樂業是一種多元化、全方位的觀光餐旅相關產業，其營運範圍及規模甚廣，雖然是以博彩、博奕為休閒娛樂主軸，唯其內容包羅萬象，可謂集當今觀光餐旅業之大成，也是全球觀光產業之新典範。

一、博奕娛樂業的定義

所謂「博奕娛樂業」（Gaming Entertainment Industry）是一種以博奕或博彩為經營主軸的綜合性服務產業。博奕娛樂業是以提供賭局如賭場、麻將館、樂透彩、公益彩券、賭馬或賭狗等作為民眾休閒娛樂活動的選項，經由「小賭怡情」之驚險刺激過程中，達到鬆弛身心，享受無限冒險情趣之愉悅。

「博奕娛樂業」是一種建立在賭場經營之上的多功能多目標現代觀光餐旅產業。它擁有高檔精緻的膳宿設施、會議及展覽場地、購物商圈、主題樂園及時尚休閒育樂等設施，能滿足多元化不同目標市場之需求，如美國拉斯維加斯不僅是全球最耀眼的知名博奕產業城市（**圖17-11**），也是美國人全家旅遊最嚮往的熱門景點，僅次於迪士尼樂園。

圖17-11　世界知名賭場——美國拉斯維加斯

二、博奕娛樂業的營運服務設施

博奕娛樂業是由博奕、博彩及觀光餐旅產業建構而成的休閒遊憩業。因此，任何新興現代博奕娛樂產業的場地規劃，通常均擁有下列營運服務設施之空間規劃：

(一)豪華賭場大廳

賭場大廳（Casino）之宏偉氣派建築及豪華裝潢，可謂金碧輝煌，再輔以五光十色的燈光及特殊魅力的賭具，如吃角子老虎機（Slot Machine）及牌桌如二十一點（Black Jack）、輪盤（Roulette）等博奕設施，更加具吸引力焦點。

(二)精緻餐旅服務設施

為形塑獨特品牌形象及吸引力，博奕娛樂產業通常擁有精品旅館之住宿設施、貼心的管家服務以及高檔餐廳服務之美酒佳餚，期以進一步服務旅客。有些賭場還會發行貴賓卡，提供賭客享有免費的膳宿或飲料服務。

(三)觀光休閒遊憩設施

博奕娛樂業為提供旅客全方位的服務，尚結合觀光休閒遊憩業及娛樂業，提供多元化的育樂設施，如主題樂園、夜總會（**圖17-12**）、燈光水舞秀、高爾夫球

圖17-12　拉斯維加斯夜總會

場及商店街等休憩設施來吸引遊客。例如：澳門就是藉由博奕產業來全面帶動發展其觀光餐旅休閒產業。

(四)其他設施

當今博奕娛樂業之主要收入已不再局限於博奕或博彩之賭場收入而已，其主要收入已逐漸轉為周邊的觀光餐旅娛樂營收，如購物、娛樂、美食、遊覽及會議展覽等。例如：新加坡為吸引國際觀光旅客，拓展其國際會展品牌市場知名度，乃爭取設置大型博奕娛樂特區，以提升其國際競爭力。

三、博奕娛樂業發展的正面效益

博奕娛樂業的發展，不僅能振興地方經濟、繁榮社會，更能提升國際競爭力，茲分別就下列幾方面來摘述：

(一)政治方面

博奕娛樂業是結合觀光餐旅、會議展覽、博奕娛樂為一體的多功能服務業，能促進區域間各國朝野及產業之合作，同時可借重國際性會展產業及其相關活動來提升國際形象及知名度。例如：新加坡為了提升其在大型國際會展市場之競爭力，乃決定引進美國金沙集團之博奕娛樂業。

(二)經濟方面

博奕娛樂業已被美國、新加坡及澳門政府公認為是一種振興地方經濟的良方，可透過此行業之投資吸引觀光客，增加稅收，提升國民所得，並促進當地觀光餐旅產業的成長，如新加坡濱海灣、美國大西洋城的博奕娛樂業當初即為繁榮地方經濟而開放設置；美國原住民保留區的博奕業，也是為改善原住民生活環境品質而同意設置。此外，澳門的博奕產值也占澳門總收入70%以上，貢獻良多。

(三)社會方面

博奕娛樂業係一種綜合性、多元化的新興觀光餐旅業，是一種勞力密集型的服務業，可提供大量工作機會，減少社會失業人口，具有社會財富再分配之功能，也可安定社會、穩定社會。

(四)文化方面

為吸引觀光人潮，目前許多博奕產業均設有大型主題遊樂園，其建築格調也具有不同民族文化之風格，具有宣揚文化、保存文化之效。如澳門威尼斯人賭城即規劃有歐洲風味的商店街（圖17-13）；Star Trek係由希爾頓飯店參與投資的賭城，它係以星際爭霸戰為主題來吸引科技迷的遊客；The Monte Carlo Pub & Brewery位於拉斯維加斯，是美國大型自製啤酒餐廳之一，客人可實地觀賞現場釀酒的過程。除此之外，很多博奕產業尚結合歷史古蹟、博物館設置或複製，作為賭城主題之吸引力焦點，藉以滿足人們之求知慾與好奇心，尤其具教育文化之功能。

(五)環境方面

博奕娛樂業可吸引外來投資、改善當地公共設施及美化綠化環境，不僅增加都會區觀光吸引力，更能提升該地區實質環境品質。例如：澳門博奕產業將澳門變為知名觀光勝地，適合闔家親子旅遊之觀光城市。

四、博奕娛樂業發展的負面衝擊

博奕娛樂業雖然有其正面經濟效益，但若欠缺事前完善規劃及現代化企業管理，可能會未蒙其利，反先受其害。茲摘介博奕產業發展可能帶來的負面衝擊，說明如下：

圖17-13　具有歐洲風味的澳門威尼斯人商店街

(一)政治方面

博奕娛樂特區之設置地點及其經營管理，若事先缺乏評估及妥善法令規範，再加上賭徒個人問題，容易滋生國際間犯罪事件，如逃漏稅、洗錢及詐騙等問題，進而影響國際間之信譽形象。

(二)經濟方面

博奕娛樂業的成長，會吸引遊客及外來移入人口的增加，相對的會增加政府財政的支出與社會成本的增加，以解決外來人口所帶來的社會治安與福利問題，如醫療、疾病、教育、工作等。此外，對於當地的物價上漲、高通貨膨脹、土地機會成本的損失，以及產業結構的改變等等均會造成衝擊。

(三)社會方面

博奕娛樂業之成長吸引大量外來人口，致使社會犯罪人口增加，如組織犯罪和街頭犯罪所帶來的治安問題。例如：洗錢犯罪及青少年吸毒等問題之負面衝擊。其解決之道，則應加強立法，以法律來有效規範，以避免不法之事滋長（**圖17-14**）。例如賭場所有權逐漸轉移到當地證券市場公開發行股票，接受證期會管轄，並以其他法令來限制經營者，以消弭犯罪誘因於無形，使賭場與黑幫能予以有效區隔。

圖17-14　有效規範賭場，避免犯罪率增加

(四)文化方面

博奕娛樂業所吸引前來的觀光客及外來移入人口，其外顯行為會影響當地人們生活習慣，間接影響其文化之變遷。此外，由於外來文化與本地文化之交互作用，有時也為當地居民造成適應不良之身心障礙。因此地方政府須事先透過立法來規範外來人口或觀光客之言行舉止，另方面須經由教育來強化本地文化特色。

(五)環境方面

由於博奕娛樂業之成長，許多遊客大量擁入，造成交通壅塞、汽車廢氣排放、噪音、垃圾等等環境品質之汙染問題。此外，觀光餐旅產業若欠缺事先規劃與環境影響評估，則可能會對當地資源造成破壞或過度開發利用而損傷。

五、博奕娛樂業未來的發展趨勢

博奕娛樂業未來的前景相當璀璨，但其市場上的競爭也愈來愈激烈，此行業未來的發展趨勢，分述如下：

(一)營運收入結構改變

博奕娛樂業原來係以賭金為主要營運收入，但未來的發展趨勢賭金收入將漸趨下降，而非賭金的收入如客房、餐飲、娛樂及購物等等的營運收入將大幅提升。

(二)全方位的經營管理，重視策略結盟

博奕娛樂業未來的發展將結合旅館業、餐飲業、娛樂業、百貨業以及賭場等各行業，輔以同業或異業結盟的營運策略來提升市場競爭力，並透過多元化的休閒娛樂與膳宿服務來吸引觀光客（**圖17-15**）。易言之，未來博奕業將會繼續與觀光餐旅業密切合作，以提供適於客人闔家光臨的休憩娛樂服務。

(三)博奕娛樂業管制法令將益趨嚴格

各國政府為有效管理博奕娛樂業，使其經營能完全步入正軌，並降低組織犯罪與街頭犯罪情事發生，將來立法規範必定更加嚴格，期使此行業能洗刷擺脫昔日之汙名與陰霾。

(四)重視博奕娛樂業專業人力之培育與任用

為創新品牌形象，提升市場上的競爭力，未來博奕娛樂業將需要更多專業的人才，如旅館經營、餐廳經營、商店經營、休閒娛樂經營以及賭場工作相關人員。

圖17-15　博奕業以多元化的休閒娛樂來吸引觀光客

(五)精緻、富創意的多元化服務內容為未來致勝的關鍵

博奕娛樂業的收入，已由昔日以賭金為主逐漸轉為仰賴非賭博性的收益，因此更需要挖空心思，力求豐富創意性的產品內涵以吸引遊客。例如景觀設計、主題規劃、綜藝節目表演、購物大街風味設計，以及各式各樣的餐旅設施等均須予以整體規劃。

Chapter 18 會展產業與交通運輸業

會展產業為全球近年來發展極為神速、深具潛力的觀光餐旅新興服務產業，可提升一個國家或地區之形象與知名度。至於交通運輸業可謂觀光產業之母，一國觀光產業之發展與否，端視其交通運輸服務是否完善而定，其重要性不言而喻。

第一節　會議展覽產業

會議展覽產業為當今全球最具發展潛力的熱門觀光餐旅服務業。由於其效益大、產值高，不僅能帶動主辦國相關產業的動能發展，且普遍被公認為評量該國或該地區是否現代化、科技化或國際化的重要指標。

一、會議展覽產業的定義

會議展覽產業簡稱為「會展產業」，它是透過各相關資源整合，以會議展覽為主體來帶動觀光、餐飲、旅遊、運輸、娛樂及科技等衛星產業發展為目的之一種服務性新興產業。由於會展產業在國際間的定義並不一致，茲摘介其要說明如後：

(一)依行政院主計處「中華民國行業標準分類」的定義

所謂「會議及展覽服務業」是指「凡從事會議及展覽之籌辦或管理之行業均屬之」。

(二)依國際間常見的定義

1.狹義方面：是指會議與展覽兩大類產業而言，英文稱之為Meeting & Exhibition Industry，簡稱為M & E產業。此為歐美先進國家對於會展產業型態之定義。

2.廣義方面：是指涵蓋會議（Meeting）、獎勵旅遊（Incentive）、大型會議（Convention）及展覽（Exhibition）等四大領域所建構而成的新興服務產業，簡稱為「MICE產業」，此為我國及亞洲地區常見的專業用語（**圖18-1**）。

圖18-1　大型會議室

二、會議展覽產業的範疇

由上述會展產業的定義，得知會展產業的主要範疇，概可分為下列幾大項：

(一)會議（Meeting）

會議的內容與目的，可說是包羅萬象，唯大部分是指中小型的一般性會議，就其類型而分，概可分為下列幾種：

1.論壇（Forum）：是一種針對某特定議題所舉辦的討論會，通常是由不同意見或觀點的學者專家來參與研討。其性質類似專業研討會（Conference）。

2.專題討論會（Workshop）：是一種小型團體的教育訓練集會活動，其目的是為增進某種專業技能或智能而舉行的活動。

3.研討會（Seminar）：是一種針對某種特定議題或主題所舉辦的集會、講演研習活動。通常係由精通此領域的專家學者擔任主席或講座，如學術教育界常見的研討會均以此類為多。

4.座談會（Symposium）：是針對某特定議題所舉辦的集會，其目的乃在徵詢蒐集各方面的意見，以供決策參考。

(二)獎勵旅遊（Incentive）

所謂「獎勵旅遊」是指公司、團體為了獎勵其員工或經銷商，以提高生產效率或銷售量等，而以旅遊作為獎賞的方式，其行程安排、消費等與一般團體旅遊不同。例如：直銷商或保險公司經常舉辦此類旅遊活動，其消費能力較一般團體旅客高。

(三)大型會議（Convention）

通常其會期均在三至五天，參加人數均在100人以上為較常見。這類型的會議一般是以會員的年會或定期會議為多。例如：太平洋區旅遊協會的年度會員大會即是例。

(四)展覽（Exhibition）

是指在某一地點舉行，參展者與參觀者經由參展陳列物品而產生互動關係。參展者可藉靜態展示，將物品介紹給參觀者，以達公關、行銷或銷售之目的；對參觀者而言，也可從參觀活動中獲取所需之資訊及體驗。

展覽會除了備有展示攤位外，尚會舉辦動態表演、示範、研討會及說明會等活動或特殊活動。例如：國際旅展中的美食現場表演及產品發表會等均是例（**圖18-2**）。

圖18-2　國際旅展中的美食展

一般而言，展覽會就其訴求對象及目的之不同，可分為下列兩種：

1.消費展覽（Consumer Shows）：是針對一般消費者而舉辦的展覽。例如：中華美食展或國際旅展等。

2.商業展覽（Trade Shows）：是以業者為主要訴求對象。例如：機械工業展、世界博覽會或台北國際電腦展等。

三、會議展覽產業的特性

會展產業是一種運用系列相關資源的統整、協同合作所形成的新興服務業，其主要特性摘介如下：

(一)服務性

會展產業是一種提供有關會議及展覽之籌備、規劃、執行及相關活動的服務產業，也是一種支援服務業。

(二)統整性

會展產業的範疇所涉及的相關產業甚廣，如運輸業、餐旅業、觀光休閒娛樂業及會展其他供應商等均屬之。因此，會展企劃人員須能將前述所需的產業資源予以整合完全，使其相輔相成扮演好各自的角色。

(三)專業性

通常是由會議產業專家等專業人員來負責會展業務的規劃與管理，以確保所有服務均能全套齊全無誤地供應。況且會展內容、目的五花八門，包羅萬象，再加上近代資訊科技產品日新月異，不僅增加此產業之難度，也益加彰顯其專業性（**圖18-3**）。

(四)同質性

會展活動、會議形式或會議中心規劃等作業程序及其內容同質性甚高。因此會展產業須力求創新、發展特色之服務品牌，始能滿足市場需求，提升競爭力。

圖18-3　會展產業展示內容包羅萬象具專業性

(五)全球性

由於會展產業不僅能提升國家、城市知名度及形象，更能繁榮當地經濟，創造更多就業機會。因此，深受世界各國政府重視並積極發展中。

(六)關聯性

會展產業並不僅是會議及展覽產業，其相關服務支援產業遍及社會各大行業，如觀光、餐旅、運輸或視訊科技等均屬之。由於會展產業關聯性大，有利於內需市場之擴大，創造更多中小企業之商機，故深受各國朝野所重視。

(七)資本密集性

會展產業之發展需要大量的資金投入其硬體建築及周邊都市環境設施改善，如會議中心、展覽館、餐旅設施或交通動線等，此外，軟體人力資源培訓與人才培育等均需大筆資金注入。

四、會議展覽產業的重要性

會議展覽產業之所以能成為全球新興熱門服務業，且受各國政府所重視，究具原因不外乎此產業具有下列重要性：

1.會展產業的發展是評量某一地區繁榮與否及國際化的重要指標（**圖18-4**）。

2.會展產業所包含或涉及的產業，其範圍甚廣，因此對當地經濟效益可產生相當大的影響力。

3.會展產業具有「三高三大三優」的產業特色，即指：高成長潛力、高附加價值、高創新效益；產質大、創造就業機會大、產業關聯大；人力相對優勢、技術相對優勢，以及資產運用效率優勢。

五、我國會展產業的發展策略

我國會展產業之發展，始於民國70年代台北世貿中心及結合台北國際會議中心之運作，一直到民國97年台灣首座大型雙層南港展覽館正式啟用，使得我國會展產業硬體設施服務益臻完善，以打造台灣會展產業之品牌特色。謹就其會展產業的發展策略摘述如下：

圖18-4　會展產業為一國國際化的重要指標

(一)成立單一服務窗口

自從我國加入世界貿易組織後，由於市場開放及國際貿易量增，使得會展產業迅速成長。為求有效整合會展相關產業資源及強化服務作業效率，須仰賴強有力的專責單位，統一事權。

唯目前我國會展產業係由經濟部商業司下設MICE專案小組來負責，其權責僅在協助業界爭取國際會議及展覽來台舉辦，難以資源整合。因此，政府宜設立會展產業專責單位，提升其位階，使其作為會展產業專責單一服務窗口及管轄單位。

(二)發展獨特會展產業文化特色風格

會展產業所需的資源或硬體設施設備的規劃設計，均應融入當地文化特色並相結合，如會議中心、展覽館、旅館或觀光資源等投資興建均應具地方文化特色風格，期以發展本身獨特文化風格的會展產業。全球較具會展產業文化特色的知名城市，如義大利的威尼斯、西班牙的巴塞隆納、美國的夏威夷及拉斯維加斯。至於亞洲較具特色城市則首推新加坡（**圖18-5**）、香港及澳門。上述城市由於具有獨特會展產業文化特色資源，所以能造就其今日在國際上的地位。

圖18-5　新加坡的會展產業聞名全球

(三)提升會展服務品質效率

協助業者更新資源科技設備，並運用大數據來提供雲端科技服務，以提升服務品質及作業服務效率。

(四)加強會展產業人才培育與認證

政府宜開辦會展產業相關課程並引進國外專業經驗來培育會展規劃及經營管理等人才，並透過認證制度之建立及檢測來儲備會展人才。

(五)加強會展產業的推廣行銷

針對目標市場辦理各項推廣行銷活動，如組團赴海外目標市場辦理推廣說明會、拜訪當地相關業者爭取大型國際會議或展覽活動來台舉辦。

第二節　陸上交通運輸業

所謂「陸上交通運輸業」，簡稱為陸運業，是指從事鐵路、大眾捷運、汽車客運及汽車租車等客貨運輸之行業。本節將分別就陸上交通運輸業之範疇及其設施服務，詳加介紹。

一、陸上交通運輸業之範疇

(一)汽車客運業

凡從事以公共汽車、計程車及其他汽車包租或承攬載客等運輸旅客之行業均屬之。例如：遊覽車業、觀光巴士業或汽車租車業等均是例。

(二)鐵路運輸業

凡從事鐵路客貨運輸之行業均屬之，如台灣鐵路及高速鐵路等均是。

(三)大眾捷運系統運輸業

凡從事以軌道運輸系統運送都會區內的旅客之行業均屬之，如台北捷運、桃園機場捷運以及高雄捷運等大眾捷運（Mass Rapid Transit, MRT）均是例。

二、汽車交通工具設施服務

為滿足觀光客多元化之不同需求，使其能在觀光旅遊中擁有美好的體驗與回憶，汽車交通工具及其設施服務均扮演著極重要的角色。

(一)私人自用汽車

無論國內外，在觀光旅遊市場上，私人自用車輛已成為極重要、最常見的陸上交通工具（**圖18-6**）。事實上，國人在國內旅遊之交通工具也是以「自用汽車」為主。因此許多觀光餐旅產業均深受汽車旅遊之風影響而應運而生，如汽車旅館、遊樂區及渡假勝地等。此外，遊憩用休旅車（Recreational Vehicle, RV）也不斷快速成長，並帶動風景區露營地之崛起。駕駛自用汽車觀光旅行，如今已成為一種休閒遊憩活動之主流，深受年輕族群喜愛。

由於駕車旅行之風興起，間接助長租車業之發展，尤其是觀光先進國家或地區，為滿足旅客開車兜風旅遊之需，租車業快速發展，目前全球三大租車業者均採跨國連鎖，分別為：

1.赫茲（Hertz）：創立於西元1918年。
2.艾維斯（Avis）：創立於西元1946年。
3.全國（National）：創立於西元1947年。

圖18-6　私人自用車輛是觀光旅遊市場最常見的陸上交通工具

(二)遊覽車

汽車客運業所提供的運輸載具當中，與觀光旅遊關係最為密切者，首推遊覽車（**圖18-7**）。它在國人國內旅遊所使用的交通工具中所占的比重僅次於自用汽車，名列第二。尤其是在團體觀光旅遊當中，更是不可或缺的交通工具。

我國遊覽車營運業務，其載客型態主要有下列四種，依序為：

1.旅行社承租辦理國內旅遊。
2.機關團體或個人包租觀光旅遊。
3.學校、機關團體承租供作交通車。
4.其他定時定線班車。

近年來，國內遊覽車重大交通事故頻繁，對於國內旅遊安全及服務品質在國際形象上，深受影響。究其原因不外乎人力、車體、管理及制度等發生問題，因此今後須自下列幾點來改善：

1.人力方面：司機工時不可過長，須符合勞基法要求；若長途駕駛宜配置正副駕駛人員，以防工作過勞。
2.車體方面：車齡不宜太老舊，以免影響車體安全結構，如車齡十年以上者，不宜跑長途或山區景點。

圖18-7　遊覽車為團體觀光旅遊不可或缺的交通工具

3.管理方面：目前管理上，宜在制度、法令上來修訂，規範旅客上車後須繫安全帶。

(三)台灣觀光巴士

為營造友善旅遊環境，提供國內外旅客便捷舒適的旅遊服務，交通部觀光局乃與旅行社共同推出具服務品質及品牌形象之台灣觀光巴士，簡稱為「台灣觀巴」。

台灣觀光巴士以半日、一日遊行程為主體，提供各觀光地區便捷的導覽解說及旅遊接待服務，可直接至飯店、機場及車站接送旅客，唯須先向承辦旅行社查詢及預約。

(四)台灣好行公車

台灣好行景點接駁旅遊服務是一種專為旅遊規劃的公車服務。搭乘「台灣好行」景點接駁服務公車，可避免自行長途開車或塞車之苦，更能響應環保樂活、節能減碳為綠色觀光。

「台灣好行」是交通部觀光局推動的景點接駁公車，由全台景點所在地之各個火車站、高鐵站出發，結合地方套裝行程之無縫接駁旅遊服務（**圖18-8**）。

圖18-8　台灣好行是結合地方套裝行程無縫接駁的旅遊服務

(五)其他

汽車客運業之交通運輸除了上述外，尚有公路客運、市區客運及計程車等多種。

三、鐵路交通工具設施服務

台灣鐵路沿線風光明媚，景色秀麗，極適於來一趟舒適的台灣鐵路之旅，體驗寶島台灣城鄉文化之美。

(一)台灣鐵路設施服務的四大系統

1.西部縱貫線：基隆、台中、彰化、高雄至屏東。

2.東部幹線：主要是由下列三線結合而成：

(1)宜蘭線：八堵至蘇澳。

(2)北迴線：蘇澳至花蓮，另稱北迴鐵路。

(3)花東線：花蓮至台東。

3.南迴鐵路：屏東枋寮至台東新站。

4.小火車支線系統：此類小火車原本作為產業鐵道來運送林木、煤礦及蔗糖等用途，後來轉為供觀光旅遊使用，計有：

(1)森林鐵路（高山鐵路）：台灣高山鐵路自嘉義北門車站至阿里山，全長71.4公里，為目前世界三大高山鐵路之一。由於阿里山高山鐵路迄今有近百年之歷史，極具觀光價值。

(2)觀光鐵路：

・平溪線：三貂嶺至菁桐，全長12.9公里（**圖18-9**）。

・內灣線：新竹至內灣，全長27.9公里。

・集集線：二水至車程，全長29.7公里。

(二)觀光列車

◆「環島之星」觀光列車

「環島之星」觀光列車（Formosa Express）為台灣唯一的彩繪觀光列車。該車車身是以台灣人文風情結合知名景點，將地方特色作為車身彩繪主題。列車內部空間設計如機上頭等艙豪華寬敞，擁有可360度旋轉之座椅及觀景車窗。該列車尚加

圖18-9　平溪線觀光鐵道列車

台灣鐵道史

台灣第一條鐵路是創設於清光緒年間（1887年）由清朝巡撫劉銘傳所建，到日治時代台灣鐵路已四通八達，並設「鐵道部」來負責台灣觀光事業及鐵道運輸業務。台灣光復後，政府除了修建原有鐵路外，更先後完成北迴及南迴鐵路之興建，直到西元1991年，台灣環島鐵路終於完成。由於台灣經濟迅速成長，自用汽車大量增加，再加上中山高速公路之通車（1979年），致使台灣鐵路營運下滑，有些鐵路線因而萎縮遭受拆除，唯有些則改為觀光用。

台灣高速鐵路類似日本新幹線，在西元1999年正式動工，直到2007年1月5日完工通車，這條全長345公里的鐵路，貫穿全台人口最稠密的西部走廊，讓台灣一腳跨入「一日生活圈」，大大改變國人通勤旅遊習慣。高鐵通車後，最高時速可達300公里，北高最快一個半小時就到，除了快速、高運輸能量、準點、安全、能源消耗少及低空汙外，更能帶動台灣觀光產業之發展。

圖18-10　環島之星觀光列車

掛KTV娛樂車廂及附設吧檯的餐車車廂。旅客可在火車上盡情享受美食及體驗頂級豪華火車之旅（**圖18-10**）。

◆亞洲東方快車

亞洲東方快車（Asia Orient Express）為亞洲少見的豪華快速火車，該觀光列車完全參照五星級飯店水準的設施、設備和服務，令人彷彿置身於歐洲貴族生活般之享受尊榮。該觀光列車起點為泰國曼谷，終點為馬來西亞吉隆坡及新加坡。該觀光列車可謂當今頂尖奢華火車之旅，唯收費並不便宜，三天行程每人需將近8～9萬新台幣。

◆日本九州觀光列車

日本九州觀光列車的車廂是以和室為主題，並加改裝為臥室、客房及餐廳等設施服務。日本鐵路幹線運輸轉為觀光旅遊服務新產品，大發日本觀光財。

四、大眾捷運設施服務

大眾捷運系統（MRT）常見於都市或都會區的運輸網路。通常利用地面、地下或高架設施，提供專用路線，不受地面交通的干擾，因此可避免交通阻塞，達到準點、省時、安全及便捷之運輸效益。此外，可減少機車、汽車所造成的空氣汙染，節省能源浪費，改善都市環境品質。

目前先進國家都會區都有此大眾捷運系統之設施服務，如台灣、新加坡、香港及日本等均有此速度快、班次密、運量大、準確性及安全性高的捷運設施。

第三節　水上交通運輸業

早期人類逐水草而居，為了覓食或探險乃發展出最早的水上運輸工具——獨木舟，接著利用厚木併成木筏，再逐漸演變成船、帆船、汽船及現代水上運輸工具之渡輪及郵輪。

一、水上交通運輸業的定義

1.「水上交通運輸業」是指從事海洋、內河及湖泊等船舶客貨運輸之行業。易言之，水上交通運輸業是包括海洋水運業及內河湖泊水運業。
2.「水上觀光運輸業」是指以遊艇、郵輪作為載具（**圖18-11**），結合水陸自然景觀及海洋生物資源等來規劃觀光航線作為營運主軸，為遊客提供觀光、餐飲、娛樂、遊憩或住宿休息等服務之行業，如藍色公路之客輪、渡輪及郵輪等。

二、水上觀光運輸業經營的型態

水上觀光運輸業經營的型態主要可分為下列三類：

(一)主題式郵輪（Theme Cruises）

為滿足旅客不同的興趣及多元化的需求，現代大型郵輪業者均以各類不同的主題作為行銷工具，如遊憩性、文化性、健康性或探險性等作為主題巡航，期以吸引不同區隔市場的客源。

(二)河上郵輪（River Cruises）

河上郵輪很受觀光客喜愛，常見於航行著名河流中，如泰晤士河、塞納河及

圖18-11　為觀光客提供觀光遊憩的水上交通工具

中國大陸長江三峽的郵輪等均屬於此類型。此外，如南美洲亞馬遜河探險之旅也深受觀光客喜愛。

(三)渡輪（Ferries）

渡輪在觀光旅遊活動中扮演著相當重要的角色，由於其航線短且價廉，因此深受觀光客所喜愛，再加上渡輪航線很少有航空班機服務，因而成為水上交通運輸不可或缺的一環。渡輪航線大部分是介於本土與離島、離島與離島或沿海岸線巡航。例如：高雄旗津間之渡輪及淡水八里間之渡輪（**圖18-12**）均是例。

三、郵輪產品

西元1970年代初期，郵輪在觀光產業中快速成長。郵輪業為求發展，不斷力求降低營運成本、節省燃料、提升郵輪產品服務品質，以滿足旅客不同動機和需求，僅針對郵輪主要產品摘介如下：

(一)餐飲

郵輪上所供應的餐飲，無論在質和量上，均有一定的國際水準，具有地方風味及異國料理特色。

圖18-12　航行淡水八里間的渡輪

(二)活動

郵輪上均有專人安排規劃各類觀光休閒遊憩活動，不僅提供各種休閒運動設施，如游泳池、滑水道、網球及保齡球等外，尚有系列教學藝文活動，唯端視郵輪等級而定。

(三)娛樂表演

通常在晚宴後，郵輪均會安排各種娛樂餘興節目，如藝人現場表演或化妝舞會等。

(四)港都之旅

有些大型郵輪無法在某些小港口停泊，通常會另外安排接駁船來接載旅客上岸觀光。

四、現代郵輪的套裝旅遊產品服務

郵輪業者為擴大市場、提升品牌形象與競爭力，通常會與其他觀光供應商異業結盟，共同合作提供一種包辦式套裝旅遊，最常見者有下列兩種型態：

(一)海空包辦式套裝旅遊（Fly-Cruise Packages）

此類包辦式套裝旅遊另稱Air-Sea Packages，是指郵輪業與航空公司合作，如給予旅客優惠折扣，或讓旅客可在搭乘郵輪前後，免費或優惠搭乘飛機參觀遊覽其他觀光地區。

(二)海陸包辦式套裝旅遊（Land-Cruise Packages）

此類包辦式套裝旅遊是指郵輪業者與觀光目的地之餐旅業合作，提供旅館住宿、遊樂區門票或租車服務等之包辦式旅遊。

五、我國的郵輪觀光概況

政府為推動「觀光大國行動方案」爭取高潛能優質客源來台旅遊，乃積極推廣郵輪觀光。為有效提升台灣在國際郵輪市場知名度，乃提供國際不定期郵輪獎助彎靠台灣、爭取郵輪航線停靠港區，此外，並邀請國際重要郵輪業者來台熟悉旅遊，規劃郵輪航線來台。

(一)台灣出發的郵輪之旅

目前從台灣出發的郵輪之旅，計有下列三家郵輪公司：

◆公主郵輪（Princess Cruises）

為當今世界三大郵輪公司之一，旗下藍寶石公主號是以基隆為母港，航行沖繩、宮古島及石垣島等地，其航線較短，約五天四夜或四天三夜之航程（圖18-13）。

◆麗星郵輪（Star Cruises）

麗星郵輪屬於香港雲頂集團旗下船隊，基地在亞洲，以亞太為經營據點。來台近二十年，是台灣最早以基隆為母港的郵輪公司。旗下擁有六艘郵輪：處女星號、雙子星號、寶瓶星號、天秤星號、雙魚星號及大班，每一郵輪均有各自的航線。

圖18-13　藍寶石公主號

圖片來源：https://www.startravel.com.tw/project/cruises/sapphire/index2.aspx

◆ 歌詩達郵輪（Costa Cruises）

歌詩達郵輪為大型豪華歐洲郵輪，旗下的新浪漫號和幸運號為歌詩達艦隊中的極品，特地為亞洲乘客量身打造，並在西元2017年4月正式投入亞洲市場，以基隆為母港，展開充滿義大利人文氣息的亞洲處女首航，下港地點為日本。該旗下兩艘郵輪特色如下：

1.新浪漫號：係以古典優雅的義大利米蘭風格為主，以紫色展現低調奢華。
2.幸運號：係以義大利文藝復興藝術展現為主題，享有海上義大利博物館之美譽。旅客可在米開朗基羅餐廳邊享受美食，邊欣賞名畫。

(二)台灣郵輪之旅的比較

茲分別就公主郵輪、麗星郵輪及歌詩達郵輪之特色，摘介如下（**表18-1**）：

表18-1　台灣郵輪之比較

項目＼郵輪	公主郵輪	麗星郵輪	歌詩達郵輪 新浪漫號／幸運號
噸位	大型	中型	大型／豪華型
航班	較多	密集	少
餐飲	西式為主	飲食及文化較符合國人需求	西式為主，義式風味餐
語言	英文為主	中英皆有	英文為主

六、郵輪市場未來之發展

「郵輪」好像是一個海上渡假村，郵輪旅遊（Cruise Tour）就像是帶著「五星級酒店」去旅行一樣，食衣住行育樂全都包辦了，膳宿休閒遊憩設施一應俱全，停靠各地港灣後可悠遊下船遊覽（**圖18-14**），因此甚受歐美觀光客喜愛，尤其是有錢有閒的退休銀髮族。唯近年來，隨著郵輪數量之快速成長以及亞洲新興國家之崛起，使得未來郵輪市場競爭愈趨激烈。謹就其未來發展趨勢摘述如後：

1.航線增加，航程日數減少。

2.價格平民化。力求降低營運成本，節省能源。

3.客層年輕化。注重親子遊、全家同遊，以及自由行等新興客源。

4.郵輪產品差異化、多元化。營造產品舒適性及特色以滿足不同客層之需求。

5.重視商務客源市場，如獎勵旅遊及會展產業（MICE）等之團體旅客。

6.推廣「機＋船」遊程及基隆與高雄「雙母港」的行銷策略。

圖18-14　郵輪是帶著「五星級酒店」去旅行的海上渡假村

第四節　空中交通運輸業

二次世界大戰後，商業用噴射客機出現，不僅速度快、續航力及安全性也大幅提升，至於載客量也隨著廣體巨無霸客機如波音747及空中巴士A380等之問世而激增，使得二十一世紀全球航空業得以迅速成長，並正式步入地球村的時代。

一、航空運輸業的定義

「航空運輸」是指利用航空器實現人或物之場所移動，而達到運送之目的。至於航空運輸業依法令可分為民用航空運輸業及普通航空業。

(一)依「民用航空法」第二條的定義

1.民用航空運輸業：指以航空器直接載運客、貨、郵件，取得報酬之事業。
2.普通航空業：指以航空器經營民用航空運輸業以外之飛航業務而受報酬之事業，包括空中遊覽、勘察、照測、消防、搜尋、救護、拖吊、噴灑、拖靶勤務、商務專機及其他經核准之飛航業務。

(二)實質上的定義

航空運輸業係指以飛機為運輸工具，提供客、貨、郵件等經核准之飛航業務服務而收取報酬之事業，如航空公司等。

二、航空公司的類型

目前世界各地的航空公司，概可分為下列幾種類型：

(一)依經營班期而分

◆定期航空公司（Scheduled Airlines）

定期航空公司有固定航線，須依規定提供空中運輸服務。通常定期航空公司都加入國際航空運輸協會（International Air Transport Association, IATA），因此須嚴守該協會所制定的運輸規則、條件及票價等規定。易言之，須以預先公布之日期、時間及固定航線，遵守按時出發及抵達目的地之義務。

◆ 不定期航空公司（Non-Scheduled Airlines／Supplemental Airlines）

所謂「不定期航空公司」，另稱補助性航空公司或包機航空公司（Charter Airlines）。此類型航空公司通常都不是國際航空運輸協會的會員，因此，在票價和航空運輸條件或服務方面並不像定期航空公司須受約束設限。唯仍須依與包租人所簽訂之合約來執行其約定的航線、時間和票價費用。此外，其運輸對象是出發地與目的地都相同的團體旅客，其空運業務較之定期航空公司單純。

(二)依經營區域而分

◆ 國內線航空公司（Domestic Airlines）

經營國內線航空公司，其航線、航班、時間及運費等訂定，均須依本國航空法規之規範，如「民用航空法」及「民用航空業管理規則」等法令，例如：立榮航空公司是以經營國內空運為主。

◆ 國際航線航空公司（International Airlines）

國際航線航空公司所經營的航空運輸業務較之國內線複雜，且其使用的機型、機組員訓練、票務、航線評估及涉及的問題等均與國際航空法規有關，因此須有專精的航空經營團隊及雄厚的資本額。例如：長榮航空公司及中華航空公司等均是以國際航線為主的航空公司（**圖18-15**）。

圖18-15　長榮航空主要以國際航線為主

三、航空公司的組織

航空公司的組織架構，通常設有下列八大部門：

1.業務部：負責對旅行社及客戶銷售機票、業務推廣、公共關係及年度營運規劃等工作。
2.票務部：負責票價計算、開票、退票及訂位等有關票務手續之問題。
3.訂位部：負責飛機起飛前的機位控管及協助乘客預約國內外旅館及國內線班機等事宜。
4.客運部：負責乘客之登機作業手續，包括查驗證件、行李過磅、劃位及發給登機證、臨時開票訂位及顧客抱怨等事宜。
5.貨運部：負責航空貨運之裝卸運、倉儲、損壞之賠償處理，以及協助動、植物之檢疫等工作。
6.航務部：負責機艙組及座艙組之組員派遣、航路管制、飛航安全及航務訓練等事宜。
7.機務部：負責飛機定期檢修、零件補給、品管查核及機坪的修護等工作。
8.管理部：負責公司內部人事、會計、出納、財務及總務等工作。

四、國際航空聯盟

為面對競爭激烈的國際航空市場之挑戰，全球航空業者乃透過結盟策略，藉由共同軟硬體資源及航線網等方式合作，來強化聯盟各成員的競爭力。茲摘介當今全球較知名的三大國際航空聯盟如下：

(一)星空聯盟（Star Alliance）

星空聯盟（**圖18-16**）成立於西元1997年，為全球首創名列第一的航空聯盟，該聯盟成員有來自全球各地世界頂尖知名航空公司，如新航、泰國、聯合、加拿大

圖18-16　星空聯盟

及我國的長榮航空公司等26個成員，旗下機隊規模達4,701架，航點國家達195國，為國際旅客提供綿密、舒適及便捷的飛航服務，深獲市場高度肯定與無數獎項。

該聯盟以「載著乘客前往全球各大城的聯盟」為營運目標，並以「星空聯盟為地球聯結的方式」（Star Alliance, The Way The Earth Connects）為標語口號，該聯盟總部在德國法蘭克福。

(二)天合聯盟（Sky Team）

天合聯盟（**圖18-17**）成立於西元2000年6月，係由法國航空、達美航空、墨西哥國際航空和大韓航空共同創設，我國中華航空也加入該聯盟為其會員。該聯盟成員有20個，旗下機隊規模達4,400架，航點國家有178國。

該聯盟雖然為全球最年輕、最晚成立的一家，但其成長卻最為迅速，躍居全球排名第二的航空聯盟，僅次於星空聯盟。為提升其成員之市場競爭力，該聯盟成員可共享航班時間、票務、機場貴賓室及乘客轉機等航空服務。總部設在荷蘭阿姆斯特丹。

圖18-17　天合聯盟

(三)寰宇一家（One World Alliance）

寰宇一家（**圖18-18**）成立於西元1999年，初期總部在加拿大溫哥華，其後於2011年5月將總部移到美國紐約市。其成員有14家航空公司，如柏林航空、美國航空、英國航空、日本航空、國泰航空及馬來西亞航空公司等。該成員航空公司在航班時間、票務、代碼共享、乘客轉乘、飛行常客計畫及降低支出等各方面航務均合作無間。

該聯盟旗下機隊規模達3,428架，航點國家達155個，為全球第三大航空聯盟。

圖18-18　寰宇一家

PART 5 自我評量

一、解釋名詞

1. Leisure
2. Recreation
3. Tourism
4. Theme Park
5. Gaming Entertainment
6. Casino

二、問答題

1.「休閒」與「遊憩」此二者之間的關係如何？試述之。
2.何謂休閒遊憩資源？試舉例說明之。
3.根據美國戶外遊樂局（ORRRC）的分類，遊憩區依經營目標之不同，可分為哪些區？
4.我國觀光遊憩區依開發模式不同，可分為哪幾區？
5.休閒遊憩活動的型態，基本上可分為哪幾種？試述之。
6.觀光遊樂業的類別，若依活動功能而言，可區分為幾大類？試述之。
7.我國觀光遊樂業發展所面臨的課題有哪些？試提出解決之道。
8.試述博奕娛樂業發展的效益與衝擊。
9.試述會展產業的重要性。
10.我國會展產業的發展策略為何？試摘述之。
11.近年來，國內遊覽車重大交通事故頻繁，你認為其原因何在？試提出解決之道。
12.台灣鐵路設施服務有哪四大系統？試述之。
13.請列舉亞洲較知名的觀光列車三項。
14.何謂「主題式郵輪」？並摘述郵輪主要產品服務。
15.郵輪市場未來發展趨勢如何？試摘述之。
16.請列舉全球知名國際航空聯盟三項。

PART 6

總結篇

單元學習目標

- 瞭解觀光餐旅行銷的定義與特性
- 瞭解觀光餐旅行銷的策略與方法
- 瞭解市場區隔的意義與方法
- 瞭解觀光餐旅業的未來發展趨勢
- 瞭解觀光餐旅業營運所面臨的課題
- 培養將來從事觀光餐旅業的興趣與能力

Chapter

19 觀光餐旅行銷

- 第一節　觀光餐旅行銷的基本概念
- 第二節　觀光餐旅行銷組合策略
- 第三節　公共關係與業務推廣

二十一世紀是知識經濟的時代，整個觀光餐旅業在全球各地競爭十分激烈，觀光餐旅行銷的思維，也不再是昔日僅強調促銷技巧、維護服務品質等傳統營運理念，而是強調創造顧客需求，滿足其觀光餐旅體驗。為使觀光餐旅產業能在全球觀光市場立於不敗之地，即須鑽研觀光餐旅行銷研究，以應萬變。

第一節　觀光餐旅行銷的基本概念

觀光餐旅行銷的主要目的乃在透過各種行銷組合策略及方法來滿足餐旅市場消費者之需求，進而達到企業永續經營之目標。本單元將介紹觀光餐旅行銷的概念及其演進。

一、行銷的基本概念

(一)行銷的定義

◆ **美國行銷協會（American Marketing Association, AMA, 1985）的定義**

所謂「行銷」是指為創造交易活動，以達成個人或組織的營運目標，而去計劃執行創意商品、服務觀念、價格、推廣及通路等之過程。

◆ **美國行銷學者科特勒（Philip Kotler）**

行銷是個人或組織，藉由生產、創造，並與他人交換商品和價值，進而滿足其需求與欲望的活動過程。

綜上所述，所謂「行銷」，其本質核心乃源於「以物易物」之交換概念，企業透過市場調查，瞭解消費者之需求與嗜好，再針對消費者之需求來規劃、研發所需產品服務，以滿足消費者生理與心理之需求，同時達到公司預期目標。因此行銷係以「消費者為導向」，而非生產者為導向，它是一種管理程序。易言之，行銷活動包括三大任務，即市場調查、商品計畫及促銷活動。

(二)行銷、銷售、促銷的異同點

行銷、銷售與促銷，許多人誤以為是同義詞，都認為行銷就是銷售（Selling）或者是促銷（Promotion），事實上，此三者並不盡相同。

銷售是將產品販賣給消費者；促銷係經由某特定手段或優惠，將產品售給消費者，此二者均屬於整個行銷系統中的一種工具或活動環節而已。此外，銷售或促銷的主要功能乃將產品販賣出去，但並不一定能符合顧客需求，也不見得能令顧客滿意。

至於行銷的意義，乃在於經由市場調查分析，研發生產消費者所需之產品，並將產品售出，使其功能能充分滿足消費者的欲望和需求，進而使產品經由顧客的口碑相傳，產品已發揮自行銷售之功（**圖19-1**），因此，口碑行銷將會使銷售成為多餘之舉。

二、觀光餐旅行銷的基本概念

觀光餐旅行銷，簡單的說，就是將行銷學的原理原則運用在觀光餐旅產品服務之行銷而言，茲分別就觀光餐旅行銷的基本概念，介紹如後：

(一)觀光餐旅行銷的定義

所謂觀光餐旅行銷（Hospitality Marketing）是指觀光餐旅業透過市場調查，瞭解消費者之需求與偏好，並據以適時研擬行銷組合策略及銷售政策，創新研發觀光

圖19-1　精緻美食可創造良好的口碑行銷

產品服務，以滿足觀光餐旅市場顧客之需求。同時，觀光餐旅企業也能從中獲取合理利潤，達到企業營運目標並兼顧國家社會福址的一種活動或管理程序。

(二)觀光餐旅行銷的目的

1.掌握消費者之需求：透過市場調查分析，瞭解消費者之需求與偏愛習性。
2.滿足消費者需求：依據消費者之需求來研發所需產品服務，藉以滿足並創造更多觀光餐旅產品之需求。
3.提升觀光餐旅企業的形象與地位：觀光餐旅業者會運用各種推廣促銷工具來提升其形象與市場地位，如運用企業識別系統（Corporate Identity System, CIS）於公關行銷及產品服務廣告等。
4.提升市場占有率、知名度及曝光率：觀光餐旅行銷可透過其行銷組合策略來提升其形象與知名度，更能增加產品的市場占有率及曝光率。

三、觀光餐旅行銷的流程

觀光餐旅行銷活動之流程，可分為分析、規劃、執行與評估，茲摘述如下：

(一)分析

是指市場調查、市場需求、競爭分析等企業內部環境之優勢（Strengths）、劣勢（Weaknesses）以及外部環境的市場機會（Opportunities）和面對競爭者之威脅（Threats）等而言，即所謂市場機會分析，另稱SWOT分析。

(二)規劃

是指依觀光餐旅企業本身營運目標及各部門市場行銷目標來規劃制定「行銷計畫」及「行銷組合策略」，如產品、價格、通路、促銷推廣等4P，將觀光餐旅企業的產品服務提供給市場消費大眾，以滿足其需求，並使企業本身能獲取合理的最大利潤，進而得以永續發展（**圖19-2**）。

(三)執行

根據前述觀光餐旅行銷規劃之內涵，予以編列人力、預算及進度等全面加以執行。

圖19-2　觀光餐旅企業透過規劃來提供產品服務

(四)評估

評估包括整個觀光餐旅行銷活動的績效評估及過程評估，例如：目標達成率、預算執行效率並適時提出修正案。

四、觀光餐旅市場的基本概念

觀光餐旅企業在進行觀光行銷活動之前，必須先認識整個觀光市場。茲將觀光餐旅市場有關的基本概念，摘述如下：

(一)觀光餐旅市場的特性

所謂「觀光餐旅市場」，是指觀光餐旅產品的供應商，如旅行業、旅宿業、餐飲服務業、運輸業、遊憩據點等，與觀光餐旅產品的消費者、購買者（如觀光客），在整個商品之買賣交易過程中，所產生的各種行為與關係的結合。觀光餐旅市場規模之大小，與觀光餐旅消費人口數量及消費能力等有關。易言之，觀光消費人口愈多，消費能力愈強，此觀光餐旅市場規模愈大，例如中國大陸觀光餐旅市場即是例。其特性說明如下：

◆敏感性（Sensitivity）

觀光餐旅市場之需求除了深受經濟因素變動影響其需求量外，更容易受到政治、社會及國際局勢之影響，如SARS、禽流感疫情即是例。

◆變異性、多樣性（Variability）

觀光餐旅市場之客源，其國籍、宗教、生活習慣以及教育文化背景均不同，再加上顧客本身個人興趣、性別、年齡均互異，使得此原已十分抽象複雜之市場，更加難以捉摸且多變化。

◆富彈性（Elasticity）

觀光餐旅市場之消費者需求甚具彈性與替換性。一般而言，除了豪華級精緻產品外，觀光餐旅產品之需求與市場價格或經濟波動有相當密切關係。易言之，當價格變動的百分比小於其所引起的需求量變動百分比時，此現象稱為需求價格彈性大，或簡稱需求彈性大於1，所以當市場產品價格愈高，市場需求則會愈低。

◆季節性（Seasonality）

觀光餐旅市場之消費需求受季節氣候與假期人文影響甚大（**圖19-3**），因而有淡旺季之分，使得觀光餐旅市場之供需失衡。如何調節此季節性之需求變化，實為今日觀光餐旅行銷極重要之課題。

◆擴展性（Expansion）

觀光餐旅市場之需求強度大小與餐旅業立地位置、交通方便性、交通工具、國民所得、休閒時間、生活習慣及身心健康有關，因此市場之需求具相當擴展性。

(二)觀光餐旅市場區隔

由於觀光餐旅業者資源有限，不可能生產各類觀光餐旅產品來滿足每位消費者的不同需求，因此須將此龐大的市場運用區隔變數，如地理位置、人口統計、消費型態與心理特性等變數，將整個市場分成數個具有相同特徵的區隔市場，此作用稱為市場區隔（Market Segmentation）。

觀光餐旅業者再由上述區隔市場當中，挑選符合其需求者作為觀光餐旅企業組織的目標市場（Target Market），再針對此目標市場之需求及產品定位（Position），分別研發投其所好的產品發展行銷策略，此為目標市場行銷（STP）。

圖19-3 觀光餐旅市場需求具季節性

◆觀光餐旅市場區隔的基本條件

觀光餐旅市場須具備下列條件始有區隔的必要，分述如下：

1.異質性：區隔後的觀光餐旅次級市場，其彼此間的特性須互異，且需求也不同。觀光業者始能針對次級市場間的異質性研擬更有效的行銷策略。例如：有些觀光餐旅業者將消費大眾依其年齡不同來劃分青少年觀光及銀髮族觀光，並各研擬不同的遊程產品服務。

2.可衡量性：市場經區隔後，須具有某共同的特徵，或具體的數據，足以使觀光餐旅行銷人員或行銷規劃者能清楚辨認及衡量其市場規模大小及歸屬。例如：性別、人口數、所得、職業及籍貫等人口統計與社會經濟變數，即為最好的區隔變數，其所區隔出的市場均易於衡量。例如亞洲市場、歐洲市場、男性旅客、女性旅客等之市場區隔均是例。

3.可接近性：區隔後的市場，必須是觀光餐旅行銷人員或觀光餐旅行銷活動所能接近的市場，俾便於廣告或提供產品資訊給市場內的消費者，便於與其溝通，以利產品行銷。例如：目前資訊網路普及，網路購物盛行，網路市場乃成為另一觀光餐旅目標市場。

4.足量性：區隔後的市場必須擁有一定的銷售量或需求量，並且能讓觀光餐旅企業有利可圖或具利潤開發潛力。例如：台灣本土知名咖啡連鎖店85度C，若想在新北市野柳增設連鎖店，此時即須事先評估當地消費者之消費能力及需求量，是否有獲利的空間及開發潛力。

5.可執行性：區隔後的市場必須有能力予以有效執行其行銷策略，否則仍無濟於事，此執行力則與企業本身資源與能力有關。例如：台灣有些旅館想積極開發國際會議或展覽產業之市場，唯目前有些旅館尚欠缺此類辦理國際會議之軟硬體，因而尚難以開拓此類市場。

◆觀光餐旅市場區隔變數

市場區隔變數很多，較常使用者有下列幾種：

1.地理變數：係以地區、氣候、人口密度及城市規模等變數來區隔市場。例如國內市場、國外市場（**圖19-4**）。

2.人口統計及社會經濟變數：係以年齡、性別、家庭人口數、家庭生命週期、所得、職業、教育程度、宗教及國籍等變數來加以區隔。如速食餐廳係以兒童、學生及青少年等為主要目標市場。

3.心理變數：如個性、生活型態、價值觀等。如有機養生餐廳是以追求健康生活的消費者為訴求。

圖19-4　歐洲市場是屬於地理變數的區隔市場

4.行為變數：如購買動機、品牌忠誠度、產品使用頻率、對產品的態度等。如航空公司的哩程酬賓計畫、飯店以房客住宿頻率來設計常客優惠方案，均為典型以行為變數來進行市場區隔。

(三)觀光餐旅市場定位

◆觀光餐旅市場定位

所謂「定位」（Position），是指觀光餐旅產業本身的產品服務在整個觀光餐旅市場上的角色定位，也可以說是其產品服務在顧客心目中的認知地位。主要目的乃在使其產品服務能符合廣大市場中一個或數個目標市場之需求，並使其產品服務有別於其他競爭者，具有差異化。期以建立有意義競爭情勢之一門藝術與科學。

◆觀光餐旅產品定位的方法

觀光餐旅產品定位的方法很多，但以顧客利益來定位最為有效。例如：清真認證餐廳是以符合並滿足回教徒飲食規範為定位；「鼎泰豐」餐館是以其優質產品服務作為品牌形象定位；五星級旅館也是以優質膳宿服務及高價位來定位。

五、行銷管理的觀念演進

現代企業為因應環境之變遷，其管理理念由最早的生產導向、產品導向、銷售導向，一直發展到現代的行銷與社會行銷導向，茲摘述如下：

(一)生產導向（Production Orientation）（西元1850～1900年）

產業革命前，企業營運方針在於設法大量生產，以降低成本，提高生產率。

(二)產品導向（Product Orientation）（西元1900～1925年）

產業革命後，企業營運方針開始致力於產品品質的改善，藉提升品質，以期獲得消費者的喜愛。

(三)銷售導向（Sales Orientation）（西元1925～1950年）

1930年代世界經濟恐慌，購買力降低，銷售導向乃逐漸興起。其理念為運用各種銷售技巧將產品推銷給消費者，但對於消費者之反應並不太重視。

(四)行銷導向（Marketing Orientation）（西元1950～1990年）

隨著生活品質的提升，消費者的需求也多元化，產品生命週期也縮短，產業經營理念也隨著改變，開始分析探討消費者之需求，依市場調查的結果，作為產品生產的依據，以滿足並爭取消費者，「顧客至上」、「創造顧客滿意度」之理念隨之興起，此時期已步入行銷導向之階段。

(五)社會行銷導向（Social Marketing Orientation）（西元1990～迄今）

此經營理念的主張為：企業不僅要重視消費者的需求與企業本身利潤，尚須肩負起部分社會責任（Social Responsibility），如生態保育、美化綠化環境（圖19-5）、節能減碳、選用低汙染物料、產品不過度包裝、重視食物哩程、選用當地食材、菜單標示熱量或營養成分，以及主動關懷弱勢團體或參與社會公益活動等均屬之。目前常見的綠色行銷、公益行銷、關係行銷、美容養生行銷及運動行銷等，均為典型社會行銷導向的理念與做法。

圖19-5　協助美化綠化環境為社會行銷導向之一

六、行銷觀念演進階段差異的比較

行銷觀念的演進，可分為五個階段，主要差異說明如**表19-1**。

表19-1　行銷觀念階段的比較

階段＼項目	營運策略	營運手段	營運目的	綜合分析
生產導向	1.強調生產效率及生產技術。 2.大量生產降低成本。	講究生產技術與效率。	運用大量生產降低成本來獲取企業最大利潤。	1.適於需求大於供給，且無競爭對手的市場。 2.忽視外在環境變化及消費者真正需求之考量。
產品導向	1.強調產品品質提升。 2.重視品質研發改良。	講究產品品質及功能。	經由品質改良創新以利銷售，賺取利潤。	1.適於市場供需穩定的競爭市場。 2.忽視市場消費需求及行銷的重要性。
銷售導向	1.強調產品促銷活動與技術。 2.重視廣告包裝及推銷術。	講究廣告、促銷及銷售技巧。	透過銷售量之激增來取得企業利潤。	1.重視銷售、廣告及包裝技巧，來追求最大利潤。 2.利潤的獲得來自銷售量，而非顧客的滿意。
行銷導向	1.強調顧客需求之滿足。 2.重視顧客滿意度及整體行銷組合。	講究消費者需求動機研究及整體行銷運作。	透過顧客滿意來賺取企業利潤。	1.重視顧客需求及市場環境的變化。 2.利潤來自滿足目標市場顧客需求而獲得支持。
社會行銷導向	1.強調滿足顧客需求並肩負企業社會責任。 2.重視顧客滿意度及企業社會責任。	講究顧客價值之創造及參與社會公益活動之品牌形象營造。	透過顧客滿意、顧客價值及社會肯定來獲取企業利潤。	1.重視顧客、企業、社會及自然環境之需求及責任。 2.利潤來自品牌形象，並受肯定及支持。

第二節　觀光餐旅行銷組合策略

觀光餐旅行銷常受到企業組織所處的環境影響，觀光餐旅業者為想在此競爭激烈的市場，找出自己產品在市場上的定位，並據以研擬後續系列的行銷策略之前，務必得先針對此複雜又敏感的市場內外行銷環境來詳加分析，並據以選定目標市場，來研擬行銷策略。

一、觀光餐旅市場行銷環境分析

觀光餐旅市場行銷環境分析可分為外部及內部環境分析。

(一)外部環境分析

外部環境另稱總體環境或宏觀環境（Macro Environment），為外部不可控因素，主要在探討企業外部經營環境，如經濟、社會、政治、科技及競爭等環境是否有利基或潛在威脅。茲說明如下：

◆經濟環境（Economic Environment）

經濟景氣與否對於觀光餐旅業有相當大的影響。整體而言，利率會影響營運成本；匯率會影響消費者旅遊意願。此外，經濟環境會影響消費者的實質國民所得，及其購買力與消費型態（**圖19-6**）。因此，觀光餐旅業投資開發必須考量在適當時機投資，若未能掌握經濟情勢，則可能造成日後營運的困擾，所以應加強市場風險評估。

圖19-6　觀光餐旅業的營運會受到外部經濟環境的影響

◆社會環境（Social Environment）

現代社會家庭結構雙薪家庭愈來愈多，對於觀光餐旅品質要求也逐漸提高，如追求健康飲食、講究知性旅遊。為瞭解觀光餐旅外部社會環境，人口統計是社會環境分析的重要資訊來源，因為觀光餐旅市場係由人口所組成，因此行銷人員要特別注意人口統計的社會環境變遷。

◆政治環境（Political Environment）

觀光餐旅行銷決策受到政治環境變遷的影響很大。此環境由法律、政策、政府機關以及具影響力的公眾利益團體所組成，如消費者利益團體即是例。因此，業者須熟悉當地政府的法令，掌握政情訊息，並加強對外公共關係，以建立良好形象與溝通管道。

◆科技環境（Technological Environment）

現代化的科技如電腦資訊科技，對觀光餐旅行銷資料之讀取、記錄、分析貢獻極大，有利於整個觀光餐旅行銷之順利推展。因此，業者須重視員工教育訓練，培養員工現代科技資訊管理能力，以提升市場競爭力。此外，尚須增置現代科技自動化設備，以加強工作效率，並解決人力不足之困擾。

◆競爭環境（Competitive Environment）

觀光餐旅業所面對的競爭環境有各類型的競爭對手，如台北市國際觀光旅館均以爭取具有高消費能力的觀光客和本國旅客，各競爭者幾乎均針對同一消費群或區隔市場來行銷，此乃所謂的「產品形式競爭」（Product Form Competition）。此外，尚有來自一些具有相似特性的產品或服務的觀光餐旅同業產品類型競爭（Product Category Competition），以及其他各種替代性商品的競爭（Substitute Products Competition）。

面對此一競爭激烈的行銷環境中，為了要取得市場行銷上的優勢，務必要分析競爭者的優缺點，並進而挑選出幾項重點，加以列表詳加比較，進行市場機會分析。通常這類型的競爭比較表可以清楚地看出自己與競爭對手間的優勝劣敗之處，也可進一步找出自己在市場上的定位。

(二)內部環境分析

內部環境另稱個體環境或微觀環境（Micro Environment），為內部可控因素之分析，主要是針對企業組織本身結構、企業組織文化、行銷支援機構、產品研發、產品特性及產品通路等內部各環境因素作系統分析。

餐旅小百科

五力分析

所謂五力分析（Five Forces Analysis），係指觀光餐旅產業所面對的五種競爭力的分析而言。此五力係指產業新進入者的威脅、替代性產品的威脅、購買者的議價能力、供應者的議價能力，以及產業內競爭者的對抗能力。經由上述競爭力的自我分析，觀光餐旅企業可藉此定位其產品的優勢與機會，並加以防範或降低其威脅，從而研擬其行銷策略，提升市場上的競爭力。

(三)市場機會分析（SWOT分析）

所謂「市場機會分析」即行銷學所說的SWOT分析，SWOT一詞，是取自Strength（優勢）、Weakness（劣勢）、Opportunity（機會）、Threat（威脅）的首字母而成。

觀光餐旅企業可經由SWOT分析，瞭解並認清企業本身的優勢、劣勢、機會，以及可能面臨的挑戰威脅，再據以決定目標市場，並研擬周全的行銷計畫與策略，作為將來實際行銷的指導原則，以達企業永續經營之終極目標。茲舉台灣觀光餐旅產業研發之SWOT分析為例，說明如下：

◆優勢（Strength）

台灣觀光餐旅產業的優勢包括濃厚的人情味、色香味俱全的台灣美食、夜市文化、豐富的自然及人文景觀、悠久歷史文化寶藏（**圖19-7**），以及寶島套裝旅遊線等。

◆劣勢（Weakness）

例如台灣觀光餐旅產業人力資源之質與量仍有改善的空間，包括從業人員的外語能力、國際會議人才培訓，以及各風景據點餐旅服務人員的服務創意與職業道德等。此外，台灣交通狀況、路標標示及環境衛生等也有待改善，以利提升服務品質。

◆機會（Opportunity）

亞太地區旅遊人口成長最為迅速，新航線及航點增加，經濟成長亦快速且穩定；地理位置則鄰近中國大陸，觀光知名度漸開。

圖19-7　世界五大博物館之一的故宮博物院是我國發展觀光餐旅產業的優勢

◆威脅（Threat）

台灣觀光餐旅產業大部分為中小企業，財務能力較不穩定，除了要面對國內同業之競爭壓力外，更要面對國際觀光餐旅連鎖企業登陸台灣之威脅等。

二、觀光餐旅目標市場行銷

鑑於觀光餐旅市場多元化的消費群不同需求，為發揮企業有限資源，使其達到最高效益，乃採取目標市場行銷（Target Marketing），簡稱為「STP」。

(一)目標市場行銷的步驟

◆市場區隔（Segmentation）

依據觀光餐旅消費者購買消費產品服務的特性，將廣大的市場切割成幾個較小的區塊市場。

◆選擇目標市場（Targeting）

觀光餐旅企業依據本身所擁有的資源能力來評估不同區域市場，再選定所需市場進入。

◆市場定位（Positioning）

是指觀光產品在觀光餐旅市場上的角色定位，也可說是產品在顧客心目中的認知地位。例如：五星級旅館是以高價位、高品質服務來定位。

(二)目標市場行銷策略

觀光餐旅目標市場行銷所採取的策略，主要有無差異行銷（Undifferentiated Marketing）、差異化行銷（Differentiated Marketing）及集中行銷（Concentrated Marketing）三種策略，茲列表說明如下（**表19-2**）：

表19-2　目標市場行銷策略

策略	說明	優點	缺點
無差異行銷	• 定義：以單一行銷策略或相同的產品來滿足所有各目標市場的需求。 • 實例：套房旅館以套房來銷售；冰品店僅純售冰品給消費者。	• 省時省力，降低生產成本與費用。 • 可標準化大量生產。	無法滿足整個對象市場或次市場之需求。
差異化行銷	• 定義：針對所選出的兩個或兩個以上的目標市場特性，推出不同的行銷策略來滿足其不同的需求。 • 實例：餐旅集團旗下擁有多種不同次品牌，可滿足不同區隔市場的需求，如王品旗下的西堤（西式）、陶板屋（和式）。	• 滿足各不同目標市場的需求。 • 顧客滿意度較高。	• 行銷成本與費用較高。 • 資源分散，無法全力以赴。
集中行銷	• 定義：鎖定所選定的一個目標市場，採單一行銷策略，集中火力行銷，待發展到某程度後，再集中火力於次目標市場全力行銷。 • 實例：商務旅館針對商務旅客全力行銷。	• 有效運用有限資源，使其發揮最大效益。 • 能專注特定目標市場或利基市場之需求。	資源集中運用，故風險較大，無法分散經營風險。

三、觀光餐旅行銷組合策略之運用

觀光餐旅業者經過市場調查、市場機會分析以及市場定位後，為達成組織目標，必須針對所選定的目標市場研擬行銷策略（**圖19-8**），目標不同行銷策略也不同，靈活運用動態的行銷組合4P：產品（Product）、價格（Price）、通路（Place）與推廣促銷（Promotion），若此4P再加人員（People）即所謂5P，若再

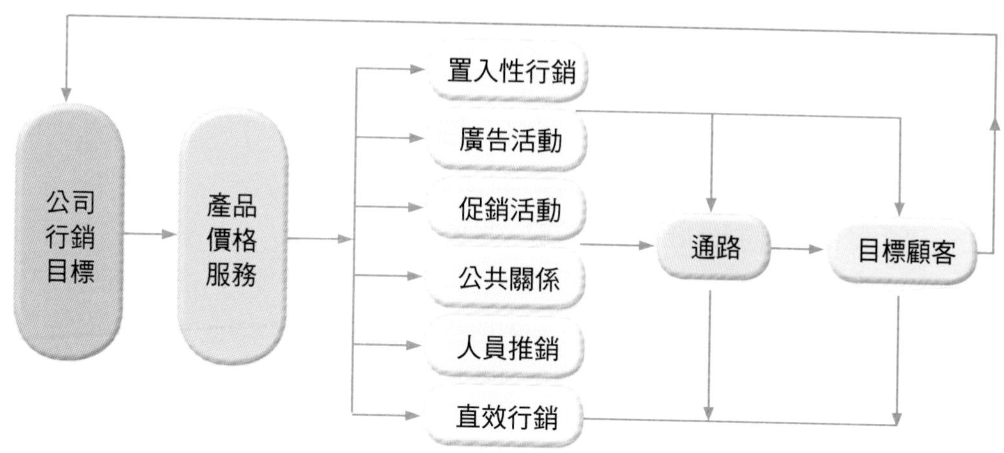

圖19-8　觀光餐旅行銷組合策略

加實體表徵（Physical Evidence）及流程（Process），即觀光餐旅行銷組合7P，來達到組織目標。

(一)觀光餐旅產品策略

◆觀光餐旅產品的意義

1.觀光餐旅產品是指提供觀光旅客或遊客自其離開家，一直到返抵家門，其間所需的膳宿、交通、遊憩及自然、人文觀光景點資源等設施服務，或相關的支援性服務產品等而言。

2.觀光餐旅產品如餐旅硬體設施、膳宿、設備、遊程設計、套裝旅遊、主題旅館、地方節慶活動、觀光列車、美食佳餚及導遊接待服務，甚至品牌、包裝、形象均屬此範疇。

3.觀光餐旅產品係一種組合式的套裝服務產品，基本上可分為有形與無形產品兩大類，但事實上均以「服務」為依歸。易言之，觀光餐旅產品主要就是服務。

◆觀光餐旅產品行銷策略

1.觀光餐旅產品差異化策略：餐旅產品之研發設計，須以消費市場之需求來考量，力求產品的常態性、便利性與趣味性等多元化功能外，更應運用產品的差異化策略，來滿足不同目標市場之需求，如王品餐飲集團推出王品、西堤、陶板屋、原燒、夏慕尼等多個不同品牌餐廳，以滿足各種不同需求的消費者。

2.觀光餐旅產品組合策略：為提供消費者享有更多元化的選擇，以滿足其不同的需求，觀光餐旅業者會將其企業內眾多產品項目，予以精心組合設計，期以激發顧客購買慾。例如：麥當勞早餐，同一價位但有不同產品之組合。

3.觀光餐旅產品生命週期策略：所謂「產品生命週期」（Product Life Cycle, PLC），是指某項產品在餐旅消費者心中的地位，會隨著時間和空間的改變而產生變化，如同人的出生至死亡般，呈現出一種生命週期的現象，謂之產品生命週期（**圖19-9**）。此產品生命週期理論是由銷售利潤與時間等兩個構面所組成，共可分為導入期、成長期、成熟期及衰退期四期，產品在不同生命週期階段所處的特性不同，其行銷策略也互異，茲列表（**表19-3**）說明如後。

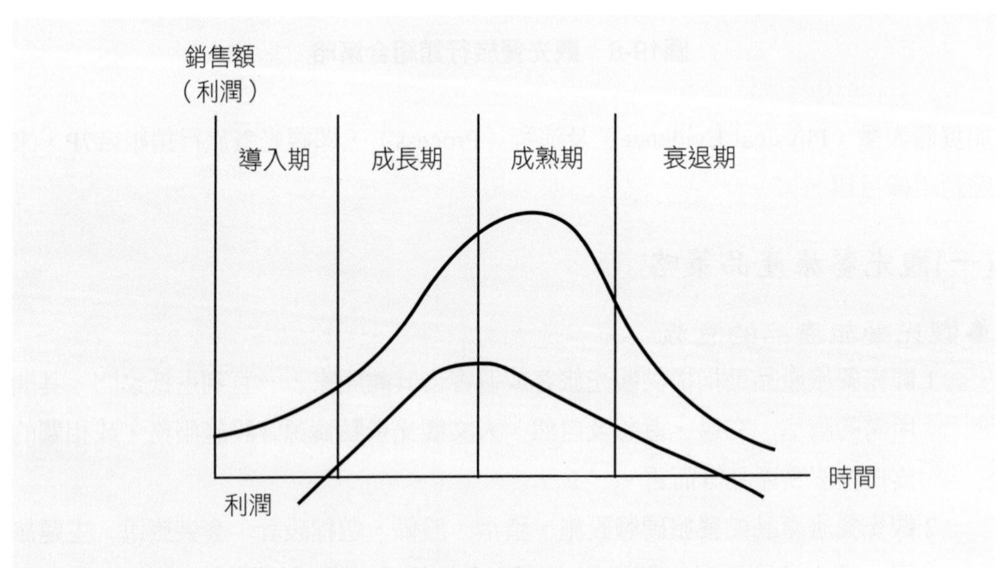

圖19-9　觀光餐旅產品的生命週期

表19-3　觀光餐旅產品生命週期各階段的行銷策略

發展階段	特性	策略
導入期（Introduction Stage）	•產品新上市，銷售量成長慢，競爭者少。 •產品知名度低，尚未被市場瞭解。	•擴充市場占有率，如採低價滲透策略。 •加強產品廣告。若產品卓越，則可採高價吸脂策略，但風險高。
成長期（Growth Stage）	•產品逐漸為消費市場接受，銷售量呈穩定成長，但競爭者出現，且不斷成長中。 •產品設計逐漸朝多樣化發展，品質也持續改良。	•加強建立品牌形象、強化通路，並積極滲透市場，維持成長，擴大占有率。 •餐旅產品設計多元化，並可考慮微降價格。

（續）表19-3　觀光餐旅產品生命週期各階段的行銷策略

發展階段	特性	策略
成熟期 （Maturity Stage）	•產品已被多數消費者接受，銷售已達最高點，成長趨緩。 •市場競爭者多，已進入完全競爭情勢。	•強化品牌忠誠度，繼續增強通路，以防市場流失。 •價格可採較低價策略。
衰退期 （Decline Stage）	•產品銷售量急速下降，銷售利潤減少或無；市場競爭者退出或無競爭者。 •替代性產品異軍突起，逐漸取代原有產品。	•考量是否產品重新定位、改良、包裝或捨棄而另開發新產品。 •降低生產成本、減少廣告活動支出或退出市場。

(二)觀光餐旅價格策略

價格會影響消費者的需求，也會影響企業組織本身利潤。因此，價格的訂定須考量市場內外環境變化及消費者的認知價值來彈性修正，唯價格須能被消費者所接受，符合其認知價值始有意義。常見的觀光餐旅價格策略如**表19-4**所示。

表19-4　常見的觀光餐旅價格策略

策略	定價方式	說明	舉例
新產品定價	市場吸脂定價／市場榨取定價 （Market Skimming Pricing）	指餐旅新產品剛研發上市時，由於市場尚無此類同質性之產品，因此業者可訂出一個非常高，且能被市場接受的價格來賺取高利潤。目的以高價位來追求品牌領導地位。	知名餐廳剛推出的美容瘦身養生餐，或旅遊業的頂級豪華郵輪遊程等，均會採用此定價策略。
	市場滲透定價 （Market Penetration Pricing）	指餐旅新產品剛上市時，為求儘速擴大銷售量，並取得市場占有率之領先優勢，而採取薄利多銷的低價策略。	35元平價咖啡、捷星航空與樂桃航空低廉機票。
心理定價	奇數定價 （Odd Pricing）	•以某些奇數作為售價尾數，其目的在於營造較為便宜的情境。 •使消費者在購買時的價格知覺感覺到比較便宜，甚至有物超所值之知覺。	餐飲業者推出「299吃到飽」、溫泉旅館推出平日「溫泉泡湯二人同行699」等。

（續）表19-4

策略	定價方式	說明	舉例
心理定價	聲望定價 （Prestige Pricing）	• 利用高價位之定價策略，滿足人們認為「貴就是好」，使消費者覺得該項產品能彰顯其身分、地位及品味。 • 消費者若欠缺足夠的產品資訊時，往往會以價格高低來判斷該產品之價格。	杜拜的帆船飯店號稱是全球最頂級的豪華旅館，因此其房價一晚高達上萬美元，少則數千美元。
產品組合定價	配套式定價 （Bundle Pricing）	• 餐旅業者通常會在合理的利潤下，將幾種產品組合起來，並予以美化包裝，再搭配較低的價格出售。 • 由於組合產品的售價遠低於單項產品購買的總額，因而能吸引消費者購買。	飯店業者在情人節推出情人套餐與浪漫套房組合、旅行業者推出的「套裝旅遊」、航空公司推出的「機＋酒」自由行等。
	互補式定價 （Complementary Pricing）	餐旅產品中，有部分產品必須或可以與其他產品搭配在一起使用將更有價值感，此產品稱之為互補產品或主、副產品。	• 餐廳服務員推薦客人點餐前酒、佐餐酒或餐後酒來搭配其餐食，以增進用餐情趣之體驗。 • 麥當勞以加價方式，即可套餐升級或薯條、飲料等副產品升級。
促銷定價	現金折扣 （Cash Discount）	• 為鼓勵買方或顧客儘快以現金支付貨款而給予的價格折扣。 • 優點為可提高賣方現金的週轉率及防範呆帳之損失，通常用於餐旅企業組織之間的購買行為較多。	餐飲業者之間、綜合旅行業與甲種旅行業、旅行業與航空公司或旅館之間。
	數量折扣 （Quantity Discount）	• 為鼓勵買方或顧客能夠大量採購其餐旅產品，而依其採購數量之多寡，分別給予不同的金額折扣或打折優惠。 • 目前餐旅業者所採用數量折扣方式有累積數量折扣、非累積數量折扣兩種。	• 累積數量折扣：航空公司的飛行哩程累積、餐飲業的「買大送小、飲料免費」、集點或集次卡。 • 非累積數量折扣：旅宿業住宿一晚即獲贈下次進住的折價券；餐飲業者推出「四人同行，一人免費」。

（續）表19-4

策略	定價方式	說明	舉例
促銷定價	季節折扣（Seasonal Discount）	餐旅業者會在某特定季節（如淡季），對於餐旅產品或服務之購買者給予價格的優惠，期以避免人力、物力等資源之閒置與浪費，並能維持淡季之穩定營運收益。	觀光淡季時，無論旅行業、旅館業或航空公司等觀光餐旅業者，均會陸續推出超值優惠的行程、機票或房價。
	折讓（Allowance）	餐旅業者會針對訂有合作契約或參與其業務推廣活動之機構、廠商或餐旅同業，給予產品售價的推廣折讓。	旅館房租以優惠價給予會員特約商店，或訂有互惠條款之信用卡公司會員等。

(三)觀光餐旅通路策略

◆觀光餐旅通路的意義

所謂「通路」（Place）是指將觀光餐旅產品服務，由生產者傳送到觀光餐旅目標市場消費者的管道。例如：航空公司透過旅行社來代售機票，旅行社即為航空公司販售票務的通路之一。

◆觀光餐旅行銷通路的類型

觀光餐旅行銷通路，常見者有下列四種（**圖19-10**）：

1.零階通路：直銷通路，係指無中間代理商或經銷商而言。觀光餐旅業地點方便，旅客便於直接前來，或網路直接訂位均屬之，另稱「直接通路」。
2.一階通路：係指觀光餐旅業與消費者間，僅有一家中間旅遊代理商，另稱「間接通路」。如住宿旅客係透過訂房中心或旅行社訂房即是。
3.二階通路：係指觀光餐旅業與消費者間，加入觀光餐旅批發商與零售商，如綜合旅行社委託甲種或乙種旅行社銷售產品。
4.三階通路：係指觀光餐旅業與消費者間，前後共加入三階層之觀光餐旅代理商，如批發商、零售商、特別通路等，例如航空公司將機票授權總代理銷售，總代理又分別授權給各地分代理，再由分代理轉售旅行社，再賣給消費大眾。

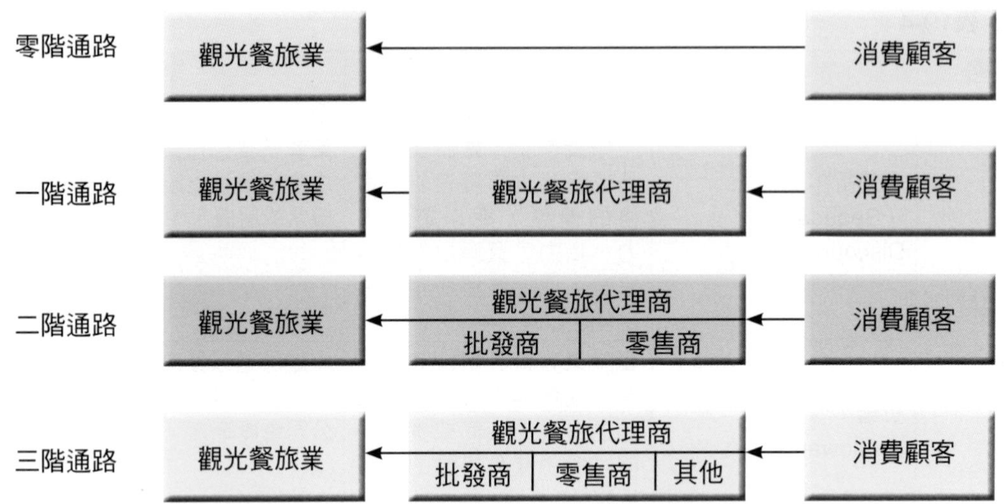

圖19-10　觀光餐旅行銷通路

◆觀光餐旅行銷通路策略

1.通路須順暢、便利及具時效性：觀光餐旅產品服務能以最有效的管道來傳送或服務顧客。

2.通路須考量地點要適中、便利：通路地點最好選擇在觀光目標市場商圈所在地附近，以利服務顧客。

3.運用現代科技來改善通路模式及提升效率：例如運用電視購物頻道、運用網路直接訂票訂房、電子機票之使用、低溫宅配方式等，均可縮短通路空間之限制。目前餐飲業將年菜透過網路或是便利超商的管道來增加銷售量，即利用此通路特性。

4.運用同業或異業策略聯盟來擴大通路：觀光餐旅業為加強通路，尚可採同業或異業策略聯盟的搭配銷售方式來擴大通路，如旅行業同業間之PAK（聯合作業）、旅行業與航空公司或信用卡公司之異業結盟、便利超商購票、觀光列車與景點及旅宿業之結盟，如觀光列車→旅館→觀光景點等異業結盟聯合行銷。

5.建立通路須考量觀光餐旅市場與觀光餐旅產品特性及營運成本：觀光餐旅業在建立行銷通路時，須考慮觀光餐旅市場與觀光餐旅產品之特性、銷售利潤、銷售量及銷售成本，因為銷售通路愈多，會增加銷售成本，也會使利潤減少。

(四)其他行銷組合策略

觀光餐旅服務行銷組合7P除了前述產品、價格、通路外，尚有下列幾項：

◆推廣促銷（Promotion）

觀光餐旅產品供應商或觀光餐旅企業，為將其產品資訊以最迅速有效方式傳送給目標市場之消費大眾，須透過強有力之宣傳廣告來促銷，如觀光局宣傳的「Time for Taiwan旅行台灣．就是現在」，以及台灣觀光協會每年均舉辦的台北國際旅展（**圖19-11**），均是一種觀光餐旅推廣促銷之重要活動。

◆人員（People）

人員是指所有參與提供服務的觀光餐旅企業員工及其他會影響顧客對服務質量認知與滿意度的人，如顧客及服務現場的其他顧客，這些人當中以觀光餐旅企業員工所扮演的角色為最重要。觀光餐旅企業最大的資產就是員工，若無優秀的員工將無法提供一致性水準的服務。因此，觀光餐旅企業須特別重視其人力資源的培訓，加強員工與顧客間良好的互動關係以利行銷。

◆實體表徵（Physical Evidence）

實體表徵是指觀光餐旅企業服務傳遞環境的設施、設備或裝潢擺設等有形的展示物而言。因為這些實體表徵將會影響顧客對產品服務的體驗，進而影響對餐旅

圖19-11　觀光局運用國際旅展推廣促銷花蓮觀光產業

服務品質的評價。例如：餐廳廁所潔淨與否，將會影響顧客對餐廳品質的評價。

◆流程（Process）

所謂「流程」，這裡是指觀光餐旅企業的顧客獲取所需產品的服務傳遞過程。如果服務傳遞的過程十分順暢，不僅能提升服務工作效率，也能減少顧客無謂的等候，更能提高顧客的滿意度。例如旅館櫃檯作業流程或訂房流程等。

第三節　公共關係與業務推廣

觀光餐旅產業競爭激烈，為提升餐旅企業在社會上的形象地位，以及提高觀光餐旅產品服務在市場的銷售量及占有率，以利企業之發展，乃透過公共關係與業務銷售推廣等作為觀光餐旅行銷活動推廣工具。

一、公共關係

(一)觀光餐旅公共關係的意義

所謂「公共關係」（Public Relations, PR），是一種綜合性的社會科學，其主要目的乃在促進雙方關係的和諧、協調、理解，進而增進並維繫良好的關係。易言之，公共關係的本質即是以溝通協調方式，本著互信、互諒、互惠及互助的原則來建立個人與個人、組織與個人、社會與個人，以及團體與團體間的良好形象關係。

至於觀光餐旅公共關係，係指觀光餐旅企業組織透過公共關係或公共報導，以社會大眾利益為出發點，以溝通協調為方法，以服務社會及企業發展為目的，所進行的系列活動而言。

(二)觀光餐旅公共關係的主要目的

現代觀光餐旅產業非常重視企業組織之公共關係，其主要目的為：

◆建立及維持企業與社會大眾良好關係

觀光餐旅企業所面對的社會大眾，不僅是外部經營環境的政府機構、供應

圖19-12　觀光餐旅企業識別系統

商、經銷商、消費大眾以及壓力團體，尚包括企業組織內部之員工、股東等。為使觀光餐旅企業能永續發展，務必與上述對象建立並維持良好的互動關係。

◆運用所建立的良好公關，作為推廣行銷工具

觀光餐旅企業可運用良好公關，透過大眾媒體以公共報導方式來達到餐旅產品推廣銷售之目的。易言之，公共關係是一種非廣告式的推廣組合工具，為另類的行銷傳播工具，而與廣告有別。

◆建立觀光餐旅企業的形象標誌，提升良好形象

所謂「形象標誌」（Image Logo），是指觀光餐旅企業運用企業識別系統（Corporate Identity System, CIS）（圖19-12），將其經營理念及組織文化，透過標準字體或商標來傳遞給社會大眾，並作為觀光餐旅企業組織獨特的識別標誌，期以彰顯其風格，而觀光餐旅公關活動更有助於企業形象之提升。

◆降低危機傷害，化危機為轉機

觀光餐旅企業經由公關的努力所營造的良好互動和諧關係，能增進社會大眾對企業的信賴與瞭解，並可經由善意的溝通，避免意外事件之發生，也可經由有效的公關，將危機傷害降到最低。

(三)觀光餐旅公共關係所運用的工具

觀光餐旅企業公共關係訴求對象，有內部與外部等不同的對象，因此，所運用的公關工具也不同。茲說明如下：

◆對外公共關係的工具

觀光餐旅企業對外的公共關係，主要對象有消費者、大眾傳播媒體、政府機

構、觀光餐旅相關產業以及各類社會團體等。針對上述外部公關所運用的工具，計有下列幾種：

1.新聞報導、公共報導或召開記者會：觀光餐旅企業若想讓社會大眾瞭解其企業理念與產品，最好的方式是運用發布新聞稿或專題訪問等新聞報導之方法，將相關訊息、照片或圖片透過媒體記者來報導。

2.宣傳影片及其他視覺化工具：現代觀光餐旅企業常會運用下列作為公關工具：

(1)企業簡介光碟或錄影片。

(2)運用網路網站。

(3)贈品或試吃。

3.特別活動行銷：又稱之為「特別事件行銷」，其目的乃在透過新聞事件的活動來集結人潮，加強消費者的印象並創造潛在銷售機會。例如：國內觀光餐旅業者，經常透過國內外大型旅遊展或觀光餐旅博覽會等來展示宣導其本身的餐旅產品，或藉支援贊助大型社會公益活動、愛心活動、義賣或舉辦熟悉旅遊等機會來行銷企業形象。

4.座談會、問卷調查以及消費者服務熱線：國內很多觀光餐旅業者運用舉辦各類座談會、問卷調查，以及設置消費者免費服務專線，來瞭解特定目標族群對企業產品服務品質之印象，並予以建檔存參，並加以整合成將來新聞宣傳的訴求主軸。此外，對於消費者熱線之設置，除了能瞭解消費者之態度及其反應外，更能即早解決消費者之疑慮問題或處理其抱怨事項，期以降低企業危機發生機會。

◆對內公共關係的工具

觀光餐旅企業針對其內部員工及股東等之溝通相當重要，其中以員工的溝通為最重要。目前較常見的內部公共關係工具，摘介如下：

1.觀光餐旅企業內部刊物：此為內部公關最常見的一種溝通工具，此刊物也可供對外公關使用。內部刊物通常均以月刊、季刊方式來定期刊出。

2.內部公告欄及布告欄：企業組織各部門辦公室或重要公開地點，通常均會在醒目的位置設置布告欄或公告欄，公布重要的訊息或活動。此外，也會公布員工意見箱之資料，期使員工有參與感。

3.電腦內部網路：觀光餐旅企業所有員工在企業內部網路架構下，均可隨時上網，不限時空與其他辦公室員工進行互動交流及意見溝通。

4.其他非正式的公關活動：觀光餐旅主管可利用與員工餐敘、聯誼活動或其他休閒時間，以口頭交談或聊天方式來進行公關活動，此類非正式的公關活動，其效益往往較之正式公關活動要大。

二、業務推廣

(一)觀光餐旅業務推廣的意義

所謂「業務推廣」（Sales Promotion, SP），另稱「推廣促銷」，簡稱「促銷」。觀光餐旅業界則稱之為「SP」，是指觀光餐旅企業為擴大或增加其行銷通路商的產品銷售量及能力，將觀光餐旅產品資訊或服務傳送到目標市場給消費大眾熟悉其產品服務（**圖19-13**），同時，刺激市場消費者購買其產品服務，因而所採取的系列增強活動，以輔助其他推廣活動之不足。易言之，促銷乃推廣組合的一項工具，其目的乃在提升觀光產品在市場的銷售量，提高觀光餐旅產品在市場的占有率，以增加觀光餐旅企業之營運收益。

圖19-13　馬來西亞業者來台促銷該國觀光餐旅產業

(二)觀光餐旅業務推廣促銷的方法

觀光餐旅供應商為求達到餐旅產業業務推廣促銷目標，即便促銷對象不同，其所採用的促銷手段也有差異，唯大致上可分為下列五大類：

◆以人員為手段

運用大量的人力來促銷，如推銷員、業務代表、地區推廣幹部以及其他觀光餐旅服務人員，如餐廳服務員、旅館客務人員等。

◆以利誘為手段

運用實質的利益來促銷，如提供員工績效獎金、工作獎金、獎勵旅遊；給予消費顧客贈品、折價券、示範表演、折扣、折讓、有獎徵答、贈獎、出清存貨、累積飛行哩程或集點等方式，來吸引其推廣促銷。例如：來店禮、披薩店推出「買大送大」、超商咖啡「買一送一」等。

◆以廣告為手段

運用各種促銷廣告、新聞媒體或文宣海報來促銷，如傳單、DM、海報、目錄、紀念品、簡訊、推銷函或產品模型陳列等。

◆以產品為手段

運用觀光餐旅產品公開展示或開放參觀來增進消費者對產品之正確認知及建立信賴感。如開放餐旅設施供人公開參觀、辦理產品展示會、設置樣品展示屋，或提供免費試吃、試住等招待。例如：國外有些知名旅館將客房商品陳列在旅館接待大廳展示（**圖19-14**）。

◆以活動為手段

運用舉辦各類產品促銷活動來吸引主要目標市場之消費者參與，以達促銷之目的。如每年舉辦的國際旅展與台灣美食展，以及觀光餐旅業辦理社會名流社交聯誼活動、親子活動、講演會、名模走秀、產品發表會、歌友會、捐發票換美食或其他社區公益活動，如愛心活動、義賣或舉辦海灘淨灘活動等均屬之。

(三)觀光餐旅業常見的推廣促銷策略

◆直效行銷（Direct Marketing, DM）

是針對個別消費者，採非面對面的方式來相互溝通，以激發消費者購買慾的

圖19-14　旅館將客房商品陳列在大廳展示，刺激消費者的購買慾

推廣方式，如郵寄型錄、電話行銷、書信或電子郵件行銷等。

◆網路行銷（Internet Marketing）

網路行銷另稱線上行銷（On-line Marketing）或電子行銷，此行銷方式是運用網際網路所架設的網站或透過部落格、臉書、推特或Line等來傳遞產品訊息給消費大眾，以達推廣促銷之目的。

◆飢餓行銷（Hunger Marketing）

飢餓行銷是透過限時、限量或供不應求的行銷手法來營造物以稀為貴的消費者心理，期以營造消費者搶購的一種行銷手法。

◆節慶促銷（Festival Promotion）

節慶促銷是以結合地方或民俗文化節慶活動來辦理觀光餐旅產品促銷推廣。例如：觀光餐旅業提供的年菜及各地年貨大街銷售等均是。

◆季節性促銷（Seasonal Promotion）

觀光餐旅業之營運深受季節性影響，因此在淡旺季會推出各種不同的促銷活動來吸引消費大眾。例如：北投溫泉旅館所推出的溫泉季活動優惠專案。

◆ **置入性行銷**（Media Placement Marketing）

置入性行銷是將觀光餐旅產品、品牌標識及知名觀光景點，予以置入影視節目或生活情境中，以增加產品在市場上的曝光率，藉以提升企業產品之形象或知名度，進而增加市場產品的占有率。例如：電視之美食或旅遊節目報導；觀光局聘請偶像明星拍廣告、偶像劇，以吸引日、韓、東南亞粉絲來台觀光。

◆ **服務行銷**（Service Marketing）

觀光餐旅服務行銷，是指服務行銷三角形（**圖19-15**）的外部、內部及互動行銷而言，說明如下：

1. 外部行銷（External Marketing）：針對觀光餐旅目標市場消費群，透過各種促銷推廣方法來加強行銷，如運用媒體廣告、郵寄簡介、發送DM或贈品，主要目的為設定承諾。
2. 內部行銷（Internal Marketing/ Inhouse Sale）：針對觀光餐旅業現有的顧客及本身員工或眷屬來作為行銷對象，是將企業員工視為潛在顧客來行銷，如善待員工、由員工向客人推介、客房內放置餐廳DM、餐廳牆上張貼海報等，主要目的為執行承諾。觀光餐旅業常見的店內促銷手法有下列幾種：

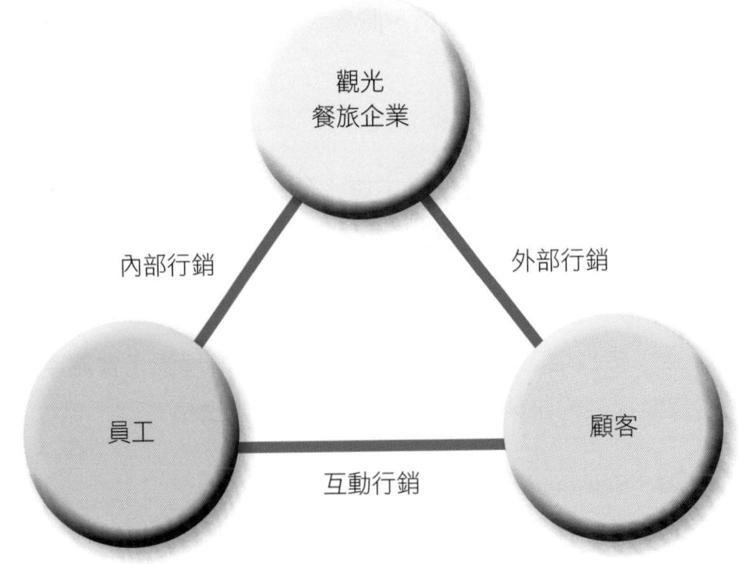

圖19-15　服務行銷三角形

(1)向上銷售（Up Selling）：為增加營收而向顧客推薦更高級或更高價值的產品服務，其目的乃在增加營業額，擴大客單價收入。

(2)向下銷售（Down Selling）：當顧客不想購買所推薦的高價位產品後，則向他們推薦較低等級或價格較低的產品。

(3)交叉銷售（Cross Selling）：為促使顧客多消費，對已經購買產品服務的顧客，設法遊說其加價購買其他產品。

(4)整套銷售（Bundle Selling）：另稱套裝組合銷售（Package Selling），觀光餐旅業者為促銷其某項產品服務時，將該產品搭配其他品項成為一個套裝組合來銷售給顧客，此類銷售方式雖然售價較單品項低，但整體而言，可大幅提升營業總額。例如：有些餐旅業推出一張餐券799元，整本11張7,990元。

3.互動行銷（Interactive Marketing）：顧客滿意度高低與員工顧客間互動有關，因此加強員工與顧客間之良好互動，不僅可創造顧客的滿意度，也有利於產品行銷及口碑行銷，主要目的為強化承諾。

Chapter

20 二十一世紀觀光餐旅業的發展趨勢

第一節　我國觀光餐旅市場現況

第二節　觀光餐旅業當前面臨的課題

第三節　觀光餐旅業的未來發展趨勢

由於科技文明、全球經濟成長，尤其是亞太地區的新興國家及中國大陸崛起，觀光旅遊之風興起而成為時代的潮流，使得觀光餐旅業成為近代最受全球歡迎的熱門產業，因此享有「21世紀產業金礦」的美譽。本章將分別針對我國觀光餐旅市場現況、觀光餐旅業當前面臨的課題及其未來發展趨勢，予以逐節探討。

第一節　我國觀光餐旅市場現況

觀光餐旅業的產品服務主要在滿足觀光餐旅市場消費大眾之需求及其體驗。因此，觀光餐旅企業產品之研發與未來發展，須先正視觀光餐旅市場之現況。僅分別就觀光餐旅市場需求量與質兩方面來加以探討。

一、觀光餐旅市場需求量不斷增加

(一)國際觀光市場長期穩定成長

1.世界觀光組織（UNWTO）統計2016年全球國際旅客已達12.35億人次，成長率3.9%，預估到2030年全球觀光旅遊人數將可高達18億人次，全球觀光市場將呈現長期穩定成長。

2.全球三大觀光市場分別為歐洲、亞太及美洲地區，尤其亞太地區表現最為亮麗，而中國大陸已躍居全世界十大旅遊國，已成為全球成長最快速的客源地。

3.未來國際觀光將以亞洲為重點市場，亞太市場將扮演全球觀光市場領頭羊之地位。

(二)我國觀光市場潛力無窮，市場客源多元化

1.台灣位於亞洲地圖的中心，擁有樞紐地緣優勢，再加上兩岸直航、開放陸客來台觀光及自由行、實施東南亞多國免簽證（**圖20-1**），以及東北亞黃金航線的形成等政策利多下，成功帶動來台旅客倍增，再加上國際觀光市場成長強勁及國內國民旅遊之穩定成長。西元2017年來台旅客已達1,073萬餘人次，預估西元2020年可達1,179萬人次。

2.我國當前主要客源市場以中國大陸、日本、港澳及韓國等短線市場成長較

圖20-1　台灣對東南亞多國實施免簽證。圖為泰國皇宮

快，至於長線市場如紐澳及歐美市場等也有穩定的成長。唯國際觀光市場情勢變化快速，今後須繼續爭取大陸市場自由行之旅客，爭取郵輪旅遊及國際旅遊市場之客源來台觀光。

3.國民旅遊方面，我國國旅需求也隨著國人生活水準之提升不斷成長。由於國人自行開車旅遊風氣日盛，再加上遊憩景點推陳出新，使得國民旅遊之需求能穩定成長，預估西元2020年國旅目標可達2.2億人次，唯均以當天往返者為多。

4.為發展我國觀光餐旅產業，目前政府已將其列為我國六大新興產業之一，並積極爭取國際旅客來台，全力推動「觀光大國行動方案」（104～107年）作為當前觀光政策，以「優質觀光、特色觀光、智慧觀光、永續觀光」為四大執行策略，再結合「觀光新南向政策」及「Tourism 2020台灣永續觀光發展策略」，引領我國觀光產業邁向「價值經濟」的新時代，進而營造台灣成為旅遊目的地觀光大國的新形象。展望未來，我國觀光餐旅市場前景一片璀燦。

二、觀光餐旅市場質的需求改變

觀光餐旅市場消費者的消費型態，已由昔日「量」的追求，轉為「質」的享受，其主要改變摘述如下：

(一)重視節能減碳，綠色環保

消費者環保意識崛起，重視節能減碳的綠色觀光餐旅產業及其措施，如智慧綠建築、便捷大眾軌道交通運輸網及環保餐廳或環保旅館等均是。

(二)重視旅遊安全與人道關懷

1.旅遊安全的提升與保障，是維繫觀光餐旅服務品質的不二法門，也是品質保障的關鍵。旅遊安全涉及範圍甚廣，包括道路交通、建管消防及各類服務設施設備等。例如：觀光地區遊樂設施安全管理及旅宿業旅客住宿安全維護等，均是目前政府為提供消費大眾優質及安全的旅遊安全環境所採取的具體措施。

2.人道關懷的旅遊意識崛起，觀光餐旅消費市場銀髮族市場崛起，高齡化社會來臨為今後全球的趨勢，其退休後的養生、休閒及旅遊等日益受到重視（**圖20-2**）。觀光餐旅業者均應考量高齡化社會需求，提供無障礙旅遊環境及優質的生活空間，提供其適切的關懷服務設施，如輪椅殘障坡道或殘障廁所等以滿足其需求（**圖20-3**）。

圖20-2　銀髮族旅遊市場日漸受到重視

圖20-3　提供人道關懷服務設施的殘障坡道

(三)重視全方位多功能的人性化服務

重視健康、安全、舒適與便捷的觀光餐旅產品服務。追求感官的刺激、用餐的氛圍、舒適的住宿設施及人性化優質的服務，如管家式的服務。

(四)重視觀光餐旅品牌形象與產品特色

現代觀光餐旅消費者為彰顯其個人品味，追求休閒遊憩體驗，非常重視具有產品特色及品牌形象的觀光餐旅產品服務，如具有國際品保認證或標章的觀光餐旅產品。例如：星級旅館、好客民宿、環保餐廳或米其林餐廳等均是。

(五)重視主題化、個性化及自由化的產品服務

銀髮族及年輕消費族群為今後觀光市場兩大主流，不斷快速成長。為滿足時下年輕族群消費者的需求，觀光餐旅業者乃不斷針對其所好，推出各種不同主題或個性之觀光產品服務，如深度知性、生態、文創之旅或各式主題餐廳等均是。例如：親子餐廳、穆斯林餐廳、素食餐廳，或旅行業與航空公司合作所推出的各類「機＋酒」自由行等均是。

第二節　觀光餐旅業當前面臨的課題

觀光餐旅業為二十一世紀的明星產業，其產品種類愈來愈多，經營型態也走向國際化、連鎖化的營運方式，因而整個觀光餐旅市場競爭十分激烈，也衍生不少待解決的課題。謹就其當前面臨的課題及因應之道說明如下：

一、觀光餐旅服務品質標準化的問題

觀光餐旅業所提供的產品服務是一種組合性的套裝服務，有賴內外場或各相關企業組織、人力的團隊合作始能完成。因涉及「人、時、地」之不同而使產品產生「異質性」，甚至難以提供一致性水準的服務。因此，很容易引起顧客之不滿與抱怨情事。

因應之道

1.加強人員訓練，培育一致性專精的人力。
2.訂定「服務品質標準化作業」，加強品質控管。
3.輔導取得專業認證，以提升一致性服務品質水準。例如：民宿認證、星級旅館評鑑、環保旅館、環保餐廳，以及各類管理系統認證等。

二、觀光餐旅產品缺乏特色、同質性高的問題

國內觀光餐旅產品因複製容易、產品服務同質性高、欠缺地方傳統文化特色，因此導致台灣各地的觀光景點其產品均類似，而無法突顯特色及差異性。

因應之道

1.須創造觀光餐旅產品服務軟體的文化特色與差異化。例如：將當地民情習俗或地方文化特色予以融入觀光餐旅活動內，以形塑產品服務之差異性及特色。
2.創造顧客美好觀光餐旅體驗與附加價值（圖20-4）。觀光餐旅產業可透過優質人力培訓來提供顧客溫馨之觀光體驗，可不必擔心被模仿或有產品同質性之困擾。

圖20-4　創造旅客美好的觀光餐旅體驗與附加價值

三、觀光餐旅產業人力的問題

觀光餐旅業為勞力密集性的服務產業，由於工時長、全年無休及同業間競爭激烈，導致人力流動率高，尤其是基層人力。此外，觀光餐旅產業在人力聘僱方面，發現學用落差大，人力素質有待提升。

因應之道

1. 須加強產、官、學三方面的產學合作，共同依觀光餐旅企業所需來培訓人力及開設課程。
2. 加強國際化人才的培育，強化人力訓練的深度與廣度，並朝國際合作及專業認證等方式來提升人力素質。
3. 觀光餐旅從業人員與顧客良好的互動關係（Server-Customer Interaction），這是最簡單且能立竿見影的行銷策略。此能力則有待觀光餐旅人力資源之培訓。

四、能源管理與環保問題

聯合國為避免全球氣候變遷及加速暖化，要求各國降低排碳量，以防極端氣候不幸事件的攀升。因此，今後觀光餐旅業的經營管理，須正視能源管理與環保課題。此外，當今消費意識覺醒，重視環保議題，其消費取向將會選擇具綠建築標章的觀光餐旅業作為消費對象，如環保旅館、環保餐廳或低碳觀光。例如：目前政府正著手推動「低碳觀光島計畫」，以綠島及小琉球作為生態觀光示範島，並使用低碳交通工具，如電動車（船）、自行車及各種節能設施來推動綠色觀光（**圖20-5**）。

因應之道

1. 觀光餐旅業者須全面改善節能設備設施，如省水省電、垃圾減量、避免過度包裝、減少布巾洗滌次數、避免或減少使用拋棄式備品（如紙杯及免洗餐具）、CO_2排放控管減量以及廢棄物排放處理等。
2. 爭取環保旅館、環保餐廳等綠建築標章的認證。

圖20-5　推動綠色觀光的生態旅遊

五、觀光餐旅法規的問題

觀光餐旅企業範圍甚廣，所涉及的相關法規甚多，其中有部分已不合時宜或正調整修訂中，例如：「勞動基準法」對於工時規範雖然立法用意良善，但觀光餐旅業是勞力密集性的服務業，且全年無休，若依此法嚴加執行，會造成現有員工難以充分有效運用及人力不足的問題。不僅影響觀光服務品質之質量問題，更會造成業者勞力成本之增加。此外，台灣的旅宿業有部分是違法營運，如違法興建或超建等。例如：清境農場附近的違法民宿，以及隱身在都會區公寓大樓中的新興「日租型套房」，有些業者並未通過消防安檢或未依法申請營業。凡此現象不僅住宿旅客的生命財產無法保障，更會衍生社會公共安全等問題。

因應之道

1.政府須會同觀光餐旅業者，儘速檢討修正不合時宜的觀光法令。

2.政府應加強取締非法旅宿業。

3.政府可設法輔導「非法旅宿業者」並予以納入旅宿業來管理。

六、國際觀光餐旅市場競爭激烈的問題

由於觀光餐旅產業具有多方面的正面效益，世界各國競爭激烈，其觀光宣傳手法推陳出新，並透過網路行銷、口碑行銷及置入性行銷來推廣該國觀光餐旅產業。例如：韓國就是運用韓劇，將觀光餐旅產品服務採取置入性行銷或利用韓星來口碑行銷。

因應之道

1.觀光餐旅業者須能有效運用電腦資訊科技來蒐集大數據（Big Data），藉以取得有利市場資訊，為顧客提供即時、便捷的個人化親切服務，為顧客創造需求，提供經驗加值服務。

2.加強在資訊系統的整合能力，如全球航空訂位系統、銀行清帳計畫及電子機票等，旅行業已進入全面電子商務時代。觀光餐旅業也逐漸重視網路訂房及訂位，以加強行銷。

七、觀光餐旅企業社會責任的問題

觀光餐旅業在經營管理上，須考量公司、消費者以及社會三方面的利益外，並須配合當前政府「Tourism 2020台灣永續觀光發展策略」及「南向政策」之觀光政策。

因應之道

1.觀光餐旅業者應積極配合現行政府觀光政策，積極開拓中國大陸、穆斯林，以及東南亞的印尼、越南、菲律賓、泰國及印度等五國新富階級的客源市場，使台灣成為亞太重要旅遊目的地。

2.旅宿業須重視旅客穩私及安全維護管理。例如：旅宿業緊急意外事件之防範及其應變措施。

3.餐飲業要注意餐飲安全衛生，落實「食品安全衛生管理法」所規定的各項作業規範，以強化餐飲產品服務品質。

4.旅行業須加強生態旅遊、低碳觀光（綠色觀光）或親子旅遊之社會公益性產品研發，也要積極配合政府當前觀光政策來研發產品服務。此外，更要善盡維護旅客旅遊安全之責（**圖20-6**），以善盡其企業社會責任。

圖20-6　旅行業應善盡維護旅客旅遊安全之責

 第三節　觀光餐旅業的未來發展趨勢

觀光餐旅業者為了滿足觀光餐旅市場消費者之需求，除了在供給量方面要增加，更須在質方面求新求變，全面朝向優質化發展，以應未來觀光餐旅市場之需。本節將分別就餐飲業、旅宿業及旅行業的未來發展趨勢逐加探討。

一、餐飲業的未來發展趨勢

(一)產品服務

1.注重高品質、安全、衛生及養生等多功能的享受。如SPA、健康養生食品，以及有機、低鹽、低糖、低油、高鈣及高纖食品之研發。

2.餐廳服務兩極化。速食平價餐廳與豪華精緻餐廳為未來發展趨勢。

3.重視產品服務的國際認證或專業服務認證。例如：環保餐館、清真餐館認證、餐飲業的危害分析重要管制點（HACCP）認證，餐飲服務及中西餐廚藝證照認證。

4.重視綠色環保與食品安全的議題。如減少免洗餐具使用、避免過度包裝、重視節能減碳、重視食品安全衛生管理。

5.主題餐廳興起，創新品牌特色。為滿足現代消費者多元化的不同需求，許多具創意特色的各類主題餐廳異軍突起，如親子餐廳、寵物餐廳、運動餐廳以及音樂餐廳等均是。

6.產品服務異國風興起。由於受到電視美食節目及日劇、韓劇置入性行銷，以及逐漸增多的外籍新移民之影響，異國風味餐廳崛起，如泰國菜、越南菜、韓國料理及日式料理等異國風味餐廳興起。

(二)組織規模

組織規模將朝極大化與極小化，以節省成本，提升競爭力，如大型宴會餐廳及傳統小吃店等均是。

(三)經營管理

1.國際化的經營模式，為未來餐飲企業發展的趨勢，跨國餐飲集團將盛行，如麥當勞、肯德基、星巴克（圖20-7）以及85度C等均是例。此外，連鎖經營或加盟，已成為餐飲企業未來營運及擴大行銷通路的主要趨勢。

2.建立正確餐飲經營哲學理念與企業文化。這是餐飲企業思想、態度、倫理道德與價值觀，也可說是企業精神所在。若缺乏此理念，代餐廳如同一具無生命的軀殼，如何奢言永續發展呢？

3.重視企業社會責任，如參加社會公慈善活動及關懷弱勢團體。例如：「麥當勞之家」提供弱勢族群關懷服務。

(四)科技應用

為提升營運效率、解決人力不足並提高服務品質，現代餐飲企業均會採用現代科技於營運管理作業，如銷售點作業系統（Point of Sale, POS）、網路訂位、手機APP程式以及網路美食直播等資訊科技之應用均是例。

(五)營運型態

1.餐飲業呈兩極化，即豪華高級餐廳與速簡型速食餐廳，成為未來餐飲市場的

圖20-7　連鎖經營已成為餐飲企業擴大行銷的趨勢

主流。

2.複合式、主題式、連鎖加盟餐廳愈來愈多；主題餐廳的主題愈分愈細，強調個性化、特色化。

3.外帶、外送以及網站式餐廳興起，菜餚送到府上服務愈受歡迎。

4.咖啡專賣店、茶藝館、冰品等飲料專門店也不斷增長。

5.未來餐飲業營運型態的最大變革，為環保餐廳崛起，重視有機綠標章的產品原料及食物哩程（Food Miles）（圖20-8），即產品原料盡量採用「當地」或「有產銷履歷認證」的食材，即所謂的「綠色採購」，避免外地採購，徒增交通運送之排碳與耗能源。

二、旅宿業的未來發展趨勢

(一)產品服務

1.重視人性化、客製化、針對性的「個別化服務」，如提供管家式的服務。

2.產品服務導入在地資源特色，以創造「品牌特色」，如清境農場的民宿及原住民色彩的民宿。

3.旅宿業產品採「服務分級」。如我國星級旅館評鑑等級，將旅館服務劃分為

圖20-8　餐飲產品重視食物哩程，應儘量採用當地、當季食材

1～5星級，由經濟型有限服務旅館（Economy Hotel / Budget Hotel）直到完整服務旅館（Full-Service Hotel），以滿足M型社會不同客層市場之需求。

4.旅宿類型多元化，大型現代商務旅館、渡假旅館、機場旅館、精品設計旅館、綠建築環保旅館及特色民宿將成為主流。

5.產品服務強調「溫馨、舒適、安全」，尤其是重視無障礙空間的旅館設計，以滿足銀髮族、樂齡族等關懷旅遊之需。

6.重視產品服務的「專業證認或國際認證」。如星級旅館標章認證、觀光餐旅服務技能檢定認證均屬之。經由專業認證來提升觀光餐旅從業人員的專業服務品質。

(二)組織規模

我國旅宿業的規模大部分屬於中小型企業為多，大型旅館房間數600間以上者較少。為節省成本及提升市場競爭力，未來組織規模將朝極大化與極小化來發展。

(三)經營管理

1.「國際化、連鎖化」為未來旅宿業營運的發展趨勢。國際連鎖旅館資金、人力雄厚，標準化作業有利集中採購降低成本，其知名度也較高，可提升品牌形象及市場競爭力（圖20-9）。

圖20-9　國際化、連鎖旅館可提升品牌及市場競爭力

2.重視「同業或異業合作的策略聯盟」，來提高市場競爭力，達互惠共利之效。如觀光旅館與航空公司所推出的「機＋酒」產品服務即是例。此外，旅宿業也可與Airbnb合作，以共享經濟模式來加強產品服務行銷。

3.重視生態、講究綠標識綠建築之「綠色管理的環保旅館」。如節能減碳、重視廢氣及汙水排放處理等。

(四)科技應用

加強現代資訊科技之應用，以提升營運效能及解決人力不足的問題。如卡片鑰匙、網路訂房、訂位系統及快速遷出退房系統等電腦資訊管理科技之應用。

(五)經營型態

1.都市型、休閒渡假型、會議型、主題型以及環保型旅館愈來愈快速成長。

2.博奕事業逐漸與旅館結合，賭場旅館不斷茁壯，如澳門賭場旅館。

3.頂級豪華精品旅館與平價旅館崛起。為滿足M型社會有錢有閒的消費客群，頂級豪華精品旅館（**圖20-10**）崛起，此類旅館收費昂貴，提供優質的管家式服務，以及豪華精緻的旅館客房設施設備；為滿足M型社會另一端講究經濟實惠的目標消費群，出現許多平價旅館，如經濟型、預算型的膠囊旅館。

4.潮牌時尚飯店興起。為滿足年輕客層追求品味時尚美學而規劃的潮牌飯店、

圖20-10　頂級豪華精品旅館——杜拜阿拉伯塔飯店

設計旅館崛起。運用線條、幾何圖型及冷暖色系再搭配現代科技來設計文創風格的潮飯店，如新北市的「趣淘漫旅」即是例。

三、旅行業的未來發展趨勢

(一)產品服務

1.旅行業想「永續經營」、想「賺錢」，就要靠「服務」，仰賴創新服務，即分眾、方便、即時、體驗，讓消費者感受到方便、可靠值得信賴，消費者自然會自動上門來，口碑行銷也成為產品創新推廣之利器。

2.遊程為旅行業主要的產品之一，未來將朝向「短、小、輕、薄」的短天數旅遊來設計，以滿足市場的需求。

3.旅遊產品朝向主題、定點之深度旅遊（**圖20-11**），重視地方或區域文化特色，以及綠色低碳觀光或生態旅遊，如鐵馬觀光或生態旅遊。

4.落實旅遊安全措施，如加強旅遊安全查核措施及緊急通報機制，以確保旅客生命財產之安全，此為旅遊服務品質最基本的保障。目前政府已訂定每年三月第三週為旅遊安全週。

5.旅遊產品多元化、精緻化。重視養生、美容、醫療觀光及銀髮族之旅遊，以滿足分眾市場多元化之需求。

圖20-11　未來旅遊產品重視定點深度之旅

6.低成本航空公司（Low-Cost Airline/ Low-Cost Carrier, LCC），另稱廉價航空，使得自由行及自助旅行的產品服務激增。

7.郵輪之旅、會展產業及南向觀光等客源市場的產品服務，也將成為今後的發展重點。

(二)組織規模

旅行業未來的組織規模，將呈現極大化與極小化，至於組織型態將趨向扁平化，減少層級以強化作業效率。

國內旅行業以中小型企業規模居大多數，今後須賴政府予以輔導升級轉型，俾利於提升市場競爭力。

(三)經營管理

1.重視品牌化、國際化、發展特色。旅行業今後的經營管理，須設法促進產業優質化，提升品牌國際知名度，強化國際競爭力。如重視品質保障ISO國際認證及品牌形象包裝等。

2.強化策略結盟合作。旅行業為擴展業務以利永續經營，經營方式採同業結盟或異業結盟，如與航空公司、旅宿業、渡假中心或信用卡公司建立伙伴關係（**圖20-12**），或同業間聯合作業等。

圖20-12　旅行業可與渡假中心等策略聯盟，以擴展業務

3.運用網站旅行社行銷。旅行業為節省人力、降低營運成本，創造最大的經濟效益，可多運用網站旅行社來增加營收。

4.重視常客方案，獎勵顧客忠誠度，如航空哩程集點或貴賓卡之運用。

5.人是服務品質的關鍵因素。重視產業人力資源品質之提升，優化旅遊服務品質，如領隊、導遊人員等之在職訓練，以確保遊程產品服務的一致性水準。

6.重視企業社會責任。如參加社會公益活動、認養社區公園及關懷弱勢團體等。

(四)科技應用

旅行業已進入全面電子商務時代，因此須加強現代科技之應用與管理，以提升營運效率，並解決人力不足問題。如旅行業應強化其資訊管理系統（Management Information System, MIS），以強化其作業效率，提供顧客安全、方便、速捷的網路消費環境，並可透過網路社群之建立來拓展商機。

(五)經營型態

1.旅行業經營規模呈兩極化。如大型的綜合旅行業，以及小型的網路旅行社（Online Travel Agent, OTA）。

2.旅行業為拓展營運據點，強化市場競爭力，乃積極運用策略聯盟方式來拓展業務，如PAK共同合作。

3.掌握大陸人民來台觀光之契機，期藉兩岸大三通之交通便利性經營大陸市場，並積極拓展會議展覽產業之國際旅遊市場。

4.推動區域郵輪合作，共創亞洲郵輪之旅的商機（**圖20-13**）。

5.配合「Tourism 2020台灣永續觀光發展策略」發展品牌特色，推廣關懷旅遊，規劃無障礙與銀髮族旅遊的路線，提供旅客友善、安全無縫接軌的旅遊環境。如結合台灣觀巴（Taiwan Toru Bus）或台灣好行之產品服務。

6.未來旅行業的經營型態，須特別注意創新、品牌化、在地化及趨勢化。創新品牌的特色與價值，提供特定旅群方便、即時及溫馨的體驗，以滿足消費者的使用習慣與消費感受方式之改變，進而創新品牌之特色與價值。

圖20-13　推動區域郵輪合作，共創亞洲郵輪商機

PART 6 自我評量

一、解釋名詞

1. SWOT
2. Hospitality Marketing
3. CIS
4. Macro Environment
5. Image Logo
6. Market Segmentation
7. Airbnb
8. OTA
9. Food Miles
10. Hunger Marketing

二、問答題

1. 觀光餐旅行銷活動之流程有哪些？試摘述之。
2. 何謂「觀光餐旅市場區隔」？並摘述其要件。
3. 試述目標市場行銷的步驟及其行銷策略。
4. 試述觀光餐旅產品衰退期的行銷策略。
5. 觀光餐旅新產品的定價策略有哪些？試列舉之。
6. 觀光餐旅行銷通路常見的類型有哪些？
7. 觀光餐旅服務行銷組合中常見的7P是指何者而言？
8. 觀光餐旅業對外公共關係常使用的工具有哪些？
9. 請列舉觀光餐旅業經常使用的推廣促銷策略。
10. 我國觀光餐旅業當前面臨的課題很多，請列舉一項，並提出因應之道。
11. 你認為旅行業想賺錢，想要永續經營，在產品服務上，應如何來創新？試申述之。
12. 如果你是餐飲業經營者，你認為未來餐飲業營運型態最大變革為何？試申述之。

參考書目

一、中文部分

吳英偉、陳慧玲譯（2013）。《觀光學總論》。台北市：桂魯公司。
陳淑莉等（2016）。《會展產業概論》。台北市：華都文化。
陳玄宗、張瑞琇（2012）。《休閒遊憩產業概論》。新北市：揚智文化。
蘇芳基（2018）。《餐旅採購與成本控制》。新北市：揚智文化。
蕭登元（2010）。《博奕事業發展概論》。新北市：全華圖書。
劉修祥、張明玲譯（2009）。《全球會議與展覽》。新北市：揚智文化。
鄭健雄（2016）。《休閒與遊憩概論》。台北市：雙葉書廊。
郭春敏（2008）。《博奕娛樂事業概論》。新北市：揚智文化。
李哲瑜（2011）。《餐旅管理》。新北市：全華圖書。
林連聰等（2005）。《休閒遊憩概論》。新北市：國立空中大學。
容繼業（2012）。《旅行業實務經營學》。新北市：揚智文化。
鈕先鉞（2009）。《旅館營運管理實務》。新北市：揚智文化。
黃純德（2008）。《餐旅管理策略》。台北市：培生教育出版公司。
黃深勳等（2005）。《觀光行銷學》。新北市：國立空中大學。
劉修祥（2011）。《觀光導論》。新北市：揚智文化。
鄭建瑋譯（2004）。《餐旅管理概論》。台北市：桂魯公司。
蘇芳基（2014）。《餐旅概論》。新北市：揚智文化。
觀光局網站：觀光局行政資訊系統，Tourism 2020－台灣永續觀光發展策略。

二、英文部分

Chuck Y. Gee (1989). *The Travel Industry*. South-Western Publishing Co.
Clare A. Gunn (1979). *Tourism Planning*. New York: Crane Russak.
Donald E. Lundberg (1980). *The Tourist Business*. Boston: CBI Publishing Co.
George Torkildsen (1992). *Leisure and Recreation Management*. NY: E &FN Spon.
James R. Abbey (1989). *Hospitality Sales and Advertising*. Michigan: American Hotel & Motel Association.

餐飲旅館系列

觀光餐旅概論

作　　者 / 蘇芳基
出 版 者 / 揚智文化事業股份有限公司
發 行 人 / 葉忠賢
總 編 輯 / 閻富萍
特約執編 / 鄭美珠
地　　址 / 22204 新北市深坑區北深路三段 260 號 8 樓
電　　話 / 02-8662-6826
傳　　真 / 02-2664-7633
網　　址 / http://www.ycrc.com.tw
E-mail / service@ycrc.com.tw
ISBN / 978-986-298-294-5
初版一刷 / 2018 年 9 月
初版二刷 / 2020 年 9 月
定　　價 / 新台幣 600 元

國家圖書館出版品預行編目（CIP）資料

觀光餐旅概論 / 蘇芳基著. -- 初版. -- 新北
市：揚智文化, 2018.09
面； 公分. -- (餐飲旅館系列)

ISBN 978-986-298-294-5(平裝)

1.餐旅業 2.餐旅管理

489.2 107013216